Oliver Schmidt

Moderne Kellertechnik

Neue und bewährte Verfahren

156 Abbildungen
13 Tabellen

Ulmer

Inhaltsverzeichnis

Vorwort

Wein wird seit vielen Jahrhunderten hergestellt. Vor der Erfindung der Destillation war Wein eines der – wenn nicht gar das stärkste alkoholische Getränk überhaupt. Ohne Kenntnis der alkoholischen Gärung wurde die starke Wirkung des Weines auf das Bewusstsein des Konsumenten auf übersinnliche Kräfte zurückgeführt. Des Weiteren wurde man durch den Konsum von Wein im Gegensatz zu (mikrobiologisch nicht einwandfreiem) Wasser nicht krank. Im Gegenteil: Wein und Weinessig wurden umfangreich für die Behandlung von Kranken verwendet. Kein Wunder also, dass der Wein schon seit Frühzeiten einen hohen Stellenwert aufweist.

In der heutigen Zeit ist Wein kaum noch in der Medizin anzutreffen. Die nach wie vor sehr hohe Wertschätzung des Weines ist ausschließlich auf seine Verwendung als Genussmittel zurückzuführen. Wein ist ein kultiviertes und hoch entwickeltes Getränk. Es wird an vielen Orten der Welt mit unterschiedlichen Methoden hergestellt. Je nach Land und Region haben sich über die Jahrhunderte völlig andere Bereitungsmethoden und Technologien durchgesetzt. Man kann durchaus sagen, dass ein Teil des Charakters einer Weinregion durch die regional übliche Technologie der Weinherstellung entscheidend geprägt ist. Als Beispiele seien die Eisweinbereitung, die Produktion von Süßweinen nach Botrytis-Infektion oder der Weinausbau in kleinen Eichenholzfässern genannt.

Diese regionalen charakteristischen Eigenschaften der Weinregionen gehen zunehmend verloren. Die Steigerung der Mobilität seit Mitte des letzten Jahrhunderts ist einer der Gründe dafür. Eine regionale Identität scheint weniger wert zu sein als ein global anerkannter Standard. Dieser Trend ist uns allen als Globalisierung bekannt. Dies kann dazu führen, dass ein Pfälzer Winzer neben seinen klassischen roten Rebsorten, die er im klassischen Halbstückfass ausbaut, jetzt auch Syrah anpflanzt. Der Syrah (oder nennt er ihn doch lieber Shiraz) wird in teilweise neuen Barriquefässern ausgebaut. Die Barriques bezieht der Winzer aus Frankreich und Amerika, damit sich die würzigen Aromen aus der französischen Eiche und die Vanille aus dem amerikanischen Eichenholz ergänzen können. So kann der Pfälzer Winzer Tradition und Moderne verbinden und neue Kunden gewinnen. Aber das Profil einer Region ist heute viel schwerer zu erkennen.

Manche Erzeuger entschleunigen schon wieder und besinnen sich zurück auf alte, klassische Methoden. Alle Weinproduzenten müssen aber zwingend den globalen Kontext der Weinherstellung verstehen und marktkonforme Weine herstellen. Daher ist es wichtiger denn je, dass man sich mit allen Produktionsmethoden und der Technologie der Weinbereitung auskennt. Hierbei soll das vorliegende Buch über moderne Weintechnologie helfen.

Oliver Schmidt
Weinsberg im Sommer 2012

1 Lesetechnik

1.1 Handlese

Mancher Leser mag sich wundern, dass in einem Buch über moderne Kellerwirtschaft die Handlese am Anfang steht und mit einem eigenen Kapitel bedacht wird. Aber es lohnt sich, auch bei der Handlese genauer hinzuschauen.

Landläufig ist man der Meinung, dass die Handlese die hochwertige und edelste Form zum Ernten der Trauben ist. Dem kann jedoch nur eingeschränkt zugestimmt werden. Richtig ist die Aussage, dass die Handlese uneingeschränkt die meisten Möglichkeiten bietet und sehr variabel angewendet werden kann. Sie kann als Instrument verstanden werden. In Kombination mit der mechanisierten Lese kann die Selektion im Weinberg zur zielorientierten Weinbereitung beitragen.

Je nach dem, in welchem Land man die Kosten der Handlese diskutiert, ist die Handlese entweder konkurrenzlos günstig oder überproportional teuer. Das Letztere trifft zumindest für die deutschsprachigen Länder zu. Die Handlese ist nach einer aktuellen Untersuchung mindestens dreimal teurer als die Maschinenlese. Sie lässt sich deshalb nur für Premiumprodukte rechtfertigen, die entsprechend hochwertig sind und daher teuer verkauft werden können (Oberhofer J, 2008).

Neben dem Argument der hohen Kosten ist die Handlese von der maschinellen Ernte leicht abzugrenzen und durch nachfolgende, charakteristische Eigenschaften zu beschreiben:

Vorteile:
- Geringerer Anteil an Fremdmaterial wie Blätter etc. (hängt von den Lesern ab).
- Chance, das Lesegut zu selektieren (wird selten genutzt).
- Echte Ganztraubenpressung (GTP) möglich.
- Gestaffelte Lese (mehrere Durchgänge pro Weinberg mit z. B. Negativauslese bzw. Vorlese).
- In Steillagen bislang einzige Erntetechnik.
- SO_2-Reduzierung möglich (wenn gesundes Lesegut ohne starke mechanische Belastung schnell zum Weingut kommt).
- Geringe Kapitalkosten.
- In Ländern mit geringen Personalkosten möglicherweise ökonomischer.

Nachteile:
- Hoher Organisationsaufwand und Personalmanagement.
- Abhängigkeit von zuverlässigen Saisonarbeitskräften.
- Geringe Flexibilität, relativ geringe Schlagkraft.
- Nur bei Tageslicht (max. Stunden am Tag begrenzt).
- Zum Teil lange Standzeiten (Erwärmung, Oxidation) der geernteten Trauben und Verarbeitung erst am Abend.
- In den meisten Ländern teurer als maschinelle Lese.

Bei der Handlese gibt es keine wirklich innovativen Elemente, die in einem Buch über moderne Kellerwirtschaft erwähnt werden müssten.

1.2 Mechanische Ernte

Die mechanische Ernte ist seit den späten 70er Jahren des vergangenen Jahrhunderts in die Praxis eingeführt worden. Seit dieser Zeit hat es viele Verbesserungen gegeben. Heute ist die mechanische Traubenlese in allen Hochlohnländern sehr weit verbreitet. Vor allem der geringe Organisations- und Personalaufwand sowie die enorme Schlagkraft machen die mechanische Lese sehr effektiv. Daher ist sie in vielen Betrieben heute das Standard-Ernteverfahren. Die Vor- und Nachteile werden im Folgenden aufgelistet.

Vorteile:
- Sehr große Schlagkraft
- Ernte kann bis zum optimalen (Reife)-Zeitpunkt verzögert werden, dann erfolgt zeitnah die Lese
- Moderne Erntemaschinen arbeiten schonend mit geringer Fremdmaterialbelastung (sauberes Lesegut)
- Trauben teilweise schon entrappt (beim Ernten verbleiben Rappen am Stock oder Lesemaschine ist mit Entrapper ausgerüstet)
- Lesegut kann innerhalb kurzer Zeit nach Lesebeginn zur Verarbeitung transportiert werden (kurze Standzeit)
- Lese nachts und tagsüber möglich
- Nachtlese oder Lese in den frühen Morgenstunden bringt kühlere Trauben
- Ist in den meisten Ländern sehr ökonomisch
- Sehr geringer Organisationsaufwand
- Geringer Personalbedarf

Nachteile:
- Lesegut meist schon gemaischt (wenn auch meist nur geringe Standzeit)
- Keine direkte Selektion möglich – außer: Vorlese (Trauben werden per Hand vorgelesen, bei denen kein Qualitätsgewinn mehr zu erwarten ist)
- Je nach Maschineneinstellung, Fahrer und Weinberg ist Kontamination mit Fremdstoffen möglich

Moderne Traubenvollernter sind extrem hoch entwickelte Geräte und verfügen über umfangreiche Ausstattungen. Die Kabinen sind voller Elektronik, schallisoliert, verfügen über Panoramaverglasungen mit Glasböden. Die Bedienung der Erntemaschinen erfolgt heute meist über Touchscreens und für die Überwachung vieler nicht direkt einsehbarer Bauteile gibt es mehrere Videokameras. Standardmäßig wird heute auf vielen Vollerntern das Entrappen angeboten.

Die Erntetechnik selbst wird mittlerweile von vielen elektronischen Zusatzaggregaten verbessert. So werden automatische Systeme für das Spurhalten (z. B. mit Ultraschall), der Geschwindigkeitsregulierung beim bergauf- und abfahren (GPS und/oder Radar) sowie zur Regulierung des Schlagwerkes angeboten. Über GPS kann eine Zeilenerfassung umgesetzt werden, die z. B. dem Fahrer bei Nacht hilft, bereits geerntete von nicht geernteten Zeilen zu unterschieden.

Zunehmend ist auch der Trend zu erkennen, den Traubenvollernter als Geräteträger für andere Arbeiten im Weinberg zu verwenden. Der Erntekopf wird hierzu ausgebaut und die Maschine kann dann für andere Aufgaben wie Rebenvorschnitt, Laubwandmanagement oder Pflanzenschutz eingesetzt werden.

1.2.1 Traubenvollernter mit Schlagwerk

Die kontinuierliche Weiterentwicklung und Verbesserung der mechanischen Erntetechnik hat zu sehr leistungsfähigen und zuverlässigen Maschinen geführt. In der Regel sind moderne Traubenvollernter mit bogenförmigen Schlagapparaten ausgestattet und erlauben so ggf. auch ein Rückwärtsfahren in der Rebzeile. Diese Schlagapparate werden mit variabler Frequenz horizontal bewegt. Durch die Massenträgheit der Trauben und Beeren werden diese vom Rebstock abgetrennt und fallen nach unten. Dort werden sie von Bechern oder Schuppen aufgefangen und dann über diverse Fördereinrichtungen in einen Bunker bzw. Transporttank gefördert.

Auf dem Weg zum Behälter können die Trauben entrappt werden. Hierbei werden nicht nur die Rappen sondern auch etwaige Fremdteile wie Blätter, Rebholz etc. entfernt.

Abb. 1. Entrapper Euroselect über dem Traubenbehälter eines modernen Traubenvollernters

Abb. 2. Abnehmbarer Entrapper auf einem ERO-Traubenvollernter.

Abb. 3. ERO Juiceliner (Bild M. Strauß).

1.2.2 Traubenvollernter mit Dekanter

Eine wichtige Weiterentwicklung der mechanischen Ernte ist die Verschmelzung der Ernte mit der Phasentrennung (siehe Kapitel 5). Hierzu wird eine kontinuierliche Verfahrenstechnik benötigt, um auf dem Vollernter ohne Unterbrechung die fest-flüssig Phasentrennung vorzunehmen. Die genaue Funktion eines Dekanters ist in Kapitel 5.3, Seite 77 beschrieben. Probleme bzw. Kinderkrankheiten hat diese neue Technologie zuhauf: Zum einen ist der Energiebedarf des Dekanters zum direkten Entsaften der Trauben gigantisch. Zum anderen ist das Gerät sehr schwer und führt zu Verdichtungen und es ergeben sich Probleme bei nassem Boden, Steigungen oder Seitenhang.

Der Prototyp eines Vollernters mit Dekanter wurde in Deutschland von ERO entwickelt. Der Dekanter stammt von GEA Westfalia Separator GmbH und wird hydraulisch angetrieben. Da der Dekanter-Vollernter anstatt Trauben bzw. Maische direkt den Traubensaft übergibt, nennt ERO diesen Vollernter „Juiceliner“.

Diese Technologie steht zwar erst am Anfang, aber man kann dennoch vermuten, dass die weitere Entwicklung sehr rasch voranschreiten wird.

Die Liste der **möglichen Vorteile** ist lang und diese sind überwiegend in den enormen Kostenvorteilen anzusehen:

- Kein Transport und keine (Zwischen)-Lagerung von Trauben und Maische. Der Winzer mietet den Dekanter-Vollernter vom Lohnunternehmer und benötigt nur einen Transporttank für den Saft (evtl. auch gemietet).
- Keine klassische Phasentrennung mehr nötig bzw. es genügen deutlich reduzierte Kapazitäten bei der Phasentrennung (Kelter).

- Investitionen in Maischebehälter und Kelterhaus sind deutlich geringer und können unter Umständen sogar entfallen.
- Sehr geringe Extraktionsdauer der Trauben.
- Keine Maischestandzeit und daher reduzierte mikrobiologische Fremdaktivität im Vergleich zur klassischen Arbeitsweise.

Die **Nachteile** dieser Technik im Prototypenstadium sind abgesehen von der hochkomplexen Mechanik und Steuerung von solchen Gerätekombinationen nicht unerheblich:

- Dekanter-Vollernter sind sehr schwere Maschinen und erfordern ein optimales Gelände.
- Dem Dekanter sollten nach Möglichkeit keine Fremdstoffe zugeführt werden (Steine, Nägel, Draht...).
- Eine Maischeerhitzung kann in der kurzen Zeit nicht erfolgen und daher kann im Moment nur Weißmost geerntet werden.

Es bleibt abzuwarten, wie die Entwicklung weiter verläuft. Die Hauptvorteile, welche durch Weiterentwicklung der Technologie erwartet werden können, sind die große Schlagkraft und eine erhebliche Kosteneinsparung.

2 Trauben- und Maischeverarbeitung

Sobald die Trauben geerntet sind, müssen sie möglichst rasch zum Ort der Weiterverarbeitung transportiert werden. Nach Möglichkeit sollten sie dabei weder unkontrollierten Oxidations- oder Extraktionsvorgängen unterliegen. Mechanische Belastung sollte nach Möglichkeit vermieden werden, da sonst die Trubbelastung der Moste sehr stark ansteigen kann. Auch mikrobiologisch ist das Lesegut direkt nach der Ernte gefährdet. Daher wird in aller Regel ein schneller und schonender Transport empfohlen.

2.1 Traubentransport und Annahme

2.1.1 Traubentransport

Der Transport sollte schnell und effektiv sein. Je wärmer die Witterung und je brüchiger und belasteter die Trauben sind, desto größer ist die Gefahr, dass sich Mikroorganismen massenhaft vermehren und mit dem Stoffwechsel beginnen. In solchen Fällen ist daher die Addition von Kaliumpyrosulfit (KPS) schon im Weinberg anzuraten. Eine SO_2-Gabe von rund 50 mg/kg (rund 100 mg/kg an Kaliumpyrosulfit ist insbesondere bei hohe Temperaturen, vorhandener biologischer Aktivität, Botrytis und langen Transportwegen ratsam. SO_2 kann auch helfen die Oxidation des freien Mostes zu vermindern und aus diesem Grund zum Beispiel nach Vollernterlese zu den gemaischten Trauben gegeben werden.

Der eigentliche Transport kann auf unterschiedlichste Art und Weise erfolgen. Je nach Lesegut (Hand- oder Maschinenlese) und Verwendungszweck stehen sehr viele unterschiedliche Systeme zur Verfügung. Grundlegende Funktion ist der Transport der Trauben vom Weinberg bis zur Annahmestation. **Die Trauben sollen zunächst nicht in ihren Eigenschaften verändert werden, vielmehr ist schonendes und effektives Fördern die Hauptmaxime.** Frühere Systeme, bei denen die Trauben noch im Weinberg gemaischt wurden, sind inzwischen nicht mehr erhältlich. Die heute gebräuchlichsten Transportsysteme sind:

- **Kleinkisten (ca. 20 kg Inhalt) oder kleine Bütten**
  erlauben Transport von unverletzten Trauben --> sehr arbeitsaufwändig
- **Einheitsbehälter 400–1000 kg (mit Staplerkufen)**
  im Prinzip schonend (wenn nachfolgende Verarbeitung angepasst)
  Begrenzt auf kleine Verarbeitungskapazitäten – für Lese mit Vollernter meist zu klein
- **Anhänger mit lebensmittelechter Plane ausgelegt**
  Anhänger kann vielfältig für viele Transportaufgaben verwendet werden, kostengünstig
  große Kapazität --> erfordern spezielle nachgeschaltete Annahmetechnik
- **Traubenwagen mit Förderschnecke und Pumpe**
  Traubenwagen sind nur für Trauben zu verwenden und teuer
  je nach Schnecke-Pumpe-Abstimmung ergibt sich mechanische Belastung d. h. sie vermaischen unter Umständen relativ stark

Abb. 4. Traubentransportsystem mit kleineren Behältern (Boxen) bis 500 kg: a) Kleinkisten, b) & c) Einheitsbehälter.

nicht ideal für die Beschickung von Entrappern

- **Traubenwagen mit Förderschnecke ohne Pumpe (Hubtechnik oder Förderband)**
  Schneckendurchmesser sehr groß mit großer Klappe am Ende (schonend)
  Entleerung mit Förderband oder direkt, wenn Wagen über Hubtechnik angehoben
- **(Traubenwagen mit Rütteltechnik und Hubtechnik)**
  Große Klappe am Ende wird geöffnet und unterster Teil der Traubenwanne geschüttelt
- **Containersysteme (meist aus Edelstahl)**

Je nach System werden die geernteten Trauben durch den Transport entweder nur sehr wenig oder schon erheblich mechanisch belastet und gemaischt. Sehr schonend ist der Traubentransport mit Förderbändern. Je mehr mechanischer Stress auf die Trauben einwirkt, desto größer ist die Trubmenge nach der Phasentrennung im Most (siehe 6.1 Klärung von Most).

2.1.2 Traubenannahme

Sobald die Trauben vom Weinberg zur Kellerei transportiert sind, müssen diese durch eine geeignete Technik in die Kellerei gefördert werden. Hier kommen je nach Betriebsgröße und Organisationsform sehr viele unterschiedliche Systeme zur Anwendung. Zunächst muss der Übergang von der Transporttechnik zur Annahmetechnik erfolgen.

Kleine 20-kg-Kisten werden üblicherweise mit dem Gabelstapler bewegt und dann meist von Hand entleert. Traubenwagen mit Pumpeinrichtungen können direkt in die Presse oder in Maischebehälter über der Presse pumpen. Ein Umweg über den

Abb. 5. Traubentransport für größere Erntemengen (Anhänger mit Plane).

Abb. 6. Spezielle Traubenwagen mit Hubeinrichtung ohne Pumpe (a) bzw. mit Pumpe (b, c).

Entrapper ist möglich. Traubenwagen ohne Pumpe, die mit Hubsystemen versehen sind, können die Trauben direkt in die Presse oder in den Entrapper fördern.

Anhänger, die mit einer lebensmittelechten Plane ausgelegt sind, können entweder mit eigenen hydraulischen Kippeinrichtungen die Ladefläche neigen oder benötigen ein stationäres System zum Kippen. Die Trauben rutschen in eine Wanne mit Förderschnecke. Die Wannengröße kann so groß sein, dass selbst große LKW-Anhänger in einem Zug entleert werden können. Von der Wanne werden die Trauben mittels Förderschnecke in der Regel direkt zum Entrapper gefördert. Die langsam laufende Schnecke in der Wanne gewährleistet die für die Arbeitsqualität notwendige gleichmäßige Beschickung des Entrappers. Danach folgt eine Förderpumpe, um die Maische zur Presse oder in einen Maischetank zu fördern.

Grundsätzlich sollte bei der Planung einer Traubenannahme über folgende Kriterien nachgedacht werden:

- Annahmekapazität pro Zeiteinheit (z. B. Stunde, Tag)
- Annahmegesamtmenge pro Saison
- Verhältnis Rot- und Weißwein
- Verhältnis Hand- und Maschinenlese
- Anzahl der getrennt zu erfassenden Chargen nach Rebsorte, Lage und Mostgewicht
- Qualitätsbeeinflussende Faktoren der Anlage (Basis-/Premium-Produktion)
- Intensität von Reinigungs- und Servicearbeiten des Systems
- Anschaffungs-, Betriebs-, und Folgekosten des Systems
- Arbeitsaufwand versus Automatisation
- Raumbedarf

Jeder Betrieb muss die entsprechenden Argumente für seinen Betrieb auswählen, bewerten und dann entscheiden, was unter den gegeben Rahmenbedingungen die beste Lösung ist.

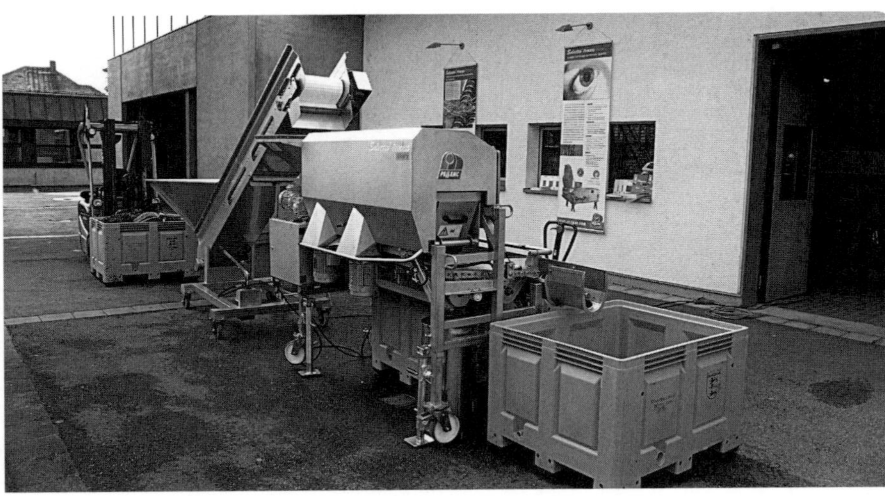

Abb. 7. Schonende Traubenverarbeitung mit Boxen, Förderband und Entrapper.

2.2 Sortieren von Trauben

Das Sortieren von Trauben ist ein einfaches, aber sehr effektives Mittel, um unterschiedliche Qualitäten und Weinstile zu erzeugen. Die Sortierung sollte schon im Weinberg beginnen. Bei der Handlese genügt es, in zwei unterschiedliche Eimer bzw. Behälter zu ernten und somit zwei verschiedene Partien zu erzeugen.

Bei extrem qualitätsorientierten Erzeugern wird neben der selektiven Lese die Sortierung von Hand für Premiumweine durchgeführt. Hierzu können einfache statische Sortiertische oder auch aufwändigere Sortierbänder verwendet werden.

Mit Vollernter gelesene Trauben können nicht mehr mit der Hand sortiert werden. Aber es gibt durchaus Techniken, die es erlauben, maschinell geerntete Trauben zu sortieren. Hierzu müssen automatische Systeme benutzt werden. Jedoch ist es von großem Vorteil für die Effizienz der Sortiertechniken, wenn im Lesegut ein hoher Anteil intakter Beeren enthalten und das Lesegut nur wenig gemaischt ist.

Dem Winzer bieten sich sehr viele **Sortiermöglichkeiten**:

Handsortierung
- während der Lese in mehrere Eimer
- statischer Sortiertisch
- Sortierband oder Vibrationstisch

Entrapper
- Fraktionierung durch unterschiedliche Einstellung (z. B. kleine/große Beeren)

Maschinelle Sortierung
- Vibrationstisch mit Lochblechen
- Windsortierung (Form, Gewicht)
- Optisch (Form, Farbe, Größe)
- nach Dichte

2.2.1 Handsortierung

Die einfachste Form der Sortierung ist der Sortiertisch. Dieser kann sehr einfach als simpler Tisch mit glatter Oberfläche aus einem inerten Material wie z. B. Edelstahlblech ausgeführt sein. Für größeren Komfort und Durchsatz können die Sortiertische eine Rütteleinrichtung besitzen, welche die aufgegebenen Beeren/Trauben vereinzelt. Üblicherweise werden die Trauben durch ein leichtes Gefälle zum Tischende bewegt. Alternativ kann die Sortiereinheit ein langsam laufendes Förderband sein. Beidseitig stehen dann je nach Menge an Lesegut die Arbeitskräfte und selektieren die Trauben nach den gewünschten Kriterien.

Die Trauben können nach vielerlei Kriterien sortiert werden. Die Kriterien bei Handsortierung sind folgende:
- Gesundheitszustand (gesunde Trauben/solche mit z. B. Botrytis, Oidium)
- Trauben/Beerenfarbe: grüne/gelbe Trauben bei weißen Trauben, vollständig durchgefärbte rote Trauben/teilweise grüne, kleinbeerige Trauben/großbeerige
- Entfernen von Fremdstoffen wie Blättern, Stielen
- Sammeln von Trockenbeeren für die Erzeugung von Trockenbeerenauslesen

Die Handsortierung benötigt sehr viel Personal und die Kosten sind entsprechend hoch. Je nach Traubenzustand und gewünschtem Sortiergrad ist zudem nur eine begrenzte Kapazität gegeben. Je nach Aufwand liegt die manuelle Sortierleistung bei Werten von 1000 bis 3000 kg/Stunde.

Das monotone Arbeiten am Sortiertisch ist relativ anstrengend. Die Arbeitsqualität sinkt bei stundenlangem Arbeiten zum Teil rapide. Für größere Mengen an Lesegut kann eine automatische Sortiertechnik verwendet werden.

Abb. 8. Traubensortiertisch mit Rütteleinrichtung.

2.2.2 Sortierung über den Entrapper

Das Entrappen ist per se schon eine Sortierung. Alle großen Bestandteile der Traube, die nicht durch die für die Beeren vorgesehenen Öffnungen passen, werden abgetrennt. Der Entrapper eignet sich daher besonders für die Vor- oder Grob-Sortierung von maschinell gelesenen Trauben. Neben dem primären Ziel, nämlich dem Trennen von Beeren und Rappen (Abbeeren bzw. Entrappen), gibt es weitere Ziele: Entfernung weiterer Fremdstoffe wie Steine, Rebholz, Blätter, Blattstiele oder Teile der Unterstützungsvorrichtung. Im anglikanischen Sprachraum werden solche Fremdstoffe unter dem Begriff „MOG" zusammengefasst, was für „**m**aterial **o**ther than **g**rapes" steht. Neben der Steigerung der Weinqualität kann diese Maßnahme auch sinnvoll sein, um die nachfolgenden Maschinen der Weiterverarbeitung vor Beschädigungen zu schützen.

Sofern das Abbeeren bzw. Entrappen schonend erfolgt, liegt noch ein erheblicher Anteil von > 50–60 % oder sogar noch höher an nicht verletzten Beeren vor. Eine schonende Förderung vorausgesetzt, kann ein solches Lesegut sehr gut für eine weitere, maschinelle Sortierung geeignet sein.

2.2.3 Automatische Sortiertechniken

Die Basis für die automatische Sortierung sind also nicht die ganzen Trauben sondern die einzelnen Beeren. Eine schonende Entrappung mit dem Erhalt von möglichst vielen intakten Beeren muss daher vor der automatischen Sortierung erfolgen (bei Lese mit dem Vollernter ist bei der Einstellung der Ernteparameter sowie beim Traubentransport darauf zu achten).

Damit die Sortierung erfolgen kann, erfolgt im ersten Schritt eine Vereinzelung der Beeren. Danach folgt die jeweilige Trenntechnik mit Lochblechen, Wind- oder optischer Sortierung. Der frei werdende Saft wird aufgefangen. In der Regel wird dieser separat gehalten, da hier schon eine erhebliche Oxidation erfolgt ist.

Problematisch für die weitere automatische Sortierung bzw. Trennung können

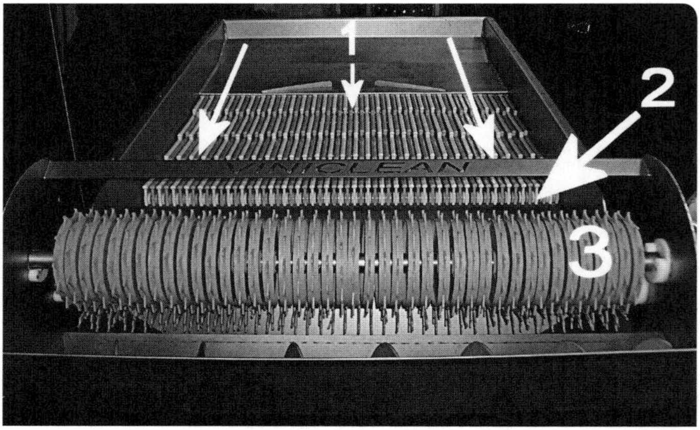

Abb. 9. Viniclean – Sortiertechnik für abgebeerte Trauben: a) 1 Aufgabeposition für Trauben, Pfeile zeigen Rüttelrichtung, 2 Kante, an der Beeren nach unten fallen und weiter transportiert werden, 3 Kunststoffwalze zum Abtrennen von groben Fremdkörpern, wie Rappen etc., b) Schnittbild.

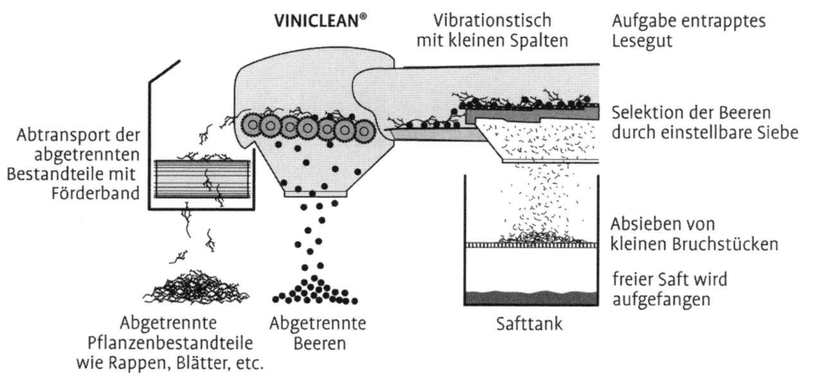

große Mengen an angequetschten Beeren sein. Dies tritt relativ häufig bei sehr reifem Lesegut mit nur noch wenig ausgeprägter Textur auf. Sie werden von den Sortiertechniken unter Umständen nicht richtig erfasst, obwohl diese durchaus brauchbar für die Weinbereitung wären. Je nach Sortierprinzip haben die gequetschten Beeren ein ähnliches Verhalten wie negativ veränderte faule Beeren, Fremdstoffe, Blätter oder Blattstiele und erschweren die Sortierung.

Sortierung über Größe

Die Abtrennung über die Größe verfolgt das Ziel alle Fremdteile, die eine andere Größe/Form als die Traubenbeeren haben, zu entfernen.

Eine Sortiertechnik, die nach diesem Prinzip funktionert ist das System **Viniclean**. Die abgebeerten Trauben werden über eine Rütteltechnik auf mehreren Kunststoffelementen mit geringem Abstand geführt. Durch die Vibration bewegen sich alle Teile auf den Elementen in Richtung

Abb. 10. Linearer Entrapper Selectiv Process Winery von Pellenc.

von Kunsstoffwalzen. Sinn der Sache: Abgebrochene Stiele und Stängel sowie Rappen zu entfernen. Größere Teile wie Rappen oder Blätter werden über langsam rotierende Kunststoffwalzen am Ende der Rüttelstrecke erfasst und separiert. Die Beeren fallen durch entsprechende Lücken zwischen den Kunststoffelementen hindurch.

Die Firma **Pellenc** bietet eine andere Sortiertechnik an. Hierbei wird ein spezieller **linearer Entrapper** (Selectiv' Process Winery) mit einer nachgeschalteten optischen Sortiereinrichtung kombiniert (Selectiv' Process Vision). Die Trauben werden über zwei mit einer hohen Frequenz horizontal bewegte Separatoren entrappt. Dieses Prinzip ähnelt dem Abernten der Trauben mit dem Vollernter von der Rebe. Anschließend fallen die Rappen, Stengel, Beeren etc. auf ein darunter liegendes System mit vielen rotierenden Walzen. Die abgetrennten Beeren werden über dieses System gefördert. Da sich der Abstand der rotierenden Rollen zunehmend vergrößert, fallen durch die Zwischenräume der Walzen zunächst nur sehr kleine Bestandteile, wie Stängel, Reste von Rappen etc. Die Beeren können erst in einer weiter entfernten Sektion durch die Räume zwischen den Rollen durchfallen. Die langen Rappen werden durch die Rotation der Rollen in eine separate Station gefördert (Abb. 10).

Windsortierung

Das Prinzip der Windsortierung basiert auf der Tatsache, dass das vorentsaftete und abgebeerte Lesegut durch einen kontrollierten Luftstrom getrennt wird. Zunächst werden die einzelnen Beeren auf einem Rütteltisch gleichmäßig verteilt und dann auf einem Transportband beschleunigt. Am Ende des Bandes gelangen die Beeren in einen Luftstrahl mit einstellbarer Stärke. Schwere Komponenten wie intakte Beeren werden vom Luftstrom nicht wesentlich abgelenkt. Leichte Bestandteile wie Blätter, Stängel etc. werden durch den Luftstrom

Abb.11. Beerensortieranlage Delta Mistral von Bucher-Vaslin.

erfasst und so von den schweren Teilen getrennt. Auf diese Art und Weise werden je nach Einstellung des Gebläses auch intakte Beeren von aufgeplatzten Beeren und Fremdkörpern abgetrennt.

Optische Sortiertechnik
Auch hierbei werden die Beeren auf einem Vibrationstisch vereinzelt und anschließend über ein schnell laufendes Band der eigentlichen Sortiertechnik zugeführt. Die vereinzelten Beeren werden von hochauflösenden digitalen Kameras erfasst. Die Aufnahmen werden in Sekundenbruchteilen vom leistungsfähigen Computer ausgewertet. Der PC gruppiert die Beeren entsprechend zuvor festgelegter Einstellparameter ein. Danach folgt das eigentliche Sortieren. Vor dem ersten Sortieren muss die Erkennung jedoch „trainiert" werden. Über eine spezielle Schnittstelle werden die aufgenommenen Videos angehalten und Standbilder generiert. Der Anwender markiert jetzt die Bestandteile, die er aussortieren möchte. Circa 20 % der Beeren können abgetrennt werden. Mit zunehmendem Trainingsaufwand können die Trennraten verbessert werden.

Die eigentliche Trennung erfolgt folgendermaßen: Die zu sortierenden einzelnen Beeren werden durch das Transportband stark beschleunigt (Bandgeschwindigkeit 2,5–3 m/sec). Am Ende des Bandes fliegen die Beeren über das Band hinaus. Während die Beeren über das Bandende fliegen, können bis zu 20 % der Beeren durch Druckluftimpulse von oben gezielt raus geschossen werden. Dies erfolgt durch eine

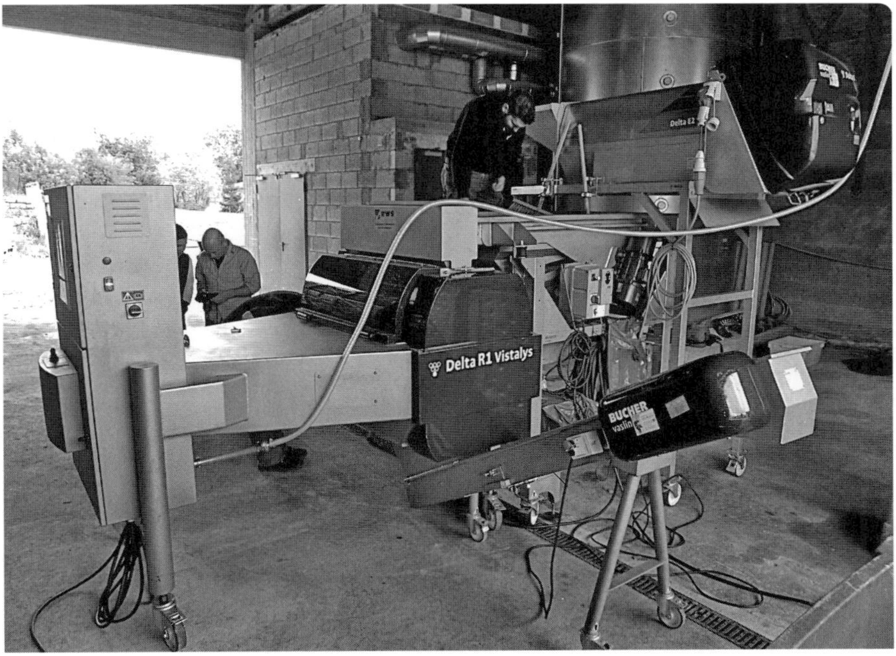

Abb. 12. Optisches Traubensortiersystem von Bucher Delta Vistalys im Winzerbetrieb.

Abb. 13. Optische Traubensortiereinheit Optyx von Clemens.

am Ende des Bandes angebrachte Düsenleiste. Die nicht angeblasenen Beeren fliegen in einen Behälter weiter gerade aus, die angeblasenen in einen anderen. Die Steuerung übernimmt der PC, der die optisch erkannten Bestandteile mittels exakter Ansteuerung der jeweiligen Luftdüse rausschießt.

Sortierung über Dichte

Die Firma Amos Industries (Beaune, Frankreich) bietet eine Sortiertechnik nach Dichteprinzip in einem Mostbecken an. Die Technik trägt den Namen Tribaie. Hierbei werden zunächst die Trauben entrappt und die Beeren vereinzelt. Nachdem die Rappen und Fremdteile abgetrennt sind, werden die Beeren in ein Becken überführt. Dieses Becken wird zu Beginn des Prozesses mit frisch gepresstem Most der gleichen Traubenpartie gefüllt. Die Beeren erfahren im Most einen Auftrieb (Archimedisches Prinzip). Je nach Dichte der Beeren gehen die schweren zuckerreichen Beeren unter und die wenig dichten zuckerarmen treiben nach oben. So kann man die Beeren nach deren Dichte unterscheiden und getrennt verarbeiten.

Abb. 14. Traubensortierung Tribaie nach Dichte über das Archimedes Prinzip (Amos Industries).

2.3 Entrappen (Abbeeren, Rebeln)

Das Entrappen wird auch „Abbeeren“ oder in Österreich „Rebeln“ genannt. Hiermit ist das Abtrennen der Beeren vom Rappen bzw. dem Stielgerüst der Traube gemeint. Das Entrappen kann mehrere Gründe haben – sollte aber nicht grundsätzlich und in jedem Fall erfolgen. Entrappen ist eine mechanische Belastung der Trauben und bringt somit auch mehr Trub. Des Weiteren führt das Entrappen zu einem erheblichen Verlust an Drainagekanälen innerhalb der Maische, welche die Phasentrennung beim Pressen erschwert. Eventuell muss häufiger gescheitert werden. Die Vorteilhaftigkeit des Entrappens bei Weißwein kann also durchaus in Frage gestellt werden.

Des Weiteren ist das Entrappen kontraproduktiv, wenn man überreifes oder/und botrytisfaules Lesegut verarbeitet. Diese Trauben sind schon soweit aufgeschlossen, das Gewebe zerstört und strukturlos, dass diese durch jede weitere mechanische Belastung weiter verflüssigt werden (Mus-Bildung). Die Belastung und die Entfernung der Rappen verschlechtert die Abtrennung der flüssigen Phase (Saft) von der festen Phase (Trester).

Unstrittig ist jedoch, dass das Abtrennen der grünen Rappen bei der Rotweinbereitung unbedingt notwendig ist. Dies gilt sowohl für die klassische Maischegärung als auch für die thermische Rotweinbereitung. Verblieben die Rappen während der Maischegärung in der Rotweinmaische, so würden durch die lange Extraktionszeit und den gebildeten Alkohol sehr viele Gerb- und Bitterstoffe übergeben. Dies würde die Qualität des Rotweines beeinflussen.

Bei der thermischen Rotweinbereitung hat das Entrappen eher praktische Gründe. Die Maische muss über lange Strecken durch den Wärmetauscher gefördert werden. Insbesondere die Rappen haben dabei die Tendenz, sich festzusetzen und den Wärmetauscher zu verstopfen.

Technik des Entrappens
Das Entrappen kann mit unterschiedlich aufgebauten Maschinen erfolgen. Weit verbreitet sind Maschinen, bei denen die Trauben durch einen rotierenden Korb gefördert werden. Dieser Korb ist entweder als Gitter oder als Edelstahlblech mit Löchern aufgebaut. Er ist horizontal montiert und rotiert meist mit einer Drehzahl von 30–60 Umdrehungen je Minute. Im Inneren des Korbes ist eine rotierende Welle mit Stacheln bzw. Fingern montiert (auch Stiftwelle), die mit 300–400 Umdrehungen je Minute rotiert. Die Stacheln sind schraubenartig entlang der Welle verbaut. Durch die Schraubenform werden zunächst die ganzen Trauben und nach dem Abbeeren

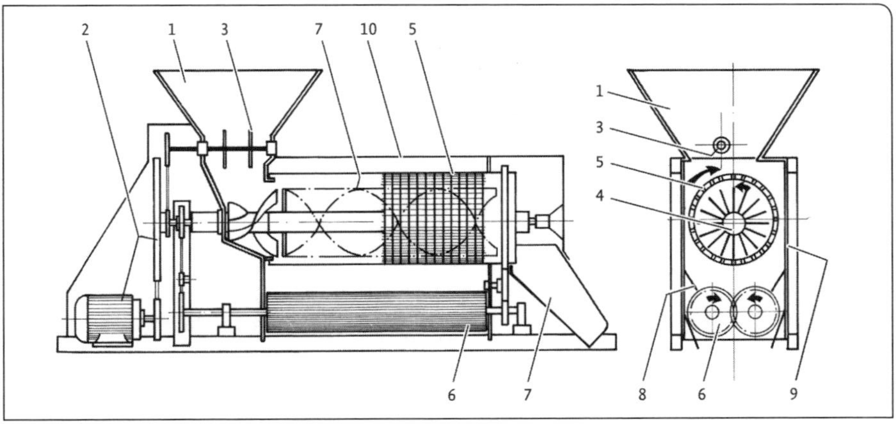

Abb. 15. Querschnitt eines rotierenden Entrappers.

Abb. 16. Unterschiedliche Bauarten von Lochkörben.

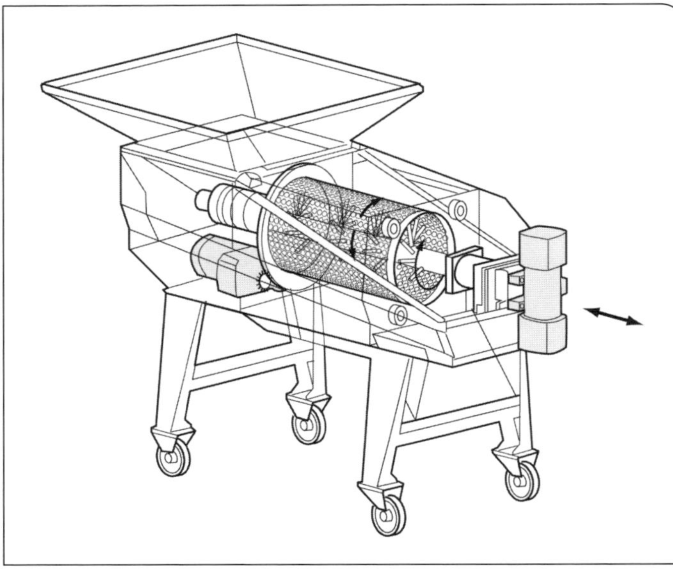

Abb. 17. Abbeermaschine Rotovib von Armbruster.

die Rappen durch den Korb gefördert. Die abgetrennten Beeren fallen durch die Korböffnungen nach unten durch.

Eine Weiterentwicklung dieser bekannten Entrappungstechnik wird von der Firma Armbruster unter dem Namen Rotovib angeboten. Der Rotovib-Entrapper ist so aufbebaut, dass die Stiftwelle durch einen Vibrationsantrieb in Schwingung versetzt wird. Dadurch sollen die Drehzahlen von Korb und Stiftwelle niedriger sein, die mechanische Belastung reduziert und das Arbeitsergebnis verbessert werden.

Eine weitere Bauart stellt der lineare Entrapper von Pellenc dar (Abb. 10).

Abbeeren über ein Gliederband
Eine gänzlich andere Verfahrensweise zum Entrappen funktioniert über ein Gliederband. Die Firma Scharfenberger bietet die Technologie unter dem Namen EuroSelect an. Das Lesegut wird der Maschine über einen Trichter zugeführt, vorentsaftet und dann über ein Gliederband weiter gefördert. Die ganzen Trauben können nicht durch das Gliederband fallen, einzelne Beeren jedoch sehr leicht. Das Abtrennen der Beeren von den Rappen erfolgt über Stiftwalzen, an denen sich hochflexible Finger befinden. Diese Stiftwalzen rotieren, und darunter laufen die Trauben auf dem Gliederband vorbei. Durch die Rotation werden die Beeren abgeschlagen und nach unten durch das Gliederband gedrückt. Der frequenzgeregelte Antrieb sowohl des Gliederbandes als auch der beiden Stiftwalzen ermöglicht das Anpassen der Maschine an das Lesegut.

Nach dem Entrappen werden die Beeren häufig noch gequetscht. Das Quetschen dient dem Zweck, die Beeren zu öffnen und den Saft austreten zu lassen. Ab diesem Moment der Zellöffnung beginnt je nach Temperatur ein enzymatischer Aufschluss der Trauben.

Abb. 18. Abbeermaschine EuroSelect.

Entrapper und Quetsche sind sehr häufig in einem Gehäuse verbaut (Kombi-Geräte).

Moderne Entrapper/Quetschen sollten in der Kombination der Betriebsarten flexibel sein. Es sollte möglich sein:

- Nur Entrappen ohne Quetschen.
- Kein Entrappen aber Quetschen.
- Entrappen und Quetschen.
- Eventuell Möglichkeit, ganze Trauben durchschleusen zu können.

Über die Vor- und Nachteile der verschiedenen Verfahren gibt es umfangreiche Literatur (Freund M, Seckler J et al., 2005; Seckler J, 2006; Seckler J, Jung R et al., 2002; Weik B, 2003). (Theobald J, 2005). (Weber B, 2003; Seckler J, Jung R et al., 2002)

2.4 Traubenquetsche

Das Quetschen der Trauben dient dem Zerstören der Beerenstruktur. Spätestens nach dem Quetschen spricht man von Traubenmaische. Das Quetschen der Trauben wird daher auch als Maischen bezeichnet.

Das Quetschen der Trauben erfolgt durch rotierende Walzen. Zwischen den Walzen befindet sich ein Spalt, der in der Weite justiert werden kann.

Man unterscheidet Traubenquetschen in drei unterschiedliche Bauformen. Neben **Zylinderwalzen** kommen **Kegel- und Flügelwalzen** zum Einsatz. Der früher verwendete Begriff Traubenmühle ist unglücklich, da die Trauben nicht vermahlen werden sollen. Insbesondere achtet man beim Betrieb der Quetschen darauf, dass die Traubenkerne nicht verletzt werden. Dies würde zu einem enormen Anstieg der Gesamtphenole im Most führen.

In der Regel wird durch das Quetschen der Trauben erreicht, dass diese pumpfähig werden (= einmaischen). Der zweite wichtige Grund für das Quetschen ist der Zellaufschluss durch unterschiedliche Enzyme der Traube. Neben der mechanischen Zerstörung des Traubengewebes setzen nach dem Quetschen umfangreiche Prozesse ein. Ab der Zellöffnung setzt die Extraktion von Beereninhaltsstoffen, wie Mineral- und Aromastoffen, in die flüssige Phase ein. Des Weiteren beginnen jetzt umfangreiche Oxidationsvorgänge.

Insbesondere führt die Freisetzung der Enzyme der Traube zu vielfältigen Abbauvorgängen in der Maische. Im Vordergrund steht der Abbau des Pektins der Traube, die Struktur der Beeren wird geschwächt. Dadurch wird die Phasentrennung (Pressbarkeit) bei gesundem Lesegut verbessert.

Das Quetschen kann aber auch negative Auswirkungen auf die Phasentrennung haben. Nach Pilzbefall der Trauben durch z. B. *Botrytis cinerea* ist eine breite enzymatische Tätigkeit gegeben. In Verbindungen mit starker mechanischer Belastung können Trauben insbesondere nach Pilzbefall (auch bei hochreifen Trauben oder nach Maischeerhitzung) so viel Textur verlieren, dass die Maische einen Mus-Charakter annimmt. Dadurch wird die Phasentrennung in klassischen Pressen erheblich erschwert und die Extraktion von Beereninhaltstoffen extrem gesteigert.

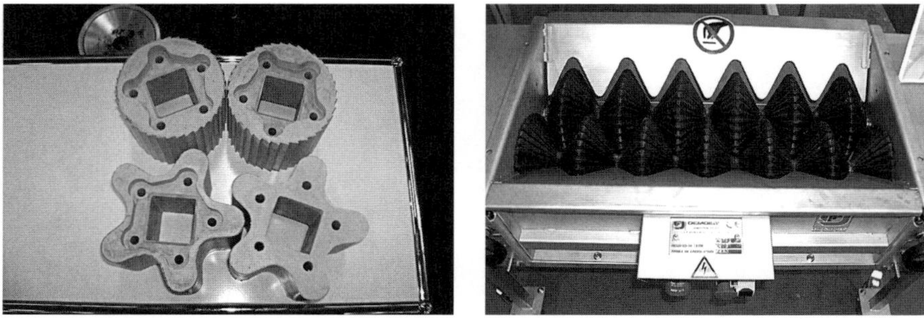

Abb. 19. Unterschiedliche Bauarten von Traubenquetschen.

2.5 Kühlen und Wärmen von Maische und Most

In der modernen Kellerwirtschaft ist die Temperaturkontrolle bei der Verarbeitung von Trauben üblich. Die Geschwindigkeit von vielen biologischen Prozessen ist temperaturabhängig. Die Vermehrung von Mikroorganismen sowie deren Stoffwechsel sowie die Aktivität von Enzymen kann durch die Temperatur aktiv beeinflusst werden. Moderne Weingüter und Kellereien verfügen daher über leistungsfähige Wärmetauscher. Es gibt vielfältige Möglichkeiten, Most bzw. Wein zu kühlen und/oder zu erwärmen.

Die Anwendung von Kälte bzw. Hitze kann für sehr viele verschiedene Anwendungen genutzt werden:

Kälte:

- Kaltmazeration von Maische.
- Keltermostkühlung (keine Angärung, Klärung).
- Kontrollierte Gärführung (siehe 7.2).
- Rückkühlung von erhitzten Rotmosten.
- Gärstopp herbeiführen.
- Weinsteinstabilisierung.

Hitze:

- Anwärmen von Most/Maische auf Gärstarttemperatur.
- Beschleunigung der Gärung.
- Ermöglichung eines bakteriologischen Säureabbaus.
- Pasteurisation von belastetem Lesegut.
- thermische Rotweinbereitung (ME, KHE)

Spätestens ab einer Traubentemperatur über 20 °C sollte eine Kühlung in Erwägung gezogen werden. Die Zieltemperatur hängt vom Traubenzustand und der weiteren Verarbeitung ab. Eine Kaltmazeration erfolgt meist bei einer Temperatur im Bereich von 5–8 °C. Das Verhindern einer sehr raschen Angärung ist schon bei Temperaturen im Bereich von 10–12 °C möglich.

Neben der Erhitzung der Maische bei der Thermischen Rotweinbereitung (siehe 3.5, Seite 56) wird das **Anwärmen von kaltem Lesegut** oder kalter Maische (z. B. nach Kaltmazeration) häufig zur Beschleunigung des Gärstarts bei Maischegärungen durchgeführt. Bei Temperaturen unter 15 °C kann die Angärung ansonsten sehr verzögert erfolgen. Dadurch werden Kältetolerante Nicht-Saccharomyces-Hefen (z. B. *Apiculatus*-Hefen) gefördert und das Risiko der Bildung von flüchtiger Säure steigt an.

In warmen Klimazonen erfolgt die (maschinelle) Lese häufig in den frühen Morgenstunden des Tages, wo die Trauben ihre niedrigste Temperatur haben. Sofern die Temperatur des Lesegutes dennoch zu hoch ist, erfolgt eine Kühlung. Dadurch wird die Aktivität von Enzymen sowie Mikroorganismen reduziert. Die Extraktion von Beereninhaltsstoffen sowie die Oxidationsreaktionen sind reduziert und das Einsetzen der Gärung sowie die Bildung von zum Beispiel Flüchtiger Säure werden unterbunden. Für die Erzeugung von frisch-fruchtigen Weißweinen ist die Anwendung der Kältetechnik daher mittlerweile ein weit verbreiteter Standard.

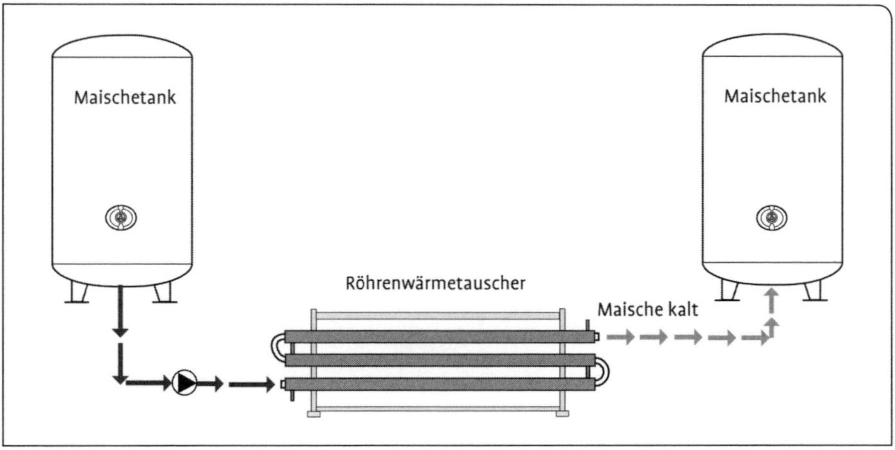

Abb. 20. Abkühlung von Maische über Wärmetauscher im Durchfluss.

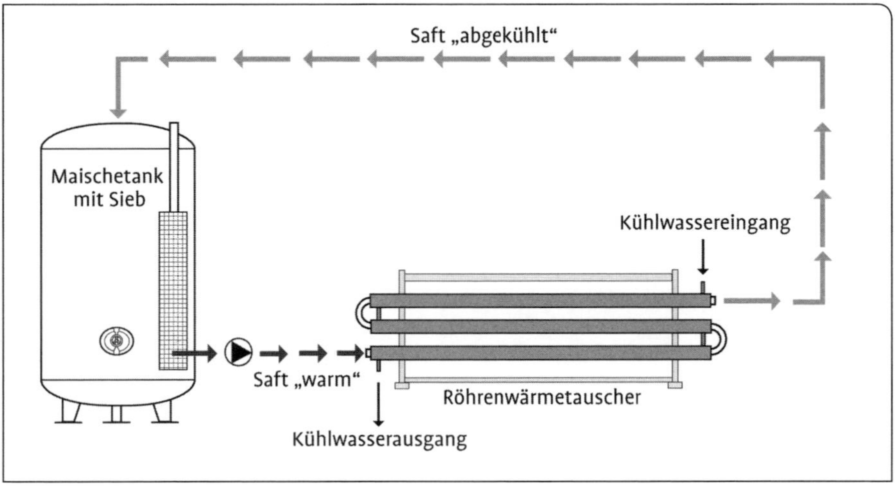

Abb. 21. Indirekte Maischekühlung durch Saftentzug, Saftkühlung und Rückverschnitt.

Abb. 22. Ansicht von Wärmetauschern für Kühlung/Erwärmung von a) Maische (links) oder b) Flüssigkeit.

Das **Kühlen ganzer Trauben** ist ein aufwändiger und relativ uneffektiver Prozess. Die Trauben können nur indirekt über die Umgebung gekühlt werden (z. B. Kühlraum). Sofern die Trauben aber nicht in kleinen Einheiten wie etwa 15-kg-Kisten gelagert werden, erfolgt der Wärmeaustausch bis in den Kern sehr langsam. Das Kühlen ganzer Trauben ist daher nur eine Maßnahme für kleinere Mengen und bei völlig gesundem Lesegut.

Das **Kühlen von Maische** hingegen ist durch den besseren Energieaustausch eine wesentlich effektivere Maßnahme. Es stehen viele technische Möglichkeiten zur Verfügung: Üblich ist entweder die direkte Kühlung der Maische über **Wärmetauscher im Durchfluss** oder mittels einer Tankkühlung mit **Wärmetauscher am Tank (pillow plates)**. Jedoch ist der Wärmeaustausch in Tanks mit größerem Durchmesser relativ langsam, da der Austausch nur außen erfolgt. Der Wärmeübergang bei nicht bewegter Maische ist träge und es dauert unter Umständen sehr lange, bis die gewünschte Maischetemperatur im Kern erreicht wird. Dies gilt sowohl für Kühlen als auch Wärmen.

Alternativ kann daher auch eine **indirekte Maischekühlung/Maischeerwärmung** mit Saftentzug und externem Wärmetauscher erfolgen. Durch ein Sieb wird Saft aus dem Tank entzogen und über einen Wärmetauscher die Temperatur angepasst. Danach wird der Saft wieder in den Tank geleitet und durchströmt die Maische. Die Temperatur des gesamten Gebindes wird so viel schneller erreicht. Wichtig ist jedoch, auf die mögliche Oxidation zu achten und diese gegebenenfalls durch die Anwendung von Inertgas wie CO_2 zu verringern.

2.6 Steuerung der Maische-Extraktion

Das Ziel der Traubenverarbeitung ist die Überführung der Traubeninhaltsstoffe in die flüssige Phase. Bei Weißwein ist diese flüssige Phase der Most, der nach einer mehr oder weniger kurzen Verarbeitungszeit vorliegt.

In den nachfolgenden Kapiteln soll auf die Bereitung von Weiß- und Roséwein eingegangen werden. Die Extraktionsrate der Trauben kann sich je nach gewünschtem Weinstil und der Reife der Trauben erheblich unterscheiden.

Eine geringe Extraktion wird durch eine schnelle und vor allem schonende Verarbeitung erreicht. **Der geringste Extraktionsgrad stellt sich bei der Ganztraubenpressung** ein. Die geringe Extraktionsrate der Ganztraubenpressung wird daher für die Bereitung von weißen Weinen aus Rotweinsorten verwendet. Man spricht hierbei von „blanc de noirs" (weiß aus schwarz).

Durch eine Steigerung des mechanischen und enzymatischen Aufschlusses bei Trauben kann der Übergang von Extraktstoffen bewusst gesteuert werden. Nach dem mechanischen Öffnen der Trauben durch Vollernterlese, Traubentransport, Entrappen und/oder Quetschen beginnt je nach Temperatur der enzymatische Aufschluss. Die Dauer der nachfolgenden Maischestandzeit entscheidet über die Extraktionsrate. Eine sehr lange Maischestandzeit von bis zu 7 Tagen bei Temperaturen unter 10 °C wird als **Kaltmazeration** bezeichnet. Eine Steigerung der Extraktion kann durch den Zusatz von Mazerationsenzymen sowie Elektroporation (siehe 2.6.5) erfolgen. Jede Form des Zellaufschlusses und Auslaugung der Beerenzellen führt zum Anstieg von Extraktstoffen, Aroma, Farbe und Gesamtphenolen.

Für die Bereitung von Rotwein müssen die Trauben deutlich weitreichender aufgeschlossen werden. Bei der Rotweinbereitung ist das Ziel die weitreichende Auslaugung der Traubenschale, in der die Farbstoffe lokalisiert sind. Grundlegend werden in der Rotweinbereitung zwei Extraktionstechniken unterschieden:

- Thermische Rotweinbereitung (Maischeerhitzung)
- Maischegärung.

Die Verfahren zur **thermischen Rotweinbereitung** erzwingen die Extraktion durch die hohe Temperatur, welche die Beerenzellen platzen lässt und den Übergang der Beereninhaltsstoffe in die flüssige Phase ermöglicht. Die thermische Verarbeitung ist geprägt durch rein wässrige Extraktion, das heißt, es werden vorwiegend Stoffe gelöst, die wasserlöslich sind. Die der eigentlichen Erhitzung nachfolgende Extraktionszeit ist im Vergleich zur Maischegärung sehr kurz – allerdings bei relativ hohen Temperaturen (35–70 °C). Die Standzeit nach der Erhitzung, meist unter Zugabe von pektolytischen Enzymen, wird selten länger als 12 Stunden durchgeführt. Danach erfolgt die Phasentrennung.

Im Gegensatz dazu steht die alkoholische Langzeit-Extraktion durch die **Maischegärung**. Die Extraktionsdauer bzw. Maischegärdauer kann von einigen Tagen bis über vier Wochen andauern. Beim Gären auf der Maische bildet sich ein Alkoholgehalt von 12,5–14 % vol. oder sogar darüber. Der Alkohol wirkt als eine Art Lösungsmittel und löst unter anderen phenolische Verbindungen aus den Traubenbestandteilen. Die Zusammensetzung des Weines ist deshalb im Vergleich zum Rotwein nach thermischer Verarbeitung stark unterschiedlich.

Auf die Bereitung von Rotwein wird im Kapitel 3, Seite 37 eingegangen.

Der Winzer und Önologe muss berücksichtigen, dass alle Entscheidungen bei der Traubenverarbeitung Auswirkungen auf die Art, den Stil und die geschmackliche Fülle des Weines haben. Dadurch ergibt sich ein sehr großer gestalterischer Spielraum in der Weinbereitung. Richtig angewendet kommt man so zu charakteristischen marktkonformen Weinen.

2.6.1 Ganztraubenpressung

Die geringste Extraktion von Trauben findet man bei der Ganztraubenpressung. Die Gründe hierfür sind im geringen mechanischen und enzymatischen Aufschluss der Trauben zu suchen. Typischer Weise kommen die ganzen unverletzten Trauben in die Traubenpresse ohne zuvor mechanisch nennenswert belastet zu werden. Dies erfolgt durch einen Transport in Kleinkisten oder anderen, direkt in die Presse entleerbare Transportmöglichkeiten.

Die Phasentrennung in der Traubenpresse erfolgt mit einem speziellen Pressprogramm, da bei der Ganztraubenpressung keine Vorlaufzeit zur Gewinnung für frei ablaufenden Saft gebraucht wird (häufig Champagner- oder Cremant-Programm genannt). Vielmehr wird sofort zu Beginn der Phasentrennung nur über den Pressdruck die Öffnung der Beeren bewirkt. Das Lesegut sollte physiologisch reif und das Pektin schon in der Traube weitgehend abgebaut sein.

Most und Wein aus einer Ganztraubenverarbeitung haben üblicher Weise hohe Säurewerte und niedrige pH-Werte. Sie weisen geringe Phenolgehalte auf und haben in der Regel wenig Farbe (daher ideal für die Bereitung von ‚Blanc de Noir'-Weinen). In der Champagne ist das Verfahren üblich, da zwei der drei Rebsorten, die für Champagner verwendet werden, rote Rebsorten sind (Pinot noir und Pinot meunier versus Chardonnay).

Weine, die aus nicht vollständig physiologisch reifen Trauben stammen und mit sehr geringer Extraktion der Trauben, wie dies typischer Weise nach Ganztraubenpressung der Fall ist, neigen zu frühzeitiger Alterung oder sogar untypischer Alterung (UTA). Wird das gleiche Lesegut hingegen stärker extrahiert durch z. B. intensive mechanische Belastung und/oder lange Mazerationsdauer, tritt die untypische Alterung wenn überhaupt sehr viel später ein. Über mechanische Belastung sowie die Enzymwirkung (traubeneigene und/oder zugesetzte Enzyme) wird die Extraktion der Trauben verstärkt.

Zur Technik der Ganztraubenpressung gibt es umfangreiche Literatur
(Burkert J und Köhler HJ, 2010; Seckler J und Freund M, 2009; Mengler H, 2006; Fischer U, Trautmann S et al., 2001; Seckler J, 1997).

2.6.2 Maischestandzeit

Die Maischestandzeit gibt es in der Praxis aus zwei unterschiedlichen Motiven heraus:

- Önologische Maßnahme mit dem Ziel, wertgebende Inhaltsstoffe (Extraktstoffe) aus den Trauben in die flüssige Phase zu überführen (wird bewusst durchgeführt): auch als „Macération pelliculaire" bezeichnet

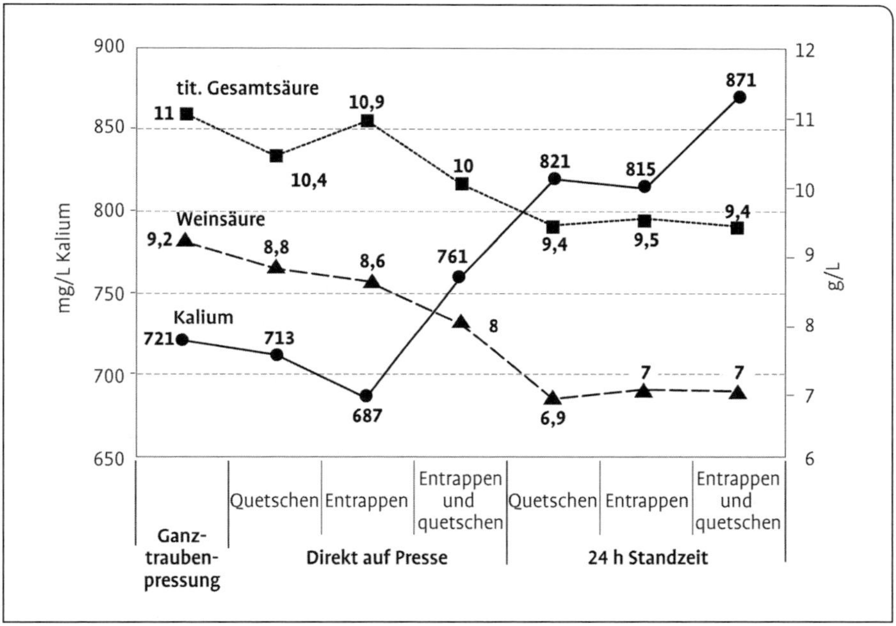

Abb. 23. Auswirkungen der Extraktion der Trauben durch unterschiedliche Verfahren (Lassak T, 2005).

- unvermeidbare Extraktion, durch die Arbeitswirtschaft eintretende Zeitdauer während der Verarbeitung Maische

Die Maischestandzeit, die durch die Zwänge der Arbeitswirtschaft entsteht, wird häufig unbewusst in Kauf genommen. Manchmal stellt sich eine sehr lange, ein anderes Mal eine sehr kurze Standzeit ein. Dies verändert die Weinstilistik. Verantwortlich hierfür ist der unterschiedliche Zeitbedarf z. B. für den Transport der Trauben nach der Lese bis zur Phasentrennung. Speziell mechanisch gelesene Trauben mit viel Saftanteil extrahieren (und oxidieren) schon relativ früh. Danach entscheidet die Schlagkraft/Leistungsfähigkeit der Phasentrennung (z. B. Pressen und Dekanter), ob das Lesegut lange oder kurz mazeriert, also viel oder wenig extrahiert wird. Ist die Verarbeitungskapazität relativ knapp, kommt es zu einem Stau der Verarbeitung von Trauben/Maische. Oft ist diese Extraktion nicht gewünscht und wird später mit umfangreichen Schönungsmaßnahmen zu korrigieren versucht.

Speziell bei **warmer** Maische und belastetem Lesegut ist die enzymatische Aktivität sehr hoch und demzufolge auch die Extraktion besonders ausgeprägt. Des Weiteren kann bei langer Maischestandzeit auch die Mikrobiologie außer Kontrolle geraten.

2.6.3 Kaltmazeration

Die Kaltmazeration (auch „cryomacération") wird häufig vor der Maischegärung von Rotwein angewendet. Auch bei weißer Maische spricht man von einer Kaltmazeration, wenn die Maischestandzeit länger als 24 h bei Temperaturen unter 10 °C durchgeführt wird.

Der Sinn der Kaltmazeration ist, durch eine lange wässrige Mazeration viele Farbstoffe und Aromen aus der Traube in den Saft zu extrahieren. In der Regel wird dann nach der Maischegärung nur sehr kurz oder nicht mehr extrahiert, da viele Farbstoffe und Aromastoffe schon vorher gelöst waren. Die Nachextraktion dient normalerweise dazu, zusätzliche Mengen an Farb- und Extraktstoffen zu gewinnen (alkoholische Extraktion). Dies kann jedoch zu unerwünscht hohen Mengen an Bitterstoffen und Phenolen führen. Falls schon eine Kaltmazeration erfolgte, kann die postfermentative Extraktion (Nachextraktion nach dem Ende der alkoholischen Gärung) daher verkürzt werden – die Weine haben dennoch Aroma und Farbe.

Durchführung: Die Maische wird bei Temperaturen von 5 bis 8 °C gelagert. Je kälter die Maische desto länger kann diese andauern. Die übliche Zeitspanne reicht von 2–3 Tagen bis hin zu einer oder zwei Wochen. Falls die Trauben nicht schon sehr kalt geerntet wurden, muss die Maische gekühlt werden. Hierfür braucht man Kühlsole mit Temperaturen weit unter 0 °C. Dies geschieht mit Doppelrohrwärmetauschern, durch die die Maische beim Befüllen des Lagertanks schon abgekühlt wird. Das Kühlen der Maische durch Doppelmanteltanks mit Kühlsole ist relativ problematisch, da die Maische sehr gut isoliert und die Kerntemperatur des Tanks nur sehr langsam sinkt.

Zur Unterdrückung von wilden Hefen und Bakterien erfolgt während der Kaltmazeration ein Schutz durch schweflige Säure. In der Regel ist ein SO_2- Zusatz von 60–80 mg/kg Maische notwendig.

Nach Abschluss der Kaltmazeration kann die Maische erwärmt oder direkt aus der Kälte heraus die Gärung eingeleitet werden. Die Weine sind häufig farbkräftiger, fruchtiger und haben eine größere geschmackliche Fülle als Weine ohne Kaltmazeration.

Zur Kaltmazeration gibt es umfangreiche Untersuchungen (Herr P, 2011; Köhler HJ, Geßner M et al., 2007; Schödl H, 2002).
Ein weiteres Verfahren mit Kälteanwendung ist die Cryoextraction.

2.6.4 Enzyme zur Steigerung der Extraktion

Der Einsatz von Enzymen ist in vielen Bereichen der Traubenverarbeitung sowie der Weinerzeugung möglich. Enzyme werden auch als Biokatalysatoren bezeichnet. Sie beschleunigen viele Reaktionen und setzten die für chemische Reaktionen erforderliche Aktivierungsenergie herab. Wie alle Katalysatoren beschleunigen Enzyme die Reaktion, ohne selbst verbraucht oder umgesetzt zu werden. Enzyme wirken sehr effektiv und haben eine sehr hohe Wirkungsspezifität, d. h. sie führen immer nur ganz spezielle Reaktionen aus.

Das Entsaften von Traubenmaische ist nur dann effektiv, wenn die Beerenzellen genügend aufgeschlossen sind und der Saft mehr oder weniger frei vorliegt. Die Zellwände von Traubenbeerenzellen bestehen überwiegend aus Zellulose, Hemizellulose und Pektin. Bei nicht vollständig reifen Trauben ist der Verbund der Zellen noch sehr stark ausgeprägt und der Saft kann aus den Zellen nicht austreten. Im Verlauf der Reife bauen traubeneigene Enzyme noch am Rebstock zunehmend die Zellwandbestandteile ab, die Zellen werden geschwächt und die Beeren werden zunehmend weicher.

In der Regel reichen die nativen Enzyme der Traube für den Zellaufschluss völlig aus. Bei pektinreichen Rebsorten wie Silvaner oder Muskateller muss jedoch vor der Phasentrennung eine Maischestandzeit erfolgen. Ohne den Zellaufschluss gestaltet sich die Phasentrennung sehr problematisch und aufwändig.

Je kälter die Maische, desto langsamer ist der enzymatische Aufschluss der Zellen. Hier kann entweder durch Erhöhung der Temperatur oder durch die Zugabe von externen Enzymen der Abbau beschleunigt werden. Die meisten Enzympräparate können erst ab Temperaturen von > 15 °C befriedigend arbeiten.

Folgende Vorteile können durch die korrekte Anwendung von Enzymen erwartet werden:

1. Beschleunigter Saftablauf sowie Erhöhung der Ausbeute beim Pressen.
2. Steigerung der Extraktion von wertgebenden Inhaltsstoffen.
3. Veränderung/Verbesserung/Intensivierung des Weinaromas.
4. Verbesserung der Klärung und Filtration.

Zu 1. Beschleunigter Saftablauf sowie Erhöhung der Ausbeute beim Pressen

Kommerzielle Enzymmischungen haben je nach Hersteller und Produkt eine sehr unterschiedliche Zusammensetzung. Für den Pektinabbau unabdingbar sind die Polygalakturonase, Pektinmethylesterase und Pektinlyase. Diese drei Enzyme sind die Grundbestandteile der meisten pektolytischen Enzympräparate. Durch die Beschleunigung des Pektinabbaus in der Maische wird der Zusammenhalt der Beeren erheblich geschwächt und der Saftaustritt verbessert. Sie gewährleisten so eine bessere Pressbarkeit bei nicht physiologisch reifen Trauben.

Zu 2. Steigerung der Extraktion von wertgebenden Inhaltsstoffen

Um die Extraktion durch weiteren Zellaufschluss zu steigern, können pektolytische Enzympräparate mit zusätzlichen weiteren Komponenten, wie Hemicellulasen, Cellulasen und Arabinasen eingesetzt werden. Diese führen zu einer Erweiterung des Zellaufschlusses durch Zersetzung der Zellwände. So ergibt sich durch die verstärkte Extraktion eine veränderte Saft- und demzufolge auch eine andere Weinzusammensetzung. Extrakt, Phenolgehalt und Farbe nehmen zu. Auch die mengenmäßige Ausbeute ist gesteigert.

Zu 3. Veränderung/Verbesserung/Intensivierung des Weinaromas

Durch eine Maischestandzeit kann die Summe der Aromaverbindungen im Most und später im Wein gesteigert werden. Dies kostet jedoch Zeit und führt unter Umständen zu mikrobiologischen Problemen. Daher kann unter Umständen der Einsatz von sogenannten Mazerationsenzymen erwogen werden. Parallel zum bereits beschriebenen Zellaufschluss werden durch diese Enzyme auch die Beerenhautzellen mit den dort vermehrt lokalisierten Aromaverbindungen freigesetzt. So kommt es zu einer Steigerung der Menge an Aromastoffen oder Vorläufern.

Zu 4. Verbesserung der Klärung und Filtration

Durch den Abbau von kolloidalen Verbindungen werden die Klärung und auch die Filtrationsleistung erheblich verbessert. Pektin verhindert durch seine räumlich vernetzte Struktur und als negativ geladenes Kolloid das Sedimentieren von Trubstoffen und führt durch diese Eigenschaften auch zum Verblocken von Filtern (vgl. hierzu Kapitel 6.1.2 Abbau von Pektin).

Abb. 24. Elektroporationsanlage vom Karlsruher Institut für Technologie (KIT).

2.6.5 Elektroporation

Die Elektroporation ist ein weiteres Verfahren zur Steigerung der Extraktion von Trauben/Maische. Durch gepulste elektrische Felder wird die Zellmembran von biologischen Zellen teilweise zerstört. Die so geöffneten Zellen „laufen während der nachfolgenden Maischstandzeit aus", die Inhaltstoffe können ungehindert in den Most austreten.

Der **Vorteil**, den man sich mit dieser Methode verspricht, liegt in der Schnelligkeit des Verfahrens und der günstigen Energiebilanz im Vergleich zu konventionellen Methoden. Bislang befinden sich die Anlagen aber noch in der Entwicklung. Die aufzuwendende elektrische Energie, die zum Aufschließen der Beerenzellen benötigt wird, soll vergleichsweise gering sein. Das oft genutzte Erhitzen der Maische auf über 80 °C würde dann entfallen. Die Nachteile der Erhitzung zur Zellöffnung, das unerwünschte Kocharoma, das Koagulieren von Eiweißen und das ungewollte Zerstören flüchtiger Aromen, werden durch die elektrische Zellzerstörung vermieden.

Verfahrenstechnik

Die Maische fließt langsam durch ein Edelstahlrohr, in dem zwei Elektroden montiert sind. Ein Generator generiert extrem kurze elektrische Impulse, die durch die Maische fließen. Es baut sich ein elektrisches Feld auf. Die Spannung liegt bei rund 10.000 Volt pro Zentimeter. Die geöffneten Poren ermöglichen, dass die Inhaltsstoffe der Beeren nur über eine Standzeit ohne weitere mechanische, thermische oder chemisch-enzymatische Behandlung gewonnen werden (Schick A, 2011; Sigler J, Schultheiss C et al., 2005).

3 Technik der Rotweinbereitung

Für viele Verbraucher ist es ganz einfach: Rotwein muss rot sein. Damit diese Binsenwahrheit wahr wird, muss der Önologe die roten Trauben so extrahieren, dass die wertgebenden phenolischen Inhaltsstoffe aus der Traube ausgelaugt werden. Am Ende muss die Extraktionstechnik so erfolgen, dass die Weinstilistik den Erwartungen der Konsumenten entspricht.

Verbraucher wissen häufig nichts von den komplexen Verfahrenstechniken die notwendig sind, um die wertgebenden gefärbten und ungefärbten Phenole sowie das Aroma aus der Traube zu extrahieren. Rein analytisch unterscheiden sich weiße und rote Trauben nur relativ gering im Gesamtgehalt an phenolischen Verbindungen (siehe Abb. 25). Weiße und rote Rebsorten haben im Fruchtfleisch und den Kernen ähnliche Phenolgehalte. Deutliche Unterschiede zeigen sich vor allem in der Beerenhaut, wo die Anthocyane lokalisiert sind.

Weißen Trauben fehlen im Wesentlichen die rot gefärbten Anthocyane. Die Anthocyane sind bei europäischen Rebsorten bekanntlich in der Beerenschale und nicht im Fruchtfleisch zu finden. Rebsorten, bei denen auch das Fruchtfleisch tiefrot gefärbt ist, werden als Färbertrauben (Teinturier = franz.) bezeichnet. Aus Färbertrauben lässt sich auch durch sofortiges Abpressen kein heller Most, also kein Blanc de Noir oder Rosé bereiten.

Wenn man einen Saft/Wein mit möglichst geringem Phenolgehalt bzw. Farbgehalt herstellen möchte (z. B. Blanc de

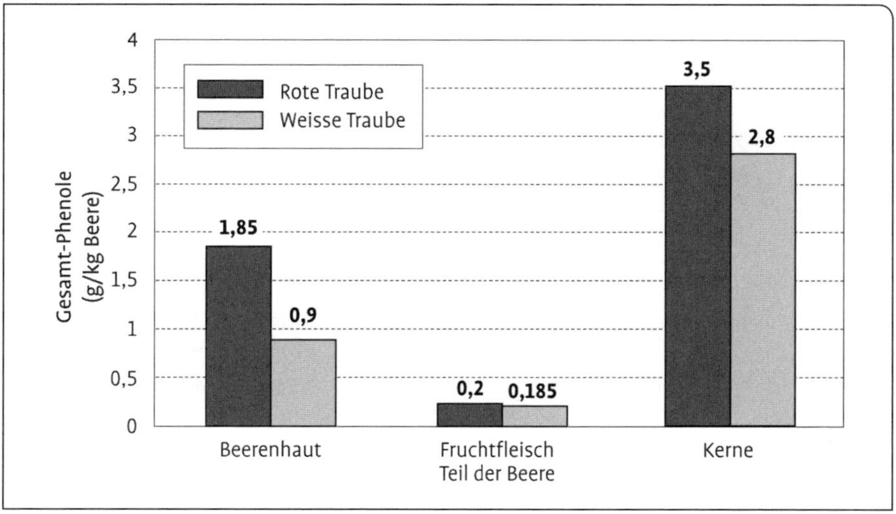

Abb. 25. Typische Verteilung an phenolischen Inhaltsstoffen in roten und weißen Trauben (Margalit Y, 1997).

Noirs), sollte man daher darauf achten, dass möglichst keine Extraktion von Beerenhäuten und Kernen erfolgt. Dies wird üblicherweise durch eine sehr schnelle schonende Traubenverarbeitung ohne Pumpen oder starke mechanische Belastung erreicht. Auch die Ganztraubenpressung wird hierfür verwendet.

Der Unterschied zwischen Weißwein und Rotwein besteht jedoch nicht ausschließlich in den Farbstoffen. Setzt man einem Weißwein in ausreichender Menge Anthocyane zu, entsteht ein rot gefärbter Weißwein, aber dennoch kein Rotwein. Die gänzlich unterschiedliche Verfahrenstechnik der Rotweinbereitung führt neben erhöhten Phenolkonzentrationen zu einer deutlich verschiedenen Weinmatrix mit erhöhten Gehalten an zuckerfreiem Extrakt, Mineralstoffen, Polysacchariden u. a. im Rotwein. Sehr bedeutend ist vor allem die Gruppe der farblosen Polyphenole, die einen Rotwein im Hinblick auf Farbe und Farbstabilität, Geschmack, Haltbarkeit und Alterungsverhalten prägen. Des Weiteren wird bei Rotweinen in der Regel die Äpfelsäure durch Milchsäurebakterien abgebaut (biologischer Säureabbau).

Die Verfahrenstechnik der Rotweinbereitung zielt daher im Wesentlichen auf die Extraktion der Zellen der Beerenhaut und zu einem gewissen Grad auch der Kerne ab. Die phenolischen Verbindungen aus dem Fruchtfleisch sind ohnehin unvermeidbar.

In Ihrer Bedeutung für die Beschaffenheit des Rotweines überragend sind
a) die Rebsorte und
b) die Art der Extraktion der Trauben (Maischegärung oder Maischeerhitzung).

Weitere wichtige Eigenschaften, die den Rotwein prägen, sind Faktoren wie Klima, Jahrgang, Reifezustand, Lage, Boden und die Kulturführung (zum Beispiel Entblättern, Ertragsreduzierung).

3.1 Phenolische Verbindungen

In den Trauben sind die unterschiedlichen phenolischen Verbindungen in variabler Konzentration verteilt. Der geringste Phenolgehalt ist im Fruchtfleisch vorzufinden. Zudem findet sich kaum ein Unterschied zwischen roten oder weißen Trauben. In den Beerenhäuten und insbesondere den Kernen sind wesentlich höhere Phenolkonzentrationen zu finden (siehe Abb. 25).

Die phenolischen Verbindungen der Rebe sind vielfältig und komplex. Des Weiteren kommen unter Umständen zahlreiche komplexe phenolische Verbindungen durch die Verwendung kommerzieller Tanninprodukte und Eichenholz (Fässer, Chips) in den Wein.

Um den Rahmen des vorliegenden Buches nicht zu sprengen, wird im Folgenden nur kurz auf die phenolischen Verbindungen eingegangen.

Eine erste Unterteilung der Gesamtphenole aufgrund der Grundstruktur der Phenole führt zu zwei Untergruppen. Man unterscheidet im Wesentlichen in flavonoide und nichtflavonoide Phenole.

- Nichtflavonoide Phenole (Phenolcarbonsäuren) mit C6-C1 oder C6-C3 Grundkörper
- Flavonoide Phenole C6-C3-C6 Grundkörper

3.1.1 Nichtflavonoide Phenole (Phenolcarbonsäuren)

Die nichtflavonoiden Phenole in Most und Wein stammen überwiegend aus dem Fruchtfleisch der Trauben. Diese beiden Fraktionen sind:

Hydroxy-Benzoesäure-Derivate

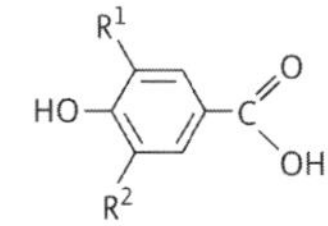

(C6-C1 Körper)

Hydroxy-Zimtsäure-Derivate

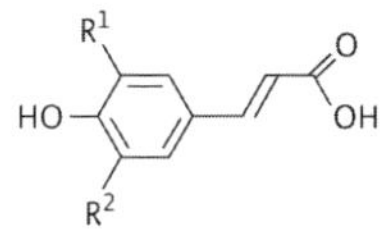

(C6-C3 Körper)

Abb. 26. Struktur der zwei Gruppen der nichtflavonoiden Phenole (Phenolcarbonsäuren).

- Hydroxy-Benzoesäure-Derivate (C6-C1-Grundkörper) und
- Hydroxy-Zimtsäure-Derivate (C6-C3-Grundkörper).

Deshalb ist diese Fraktion der nichtflavonoiden Phenole die Hauptfraktion der Weißweine. Da man bei der Rotweinbereitung ebenfalls den gesamten Saft aus dem Fruchtfleisch gewinnt, weisen diese vergleichbare Gehalte auf.

Eine schonende Traubenverarbeitung führt zu Weinen mit geringeren Mengen an flavonoiden Phenolen.

Die Gruppe der nichtflavonoiden Phenole ist relativ inert. Sie trägt zunächst nicht oder nur wenig zu Farbe oder Geschmack der Weine bei. Durch Oxidation können aber aus ihnen goldgelbe Farbstoffe entstehen. Speziell bei botrytisfaulem Lesegut, welches Laccase enthält, kann die Oxidation sehr rasch erfolgen. Durch mikrobiologische Umsetzung können aus Ihnen die unerwünschten flüchtigen Phenole gebildet werden (Medizinton, Pferdeschweiß, Brett-Note).

3.1.2 Flavonoide Phenole

Phenolische Substanzen, die einen Grundkörper mit C6-C3-C6-Struktur haben, werden als flavonoide Phenole bezeichnet. Der Begriff leitet sich vom Lateinischen ab (flavus = gelb), da zu Beginn der Strukturaufklärung zunächst gelbe Verbindungen identifiziert wurden (Flavone). Später, als man erkannte, dass diese Gruppe sowohl gefärbte als auch ungefärbte Verbindungen enthält, führte man den Begriff Flavonoide ein.

Flavonoide Phenole findet man vor allem in den Beerenhäuten, Kernen und dem Stielgerüst. Um an die flavonoiden Phenole zu gelangen, müssen diese aus den genannten Geweben extrahiert werden. Der

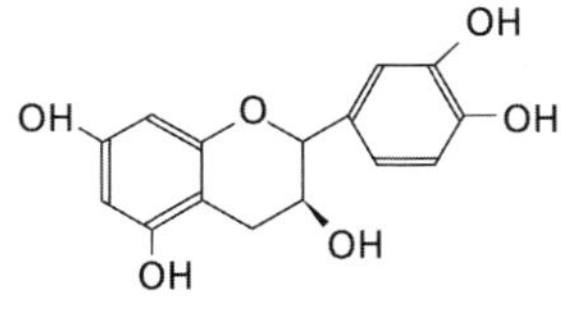

Catechin

Abb. 27. Ein ypisches Beispiele für flavonoide Phenole mit dem C6-C3-C6 Körper.

Grad der Extraktion kann über den Aufschluss der Beerenzellen gesteuert werden. Zunächst wird in den Beeren die natürliche Struktur durch die eingebrachte mechanische Energie während Ernte, Traubentransport, Entrappen und/oder Quetschen und Pumpen zerstört. Gleichzeitig wird die Zellstruktur durch die natürliche Enzymaktivität oder auch durch zugesetzte Enzyme beschleunigt verändert. Die weitere Extraktion hängt von der folgenden Verfahrenstechnik wie Maischestandzeit, Maischegärung oder Maischeerhitzung ab.

Wie bereits erwähnt, besitzen Rot- und Weißweine eine vergleichbare Konzentration an nichtflavonoiden Phenolen. Hingegen sind Rot- und Weissweine sehr unterschiedlich in ihrem Gehalt an flavonoiden Phenolen. Dies ist logisch, da der unvermeidliche Saft aus dem Fruchtfleisch mehrheitlich die nichtflavonoiden Phenole enthält, der bei jedem Pressvorgang – egal ob rote oder weiße Trauben – in den Saft übergeht.

Die flavonoiden Phenole hingegen sind hauptsächlich in den festeren Geweben enthalten, d. h. in der Beerenhaut, den Kernen und dem Stielgerüst. Sie werden erst durch die forcierte Extraktion der Beerenschale oder Kerne freigesetzt.

Die Technik der Rotweinbereitung zielt daher auf die weitergehende Extraktion der phenolischen Traubeninhaltsstoffe ab. Augenscheinlich sind neben den rot gefärbten Anthocyanen viele weitere phenolische Verbindungen mit großer Bedeutung für den Charakter von Rotwein ausschlaggebend.
Im Wesentlichen unterscheidet man im Rotwein in

- Anthocyane
- Procyanidine und Tannin
- Pigment-Tannin-Komplexe

Die Bedeutung der **Anthocyane** ist fundamental für den Rotwein, da ohne sie keine rote Farbe vorhanden wäre. Die Anthocyane kommen in unterschiedlicher Struktur

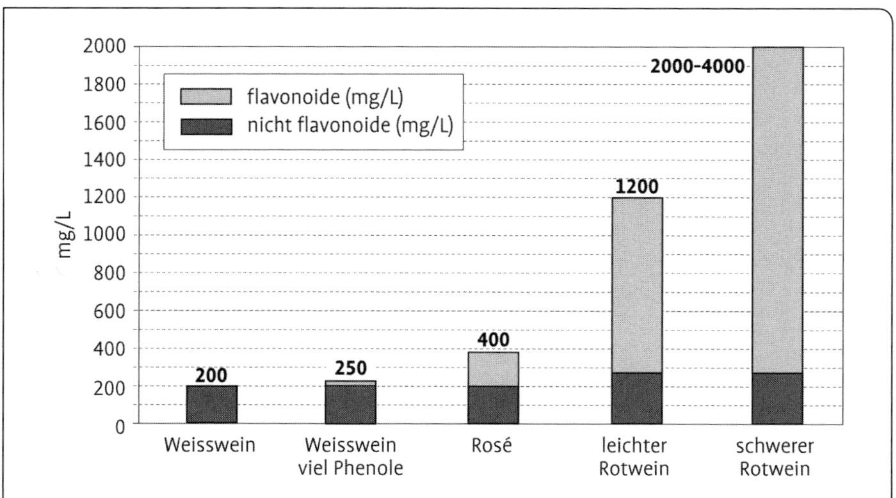

Abb. 28. Phenolgehalte (flavonoide & nichtflavonoide) in Weiß-, Rose- und Rotwein (Schneider V, 1997).

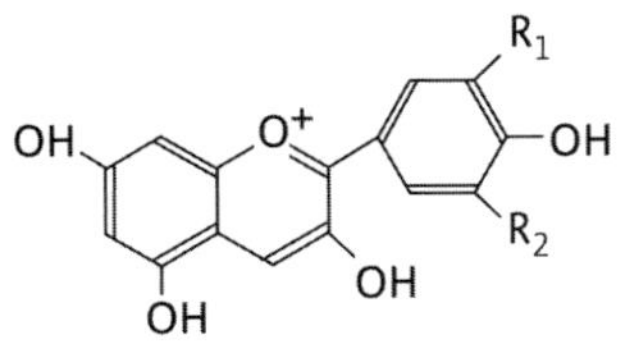

Anthocyanidin	R1	R2
Pelargonidin	H	H
Cyanidin	OH	H
Delphinidin	OH	OH
Peonidin	OCH_3	H
Petunidin	OCH_3	OH
Malvidin	OCH_3	OCH_3

Abb. 29. Grundstruktur der Anthocyanidine.

vor und weisen demzufolge andere Eigenschaften, wie z. B. verschiedene Farbtöne auf. Allgemein sind sie wasserlöslich und mitunter wenig stabil. Wie bereits an anderer Stelle beschrieben, ist die Zusammensetzung der unterschiedlichen Anthocyane unter anderem von der Rebsorte abhängig

Procyanidine sind Oligomere von Flavan-3-olen und haben meist zwischen zwei bis acht Einheiten pro Molekül. Sie haben einen großen Einfluss auf die Sensorik sowie die Langzeit-Farbstabilität.

Als **Tannine** bezeichnet man allgemein phenolische Verbindungen, die mit Proteinen und Polysacchariden eine stabile Verbindung eingehen können. Sie verursachen unter anderem die Adstringenz. Ein großer Anteil der Tannine im Rotwein sind kondensierte Procyanidine. Sie können aufgrund ihrer Struktur Quervernetzungen zu Proteinen, Zellulose und Pektin ausbilden. Die Interaktion der Tannine mit den Eiweißen wird seit Jahrhunderten beim Gerben von Leder verwendet. Daher stammt der Begriff Gerbstoff. Das englische Verb „to tan" bedeutet gerben. Im Wein kommen aber auch noch weitere Tannine mit anderer als flavonoider Struktur vor.

Pigment-Tannin-Komplexe sind Verbindungen aus gefärbten und ungefärbten flavonoiden Verbindungen (Anthocyane und Procyanidine). Sie können schon in der Traube vorhanden sein oder erst im Verlauf der Weinbereitung gebildet werden. Diese Komplexe helfen dabei, dass die Anthocyane und Procyanidine während der Weinbereitung in Lösung bleiben und nicht ausfallen. Im Verlauf der Lagerung können diese Komplexe wachsen und stabilisieren so die Farbe des Rotweines.

3.2 Anthocyane

In der Traube gibt es eine Vielzahl an phenolischen Verbindungen mit unterschiedlichen Eigenschaften. Die Rebsorten bilden im Verlauf der Beerenreife aufgrund ihrer Genetik charakteristische Arten und Mengen an phenolischen Verbindungen.

Eine Unterscheidung der roten Rebsorten kann über die unterschiedliche Verteilung der einzelnen Anthocyane erfolgen. In der Rebe können die Farbstoffe auf fünf Anthocyanidine zurückgeführt werden: Cyanidin, Peonidin, Petunidin, Delphinidin und Malvidin (Wenzel K, 1986; Dietrich H, Lee I et al., 2004; Schneider V, 2009)

Je nach der Verteilung der Anthocyane kann man die Rebsorten in unterschiedliche Gruppen einteilen. So besitzt zum Beispiel Spätburgunder überwiegend Malvidin, Trollinger viel Cyanidin, Peonidin und Dornfelder eine ausgeglichene Verteilung der Anthocyane.

3.3 Extraktionstechniken

Die phenolischen Verbindungen, die ein Rotwein enthält, werden wesentlich durch die Verfahrenstechnik und die Bedingungen während der Extraktion bestimmt. Extrahieren bedeutet sinngemäß herausziehen. Die grundlegenden Verfahren zur Extraktion von Rotmaische basieren auf unterschiedlichen Prinzipien.

Die Parameter, welche die Extraktion steuern, werden nachfolgend genannt:

- Zusammensetzung der flüssigen Phase (Lösungsmittel: wässrig oder alkoholisch).
- Art des Zellaufschlusses (thermisch, mechanisch, enzymatisch).
- Temperatur.
- Bewegung der Maische.
- Dauer.
- Druckverhältnisse (beim Druck-Wechsel-Verfahren).

Zunächst ist das **Lösungsmittel** zu betrachten. Hier unterscheidet man in die beiden Lösungsmittel Wasser und Alkohol. Da die Anthocyane wasserlöslich sind, können diese aus den Beerenhäuten in relativ kurzer Zeit extrahiert werden. Das riesige Reservoir an Phenolen in den Kernen wird durch eine wässrige Extraktion nur gering erfasst. Im Gegensatz hierzu wird bei der Maischegärung – speziell mit langer postfermentativer Nachextraktion – ein erheblicher Anteil der Phenole aus den Kernen ausgelaugt. Der Alkohol fungiert hierbei als Lösungsmittel, die Extraktionsrate nimmt mit der Dauer der Extraktion ständig zu.

Damit Phenole und Farbstoffe in die flüssige Phase übertreten können, müssen die Beerenzellen aufgeschlossen werden. Der **Zellaufschluss** kann auf unterschiedliche Art und Weise erfolgen. In der Regel kommt zunächst der mechanische Einfluss durch Quetschen und Abbeeren. Eine solche Maische hat noch eine relativ grobe Struktur. Durch mehrfaches Pumpen, homogenisieren in Rührwerktanks und anderen **mechanischen Belastungen** der Maische kann die Zellstruktur schon erheblich geschädigt werden. Sobald die Integrität der Beeren zerstört ist, beginnt der **enzymatische Abbau** von z. B. Protopektin, Pektin, Hemizellulose, Zellulose und Proteinen. Durch einen Zusatz von mazerierenden Enzymen kann dies noch beschleunigt werden. Am effektivsten erfolgt der Zellaufschluss durch die Kombination aus thermischer, mechanischer und enzymatischer Aktivität. Der enzymatische Aufschluss ist besonders schnell und effektiv, wenn die Maische warm ist. Die meisten Enzyme sind im **Temperaturbereich unter 20 °C** relativ wenig aktiv. Je wärmer die Maische ist, desto effektiver arbeiten sie. Optimal im Sinne der Enzymaktivität sind Temperaturen um 40–50 °C.

Der **thermische Aufschluss** durch die Maischeerwärmung bzw. die Kurz-Zeit-Hoch-Erhitzung basiert auf einem anderen Prinzip. Hierbei werden die Beerenzellen so stark erwärmt, dass diese aufplatzen und die Freisetzung der Zellinhaltsstoffe durch die thermische Zerstörung der Beerenzellen erfolgt.

Zur Verteilung von zugesetzten Enzymen und zur Steigerung der Extraktion kann eine **Bewegung der Maische** während der Standzeit erfolgen. Dies dient dazu, dass der Saft/Wein, der schon in der Nähe der Beerenhaut mit Extraktstoffen gesättigt ist, zunächst von der Maische weg bewegt wird. Dadurch kommt frischer Saft/Wein, der noch nicht mit Farbe und Phenolen gesättigt ist, in Kontakt mit den festen Maischebestandteilen und kann weitere Stoffe aufnehmen. Bei der Maischegärung ist die Bewegung der Maische unerlässlich, um den Tresterhut nach unten in die flüssige Phase zu drücken.

Die **Dauer der Extraktion** in Kombination mit den vorgenannten Faktoren steuert die Stoffmenge die übergeht. Je länger die Maische nach intensivem Aufschluss bei höheren Temperaturen und evtl. in Anwesenheit von großen Mengen an Alkohol extrahiert wird, desto mehr Extraktstoffe reichern sich in der flüssigen Phase an. Umgekehrt kann die Extraktion durch Anpassung dieser Parameter reduziert werden (Schneider V, 2009; Klumpp M, Pfeifer W et al., 2007; Fischer U, Löchner M et al., 2001).

3.4 Maischegärung

Die Herstellung von Rotwein mittels Maischegärung ist die traditionelle Herstellungsmethode. Das Prinzip ist simpel: Die Trauben werden gemaischt und die vielzähligen stofflichen Umsetzungen der alkoholische Gärung erfolgt in Anwesenheit der Maische. Die Freisetzung der wertgebenden Inhaltsstoffe erfolgt hierbei durch eine Wechselwirkung von unterschiedlichen Einflussgrößen. Das mechanische Öffnen der Beeren in Kombination mit dem enzymatischen Aufschluss und der Wirkung des Alkohols führt zu einer teilweisen Auflösung der Beerenstruktur. Dies ist deutlich am Ende der Maischegärung an der veränderten Textur der Maische zu erkennen.

3.4.1 Klassische Maischegärung

Die Maischegärung ist im Grundsatz eine einfache Verfahrenstechnik die aber mittlerweile durch eine Vielzahl an technischen Lösungen angepasst werden kann. Bevor in die Rotweintechnologie investiert wird, sollten einige Punkte Beachtung finden. Je nach Verfahrenstechnik entstehen unterschiedliche Weinstile für unterschiedliche Marktsegmente. Des Weiteren entstehen zum Teil erhebliche Kosten durch die Investition in komplexe Rotweingärtechniken. Die Entscheidung für ein bestimmtes System kann sich hierbei nach folgenden Kriterien richten:

- Tankbauart (z. B. offen/geschlossen; stehend/liegend)
- Tankgröße
- Raum- bzw. Höhenbedarf (wichtig bei Tauchern mit aufgesetzten Zylindern)
- Mindestfüllmenge
- Temperaturregelung (Wärme/Kälte)
- Automatische Steuerung (Überschwallen/Tauchen/Drucktank)
- Befüllung (mit/ohne Pumpen/ganze Trauben)
- Entleerung (Hand/automatisch)
- Reinigung
- Alternative Nutzung (Lagertank)
- Anschaffungspreis
- Image

Die Kombinationsmöglichkeiten von modernen Rotweintechnologien sind vielschichtig. Die Optimierung von allen relevanten Aspekten bezüglich rationeller Arbeitsweise, Kostenaspekten sowie der Stilbildung durch richtig eingesetzte Technik zur Herstellung von charakteristischen, ausdruckstarken Rotweinen ist komplex.

Offene Maischegärungen

- Bütten
- Oben offene Tanks oder Holzbottiche

Geschlossene stehende Tanks

- periodische Überspülung/Überpumpen des Tresterkuchens (Remontage)
- Untertauchen des Tresterkuchens
- Druck-Wechsel-Verfahren

Geschlossene liegende Tanks

- Tanks mit innen liegenden Paddeln
- Druck-Wechsel-Verfahren

- Rotierende Tanks

(Petgen M, 2002; Schandelmaier B, 2009; Weik B, 2010)

3.4.1.1 Offene oder geschlossene Maischegärung?

Je nach Betriebsgröße und gewünschter Rotweinstilistik findet die Maischegärung in sehr unterschiedlichen Gebinden statt. Zunächst unterscheidet man in offene oder geschlossene Maischegärungen.

Offene Maischegärung

Die offene Maischegärung kann in offenen Bütten oder auch Tanks erfolgen. Oben offene Holzbottiche, auch Cuve genannt, sind vermehrt anzutreffen.

Bei der offenen Maischegärung muss in der Regel sehr viel Handarbeit erfolgen. Dies ist einer der größten Nachteile und sicherlich dafür verantwortlich, dass offene Maischegärungen oft nur in Kleinbetrieben oder für kleine Partien angewendet werden.

Das Unterstoßen des aufsteigenden Tresterhutes oder/und das Überpumpen erfolgt zwei- bis dreimal am Tag. Dies erfolgt im Kleinbetrieb meist von Hand, kann aber auch automatisiert werden (Abb. 31).

Der permanente Kontakt der Maische mit der flüssigen Phase kann auch durch Siebe oder ähnliche Einrichtungen, die in den Bütten oder Tanks eingebaut sind, erreicht werden (siehe Abb. 32, #6). So kann der Tresterhut nicht aufschwimmen und ist ständig umspült vom Rotwein. Nachteilig ist die Verdichtung der Maische, die einer effektiven Extraktion entgegensteht.

Im Englischen Sprachgebrauch verwendet man hier den Begriff „heading down

Abb. 30. Offene Maischegärung einer australischen Kellerei. Alle Behälter werden per Kran zur Presse gehoben.

system" was so viel bedeutet wie „Untenhalte-System".

Ein weiterer wichtiger Aspekt der offenen Maischegärung ist die Erfahrung, dass man durch die große Oberfläche Alkoholverluste erfährt, die häufig in der Größenordnung von 8- 12 g/L (1–1,5 % Vol.) und auch darüber liegen können.

Ein weiterer unvermeidlicher Kritikpunkt der offenen Maischegärung ist die problematische Hygiene. Sofern die Maische gänzlich offen steht, können Fremdstoffe und Mikroorganismen ungehindert zur Maische gelangen. Eine lange, postfermentative Extraktionszeit ist eher schwierig, da sich an der Oberfläche in Folge der guten Sauerstoffversorgung beispielsweise Kahmhefen und Essigsäurebakterien sehr gut entwickeln können. Für den Fall, dass man postfermentativ noch eine gewisse Zeit weiter extrahieren möchte, kann man die Bütten oder Tanks mit Planen abhängen und so vor Sauerstoff und andern Einflüssen schützen.

Meist wird dieses offene Verfahren daher von Kleinbetrieben verwendet, die die Investition in aufwändige Gärtanks vermeiden möchten.

Die Weinqualität von Rotweinen aus offenen Gärungen kann trotz ihrer Einfachheit sehr gut sein.

Geschlossene Maischegärung

Die Maischegärung in geschlossenen statt in offenen Tanks bietet einige Vorteile. Zum einen ist die Automatisierung erleichtert. Das Überschwallen bzw. Rundpumpen von Wein über den Tresterhut sowie das Unterstoßen kann automatisch über einfache Steuerungen erfolgen.

Abb. 31. Beweglicher Aufsatz mit pneumatischer Tauchvorrichtung.

Des Weiteren ist ein geschlossener Tank hygienischer als die offene Gärung. Fremdstoffe und Schmutz sowie Insekten und Mikroorganismen gelangen in geringerem Maß zur Maische. Auch der Zutritt von Sauerstoff ist deutlich reduziert und erlaubt so längere Standzeiten der Maische nach Abschluss der Gärung (postfermentative Nachextraktion).

Zu guter Letzt kann ein geschlossener Tank meist auch als Lagertank für Wein benutzt werden.

Die normale Füllmenge von geschlossenen Tanks, welche für die Maischegärung benutzt werden, liegt in der Regel bei rund 75 % der maximalen Kapazität. Der Steigraum wird für den aufsteigenden Tresterhut sowie für die effektive Durchführung des Überschwallens und/oder des Unterstoßens der Maische benötigt.

3.4.1.2 Rundpumpen, Überschwallen (Remontage, pump over)

Das Grundprinzip des **Rundpump- oder Überschwallverfahrens (Remontage)** ist denkbar einfach. Während der Maischegärung wird gärender Most unten aus dem Tank abgezogen und über dem Maischehut verteilt. Dies kann manuell mit einem Schlauch erfolgen. Mittlerweile haben sich aber statische Vorrichtungen mit Prallbleche oder Rotationsdüsen etabliert. Dadurch wird der oben aufschwimmende Maischehut durchspült und die Farb- und Aromastoffe werden aus den Beerenschalen extrahiert.

Das Rundpumpen sollte zur Vermeidung von Oxidation erst erfolgen, wenn sich der Maischekuchen durch die Gärtätigkeit angehoben hat. Ab dann gibt es auch genügend freien Saft/Wein unterhalb des Tresterhutes. Mittlerweile werden fast alle Maischegärtanks mit großflächigen Sieben ausgestattet, die den Saftabzug aus dem Tank vereinfachen. Das Überschwallen kann mit und ohne Zufuhr von größeren Mengen an Sauerstoff erfolgen. Der Sauerstoff ist wichtig für die Hefeentwicklung. Er kann zu einer frühzeitigen Polymerisierung und Stabilisierung der Farbstoffe führen.

Abb. 32. a) Ausbildung des Tresterkuchens während der Maischegärung

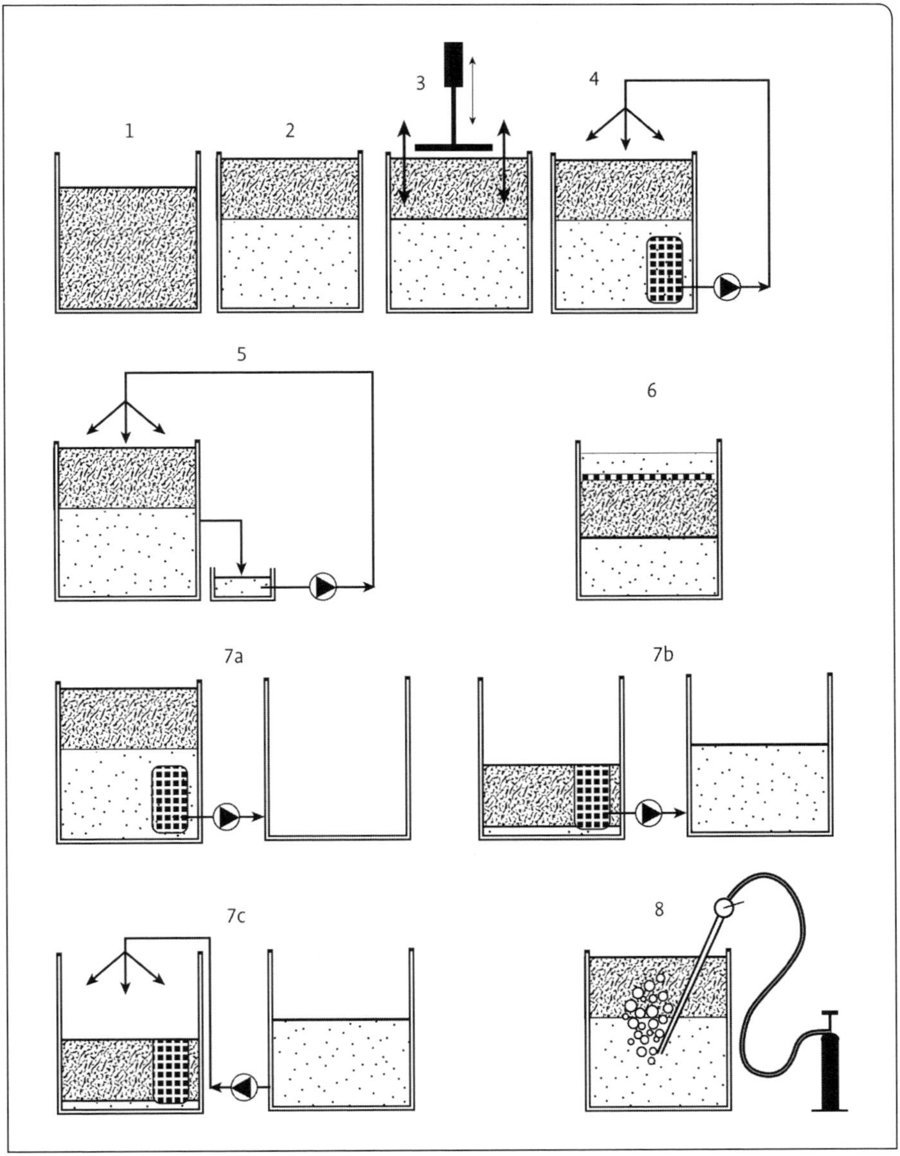

Abb. 32. b) verschiedene Techniken zur Steuerung der Extraktion: 1) Maische vor Gärstart, 2) Maische während der Gärung, 3) Tauchereinrichtung zum Untertauchen des Tresterhutes, 4) Rundpumpen und Überfluten des Tresterhutes (ohne Belüftung), 5) Rundpumpen und Überfluten des Tresterhutes (mit Belüftung), 6) Verhinderung des Aufschwimmens des Tresterhutes durch Senkboden, 7) Aufbrechen des Maischekuchens durch Abpumpen der flüssigen Phase und wieder zurückführen (kann mit und ohne Belüftung erfolgen), 8) Gaslanze (Beispiel unter: http://www.pneumatage.com).

Abb. 33. Überspülen oder Pump-Over bei Rotwein-Maischegärung in offenem Tank.

Ein Charakteristikum der Maischegärung mit Rundpump- oder Überschwallverfahren ist die Tatsache, dass die Extraktion relativ schonend und mit geringer Intensität stattfindet. Der Saft/Wein, der durch den Maischekuchen gepumpt wird, sucht sich den kürzesten Weg durch die Maische. Die effektive Extraktion von verdichteten, eher kompakten Bereichen innerhalb der Maische, die nicht durchflossen werden, ist nicht gegeben. Diese geringe Intensität kann auch gewollt sein, wenn man nur wenig Tannin extrahieren möchte.

Die geringe Extraktion kann auf vielfältige Art und Weise gesteigert werden. Dazu muss der kompakte Maischehut gelockert werden. Eine Methode hierfür ist das Drainieren der flüssigen Phase unterhalb des Tresterhutes in einen separaten Puffertank (Abb. 32b, #7). Dadurch sinkt der Maischekuchen auf den Boden des Tanks, die

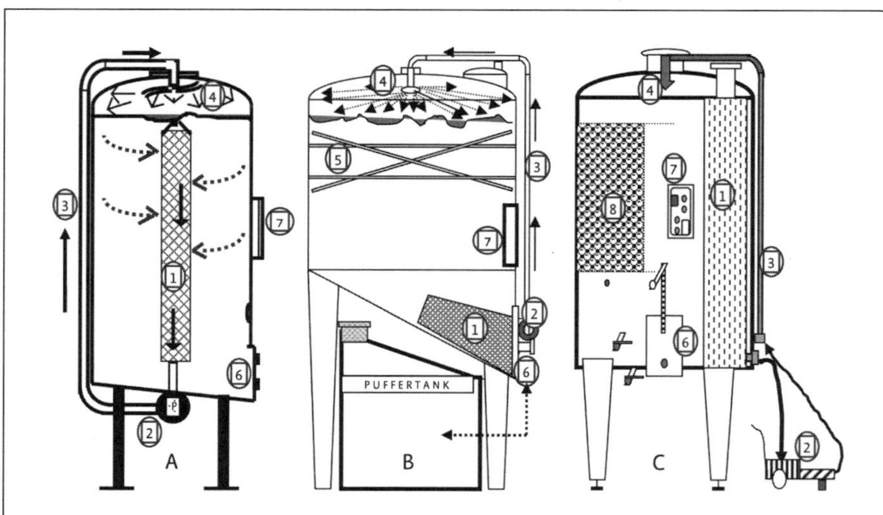

Abb. 34. Maische-Gärbehälter nach dem Überflutungsprinzip (Remontage):
A = CE „capella emerso“ (Defranceschi), B = Universal-Fermenter (Möschle), C = Combi-Fermenter (Rieger).
1 = Saftabzugsieb, 2 = Remontage-Pumpe, 3 = Steigrohr, 4 = Saftverteiler, 5 = Brechstangen, 6 = Entleerungstür, 7 = Steuerung, 8 = Anwärm- oder Kühltasche. Quelle: Binder, G.

Mittlerweile werden viele Tauchertanks auch mit einer Überschwalleinrichtung ausgestattet, so dass beide Verfahren kombiniert werden können. Dies macht durchaus Sinn. Folgende Vorgehensweise wird zum Bespiel für die Bereitung von Spätburgunder praktiziert: Am Anfang möchte man die Maische schnell und effektiv mischen und die wasserlöslichen Anthocyane rasch aus der Maische lösen. Hierfür eignet sich das Untertauchen besser als das Überschwallen. Zudem kommt beim Untertauchen weniger Sauerstoff zur Maische. Zum Gärende hin, wenn schon relativ viel Alkohol gebildet ist, möchte man auf keinen Fall die sehr aggressiven Tannine aus den Kernen extrahieren. Daher wird in der Endphase der Gärung nur noch remontiert.

Maischestruktur wird aufgebrochen. In manchen Tanks sind für das Aufbrechen des Kuchens spezielle Stangen im Tankinneren verbaut. Beim Absinken wird die Maische von diesen Stangen durchmischt. Danach wird der gärende Wein wieder in den Tank zurück gepumpt. Dies kann schonend von unten oder eher extraktionsfördernd von oben über die Maische erfolgen. Im Englischen wird diese Aktion als „rack and return" bezeichnet.

Mittlerweile haben fast alle Tanks eine automatische Steuerung. Diese ermöglicht es, die Häufigkeit und Zeitdauer der Remontage festzulegen. Während der Hauptgärung erfolgt das Remontieren üblicher Weise alle 2–3 Stunden. Die Dauer der Remontage erfolgt meist zwischen 5 und 15 Minuten. Die Steuerung übernimmt auch die Temperaturführung während der Gärung und Lagerung. Hier hat jeder Erzeuger seine eigene Überzeugung und Philosophie.

Die schonende (geringe) Extraktion durch das Rundpump- oder Überschwallverfahren kann mit anderen Verfahren kombiniert werden, wie zum Beispiel dem Unterstoßen bzw. Tauchverfahren.

3.4.1.3 Unterstoßen oder Untertauchen (Pigeage, punch down)

Ein weiteres Verfahren zur Steigerung der Extraktion besteht durch Untertauchen der Maische mittels Stoß- oder Schubvorrichtung. Die Technik ist relativ einfach aufgebaut: In stehenden, zylindrischen Tanks sind im Behälterdeckel je nach Tank ein oder zwei Kolben montiert. Diese werden bei kleinen Tanks pneumatisch und bei großen hydraulisch angetrieben. Im Tank werden je nach Hersteller unterschiedliche aufgebaute Tauchelemente montiert. Das Spektrum reicht von einfachen, statischen wagenradähnlichen Elementen bis hin zu Flügeltauchern, die sich beim Untertauchen auf den Maischekuchen legen und sich beim Hochfahren so wegklappen, dass diese sich senkrecht stellen.

Tauchertanks funktionieren nicht mit jeder Füllmenge. Ist der Tank zu wenig gefüllt, reicht der Hub der Zylinder nicht aus, um die Maische zu durchdringen. Eine Verlängerung der Hubzylinder ist bei manchen Herstellern möglich. Ist der Tank jedoch zu voll, können die Paddel die Maische nicht oder nur unvollständig unterstoßen. Dann ist eine optimale Extraktion nicht mehr gewährleistet.

Der erhöhte Raumbedarf der Tauchertanks nach oben stellt in vielen Betrieben ein ernsthaftes Problem dar. Je nach Tankgröße müssen für den/die Zylinder oberhalb der Tanks mehrere Meter Platz vorhanden sein. Es wurde von der Firma Speidel daher eine Technologie entwickelt, bei der der gesamte Zylinder im Inneren der Tanks verbaut ist.

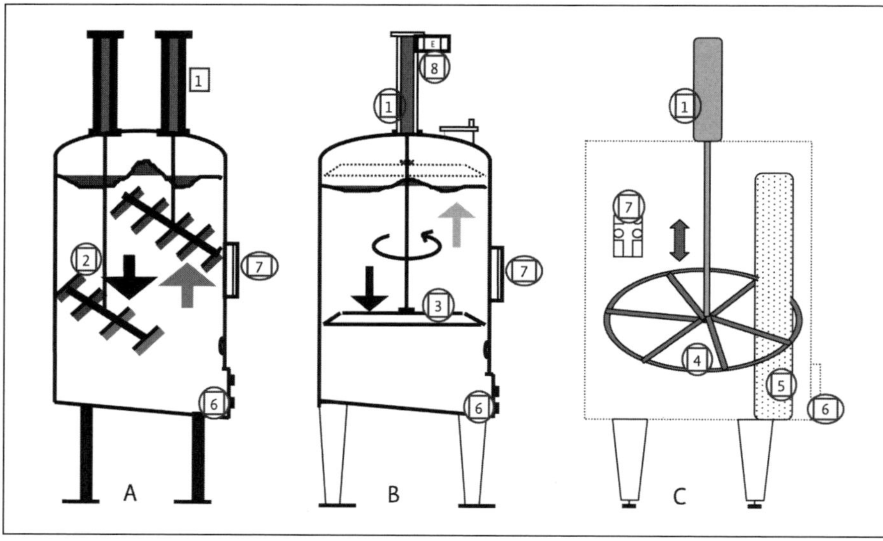

Abb. 35. Tauchertanks mit unterschiedlichen Tauchsystemen: A = CP„con pistone“ (Defranceschi), B= Maische-Taucher (Speidel), C= Voll-Taucher(Rieger).
1 = pneumatischer oder hydraulischer Druck-Zylinder, 2 = Trestereintauchschaufeln, 3 = konischer Maischetaucher, 4 = Eintauchrad, 5 = Entsaftungssieb, 6 = Entleerungstür, 7 = automatische Steuerung, 8 = Elektromotor für Drehbewegungen. Quelle: Binder, G.

3.4.1.4 Maischebewegung durch externe Gas-Injektion

Ein gesondertes Verfahren zur Umwälzung der Maische kann durch Injektion von Gas in die flüssige Phase unterhalb des Maischekuchens erfolgen. Üblicher Weise wird mit gereinigter Druckluft gearbeitet. Eine elektronische Steuerung regelt die Häufigkeit und Dauer der Intervalle der Injektionen.

Zum erfolgreichen Durchmischen der Maische müssen schlagartig sehr große Luftmengen unter hohem Druck (~ bis 8 bar) eingeblasen werden. Die Impulsdauer von ca. 10 sec ist meist vollkommen ausreichend. Die Durchmischung kommt nicht durch die Luftmenge zustande. Vielmehr wird durch das massive Einschießen der Pressluft eine enorme Menge an im Most/Wein gelöster CO_2 frei. Diese CO_2-Freisetzung führt dazu, dass der gesamte Tankinhalt überspült und gleichzeitig intensiv durchmischt wird. Im Idealfall wird die gesamte Maische vollständig homogenisiert, wodurch eine gute Extraktion der Farb- und Aromastoffe erreicht wird.

Diese Art der Durchmischung ist nur effektiv, solange CO_2 durch die Gärung gebildet wird. Daher kann weder vor der Angärung noch nach dem Ende der Gärung eine gute Durchmischung erzielt werden. Des Weiteren führt der intensive Luftkontakt bzw. die Sauerstoffaufnahme zu einer Veränderung des Weinstils und ist somit nicht für jeden Weinstil geeignet. Sehr negativ würde sich zum Beispiel eine *Botrytis*-Infektion der Trauben auswirken. Durch die Laccase, eine sehr starke Polyphenoloxidase, würde der Sauerstoff sehr schnell auf die phenolischen Verbindungen übertragen werden und somit zu nachteiligen Veränderungen wie Braunfärbung führen. Rebsorten mit geringer Farbintensität, wie zum Beispiel Spätburgunder, eignen sich daher eher weniger für diese Art der Weinbereitung.

3.4.1.5 Maischegärung unter CO_2-Überdruck (Druck-Wechsel-Verfahren)

Im Gegensatz zur Maischebewegung durch externe Gas-Injektion ist die Maischegärung mit CO_2-Überdruck eine sehr reduktive Art der Maischegärung. Unmittelbar nach der Angärung sinkt der Sauerstoffgehalt im Tank gegen Null.

Für die Durchführung des Druck-Wechsel-Verfahrens wird ein Drucktank benötigt. Der Arbeitsdruck liegt je nach Tank und Philosophie bei 2 bis 4 bar. Dieser Überdruck wird durch die Gärungskohlensäure der alkoholischen Gärung ohne externe Energieaufwendung erzeugt. Aufgrund des geschlossenen Behälters kann CO_2 nicht entweichen. Der Druckaufbau im Gärbehälter erfolgt gleichmäßig im Kopfraum sowie in der gärenden Maische. Hierdurch wird im gärenden Wein entsprechend dem Überdruck eine größere CO_2-Menge als unter Normaldruckbedingungen gelöst. Dieses CO_2 dringt dann auch über Gleichgewichtseinstellung in das Zellgewebe ein. Mit Erreichen des voreingestellten Abblasdrucks wird bei modernen Tanks elektronisch ein Abblasventil geöffnet. Es kommt zu einer schlagartigen Druckminderung um ca. 1,5 bis 2 bar. Das Ventil schließt danach und der Druck steigt wieder an. Durch den geringeren Druck nach dem Entspannen wird CO_2 sowohl aus der Flüssigkeit als auch aus dem Beerengewebe freigesetzt. Das in der Flüssigkeit

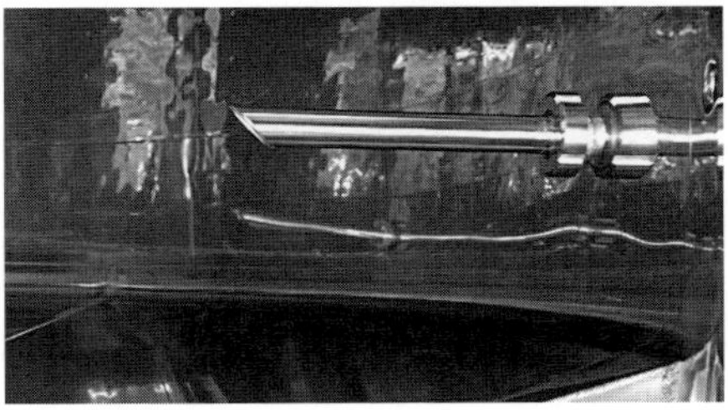

Abb. 36. a) Speidel-Druckfluter, b) Einlassdüse für Druckluft.

nach oben strebende CO_2 sammelt sich unter dem Tresterhut. Es bildet sich eine CO_2-Blase unter der Maische. Durch den Auftrieb durchbricht sie den Maischekuchen und führt zu einer innigen Durchmischung der Maische. Je mehr Zucker vergoren wird, desto mehr CO_2 steht für die Druckentspannung zur Verfügung.

Besonders charakteristisch ist beim Druck-Wechsel-Verfahren deshalb die Tatsache, dass die Intensität der Maischebewegung direkt mit der Intensität der alkoholischen Gärung gekoppelt ist. Je intensiver die alkoholische Gärung, desto mehr

CO_2 wird entwickelt, desto häufiger wird die Maische durch Druckentspannung gemischt. Dies bedeutet, dass in der Angärphase bei geringer CO_2-Entwicklung nur wenig durchmischt wird. Während der stürmischen Gärung ist aufgrund der hohen CO_2-Entwicklung die Durchmischung am intensivsten. Die abklingende Gärung ist wiederum von geringer Durchmischung geprägt.

Je nach Gärtemperatur ist die Gärung im Drucktank meist sehr rasch. Sie dauert oft nur 4 -6 Tage. Dadurch können diese teuren Tanks mehrfach belegt werden. Trotz dieser meist kurzen Gärdauer ist die Extraktion sehr stark. Hierfür gibt es mehrere Gründe. Zum einen führen übliche Zuckergehalte zu einer hohen Zahl an Entspannungszyklen. In der Regel werden während einer Drucktankgärung 60–70 Druckentspannungen gezählt. Das bedeutet, dass rein rechnerisch alle 1,5 bis 2 Stunden eine sehr intensive Maischedurchmischung erfolgt. Zum anderen ist die Zellöffnung durch die Druckentspannung beim mit CO_2 angereicherten Zellgewebe sehr effektiv. Das Zellgewebe platzt regelrecht auf.

Önologisch ist von Bedeutung, dass im Vergleich zu drucklosen Maischegärungen die Drucktankgärung ein sehr reduktives Verfahren darstellt. Im Verlauf und nach Abschluss der Gärung kommt normalerweise kein Sauerstoff zum Gärgut. Dies kann sich negativ auf die sauerstoffliebenden Hefen auswirken. Gärstockungen und Böckser können durch diese Reduktivität entstehen. Andererseits kommt es auch nicht zur Oxidationen von Phenolen und Farbstoffen.

Drucktanks gibt es in liegender und stehender Bauart. Bei liegenden ist der Maischekuchen meist dünner und leichter zu durchbrechen. Dafür ist die Austragung der Maische aufwändiger. Neben dem manuellen Ausbringen können sehr lange För-

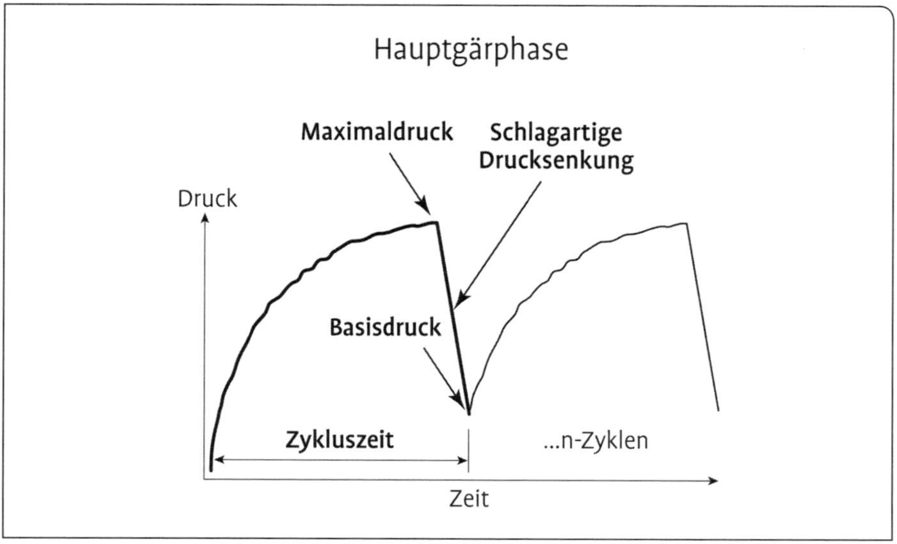

Abb. 37. Ablaufschema der Druckwechselgärung.

derschnecken im Drucktank verbaut sein. Diese erleichtern zwar die Austragung, erfordern aber mehr Aufwand beim Reinigen und Abdichten.

Druckbehälter sind deshalb aufwändig in der Herstellung, benötigen viel Edelstahl und aufwändige Druckarmaturen. Dies allein macht die Behälter schon relativ teuer. Des Weiteren unterliegen sie der Druckbehälterverordnung. Es müssen kostenpflichtige wiederkehrende Prüfungen erfolgen. Durch die hohe Effizienz und die relative schnelle Gärung mit der Möglichkeit, die Tanks pro Saison mehrfach zu belegen, relativiert sich das Kostenargument aber.

Qualitativ werden die Drucktanks in Deutschland vielfach mit sehr gutem Erfolg für die Bereitung von hochwertigen Rotweinen eingesetzt. Speziell beim Spätburgunder mit seiner fragilen Farbstabilität hat sich diese Technologie bewährt.

3.4.1.6 Entleerung von stehenden Maischetanks

Eine schonende und rasche Entleerung von stehenden Maische(gär)-tanks ist in Zeiten knappen und teuren Personals sehr wichtig. Daher ist in den meisten Tanks ein Austrag-Element zur Entleerung installiert.

Abb. 38. Stehender Maischetank mit konischem Boden, Kernfalle und Austragflügel.

Neben einfachen Schnecken werden in zylindrischen Tanks zunehmend mehr Flügel mit schrägen Kegelböden verbaut.

3.4.2 Liegende Rührwerktanks, Rotofermenter (Vinimatic)

Im Prinzip gibt es zwei unterschiedliche Bauformen. Entweder wird der Behälter selbst (Rotofermenter) oder eine im Tank montierte Welle mit daran montierten Schaufeln (Rührwerktank) in Drehung versetzt (Abb. 41).

Rotofermenter oder Vinimatic-Tanks werden in vielen Ländern erfolgreich eingesetzt. Der Einsatzschwerpunkt ist in Großbetrieben, die mit möglichst wenig Personal und Zeitaufwand eine sehr große Menge an Maische verarbeiten.

Rotofermenter sind horizontal liegende, trommelförmige Gärbehälter und ähneln Betonmischern (Abb. 39 und 40). Der gesamte Tank wird zur Durchmischung und zum Entleeren gedreht. Während der Gärung kann über eine Steuerung in vorher definierten Abständen das Rotieren des Tanks erfolgen. Hierbei werden Häufigkeit und Dauer der Durchmischung programmiert. Mittlerweile kann in die prinzipiell vollständig geschlossenen Tanks über geeignete Vorrichtungen auch Luft bzw. Sauerstoff in die Maische eingebracht werden.

3.4.3 Macération carbonique (Ganztraubengärung)

Die Ganztraubengärung (Macération carbonique) ist eine spezielle Form der „Maischegärung" – paradoxer Weise ohne die Trauben zu maischen. Manchmal findet man auch den Begriff Kohlensäuremaischung. Im Gegensatz zu allen anderen Verfahren der Rotweinbereitung werden bei der Macération carbonique ganze, nicht entrappte Trauben in einen geschlossenen Tank vorgelegt. Handlese und scho-

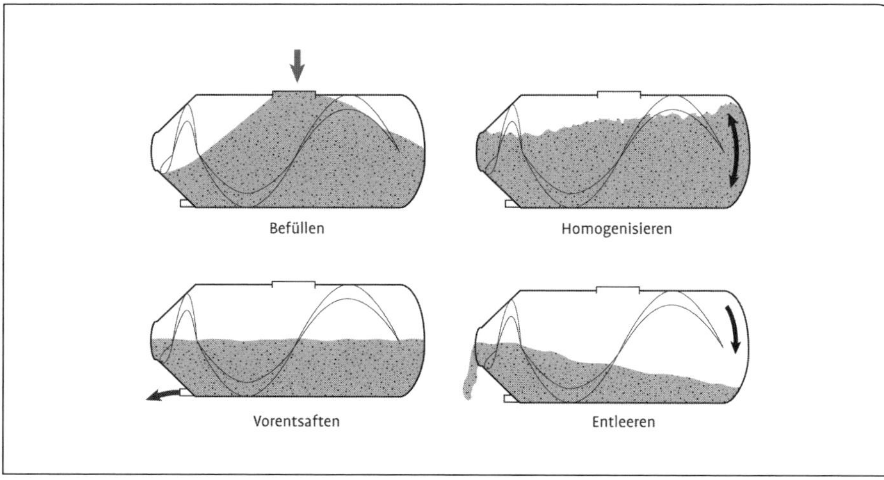

Abb. 39. Liegende Maischegärtanks mit unterschiedlichen Vorrichtungen zum Mischen der Maische – auch genutzt zum Austragen.

Abb. 40. Rotierende Maischegärtanks mit je circa 80.000 Liter Fassungsvermögen.

nender Transport der Trauben sind also eine Voraussetzung für die Durchführung.

Der Tank muss dabei mit einem Inertgas gefüllt sein. Üblich ist die Verwendung von Kohlenstoffdioxid (CO_2). Dadurch kommt es zu keinen Oxidationsreaktionen. Sehr entscheidend ist aber auch die Tatsache, dass sich in dieser Umgebung keine sauerstoffbedürftigen Mikroorganismen wie Essigsäurebakterien entwickeln können. Hefen, die ja mit den Trauben in den Tank gelangen, können sich jedoch sehr gut entwickeln und gären.

Die Temperatur des Tanks wird dann üblicherweise zwischen 28 und 32 °C eingestellt. Die Hefen im Tank beginnen an den Stellen, an denen die Trauben durch das Befüllen oder den statischen Druck aufgeplatzt sind, mit der alkoholischen Gärung. Unten im Tank sammelt sich immer eine gewisse Menge an Saft. Durch die hohe Temperatur erfolgt die Gärung recht stürmisch. Für den charakteristischen Weintyp prägend sind jedoch enzymatische Umsetzungen in den Beeren. Die natürlichen Enzyme der Traubenbeere führen zur Auflösung von Teilen des Zellgewebes. Es bilden sich im Inneren der Beeren Alkohol, Glycerin und Bernsteinsäure; Apfelsäure wird abgebaut. Diese Stoffe wirken als intrazelluläre Lösungsmittel und extrahieren die Farbstoffe aus der Beerenhaut und Phenole aus den Kernen. Die Beeren werden zunehmend mürber und das Fruchtfleisch beginnt, sich von aussen nach innen rot zu färben.

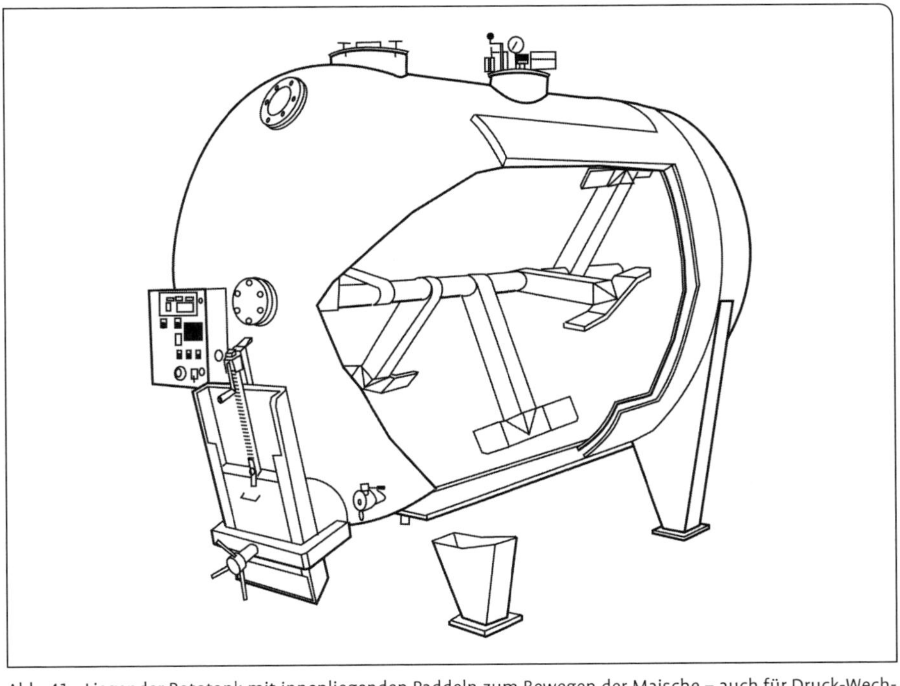

Abb. 41. Liegender Rototank mit innenliegenden Paddeln zum Bewegen der Maische – auch für Druck-Wechsel-Verfahren (Rieger).

Abb. 42. Macération carbonique – Befüllen des CO_2-gefüllten Tanks mit ganzen Trauben.

Nach rund einer Woche ist die stoffliche Umsetzung beendet. In der Regel verbleibt noch eine erhebliche Konzentration an Zucker in den Trauben. Dennoch werden die Trauben gepresst und dann der Zucker im Tank zu Ende vergoren.

Weine, die mit der Ganztraubengärung (Macération carbonique) bereitet wurden, sind in der Regel heller, duftiger und weniger tanninbetont als nach einer herkömmlichen Maischegärung. Sie sind früher konsumreif. Daher wird dieses Verfahren häufig für die Bereitung von Primeur-Weinen angewendet. In Frankreich ist das Verfahren unter anderem durch den Beaujolais Nouveau bekannt. In Spanien wird es von manchen Betrieben für die Bereitung von vino joven = junger Wein angewendet.

Die mittels Ganztraubengärung (Macération carbonique) hergestellten Weine riechen und schmecken anders als konventionell hergestellte Weine. Sie haben also einen charakteristischen Geruch und Geschmack.

Neben der konsequenten Durchführung der Ganztraubengärung gibt es auch viele Misch- bzw. Übergangsformen. Häufig erfolgt 2–3 Tage vor der Befüllung des Tanks mit ganzen Trauben eine Vorlage mit Maische. Diese Maische wird angegoren, produziert so Wärme und CO_2 und der Prozess erfordert weniger Aufwand als die 100 %ige Verwendung von ganzen Trauben. Noch weniger aufwändig ist es, ganze Trauben zu einer bestehenden Maischegärung hinzufügen und eine partielle Ganztraubengärung (Macération carbonique) mit geringerem Aromabeitrag zu erhalten (Macération semi-carbonique).

3.5 Thermische Rotweinbereitung (Thermovinifikation)

Die thermische Rotweinbereitung ist international für die Erzeugung von schnell konsumfähigen, meist einfachen Rotweinen üblich. Die meisten mit der thermischen Weinbereitung hergestellten Rotweine haben eine intensive Farbe, jedoch deutlich weniger Tannine als Weine mit klassischer Maischegärung.

In Expertenkreisen ist das Image der Weine nach der Erhitzung meist gering. Je nach Dauer der Erhitzung der Maische über 65 °Celsius kann es zu einem an Marmelade erinnernden Geruch kommen (Kochton). Verantwortlich hierfür ist u. a. die Bildung von Hydroxy-Methyl-Furfural (HMF) in der Hitze. Experten erkennen hieran unter anderem die thermische Rotweinbereitung.

Durch die Erwärmung bzw. Erhitzung der Maische auf hohe Temperaturen wird der Zellverband der Beeren zerstört. Dadurch findet eine sehr schnelle Extraktion der Zellinhaltsstoffe statt, die Farbstoffe werden in sehr kurzer Zeit freigesetzt. Es ist ein besonders effektives Verfahren und selbst große Mengen an Lesegut können schnell, sicher und sehr ökonomisch bewältigt werden.

Eine besondere Bedeutung hat diese Verfahrenstechnik bei problematischem Lesegut (u. a. *Botrytis*). Durch die Hitze werden alle Enzyme und Mikroorgansimen deaktiviert, die sich zahlreich in belasteten Maischen befinden. So wird einerseits die unerwünschte Enzymaktivität sowie eine Angärung oder Essigsäurebildung verhindert. Andererseits kann hiermit auch die Dauer des Maischekontaktes reduziert werden. Die Extraktion von pilzig-muffigen, unangenehmen Komponenten wird so reduziert.

Aus heutiger Sicht kann das Verfahren der Kurzhocherhitzung in 3 Teilbereiche untergliedert werden, die entscheidend auf die Qualität der Verarbeitung sowie des ausgebauten Weines Einfluss nehmen (Blankenhorn D, 2002).

1. Der technische Fortschritt im Anlagenbau

Der technische Fortschritt im Anlagenbau erstreckt sich zunächst auf den Bereich der schonenden Förderung der Rotmaische. Die erzielten Verbesserungen begründen sich auf die Optimierung der Abstimmung von Förderschnecke und Pumpe sowie auf eine Varianz von extrem schonenden Pumpsystemen aus dem Nahrungsmittelbereich. Insbesondere die Wärmetauscher wurden wesentlich verbessert. So werden heute überwiegend Doppelrohrwärmetauscher mit gerippten Drallrohren angeboten und eingesetzt, die mittels Wasser den regenerativen Wärmetransfer vornehmen. Wesentliche Vorteile ergeben sich aus der Verbesserung der Produktführung, die sich ausschließlich auf die innere Röhre begrenzt. Das Risiko des Verstopfens der Röhren bei Maischen mit geringen Saftanteilen reduziert sich deutlich. Zweiter entscheidender Faktor ist die Reduzierung des Wärmeverlustes, der zunächst durch die Umstellung von direkter Wärmeübertragung „Maische gegen Maische" der Spiralwärmetauscher auf indirekte Wärmeübertragung „Maische gegen Wasser gegen Maische" entstand. Die heute häufig eingesetzten gerippten Drallrohre bewirken eine turbulente Strömung innerhalb des Wasserkreislaufes und damit eine verbesserte Wärmeübertragung auf die Maische.

2. Wässrig-thermische oder wässrig-alkoholische Extraktion?

Reduziert man die Betrachtung um die bekannten Vor- und Nachteile beider Verfahren, der klassischen Maischegärung einerseits sowie dem Verfahren der Kurzhocherhitzung andererseits, besteht der wesentliche Unterschied in der Art des Extraktionsverfahrens.

Während bei der Maischegärung eine wässrig-alkoholische Extraktion erfolgt, findet bei den thermischen Verfahren eine wässrig-thermische Extraktion statt. Dieser zentrale Unterschied bedingt spezifische Lösungsvorgänge und schafft charakteristische Profile phenolischer Substanzen. Ein Vergleich der Extraktionsparameter Wärme und Alkohol zeigt deutlich die Wirkung auf das Löslichkeitsverhalten einzelner phenolischer Inhaltsstoffe.

3. Zwei Verfahren: Kurzhocherhitzung oder Maischeerwärmung

Technisch unterscheidet man in zwei unterschiedliche Verfahrenstechniken:

- Maischeerwärmung
- Kurz-Zeit-Hoch-Erhitzung (KZE oder KZHE)

Unabhängig vom Verfahren sollte, nachdem in der Maische eine Temperatur unter 50 °C erreicht ist, ein Zusatz an pektolytischen Enzymen erfolgen. Durch die Erhitzung sind die traubeneigenen Enzyme zerstört. Der Pektinabbau ist aber ratsam, um Press-, Klär- und Filtrationsprobleme zu vermeiden.

3.5.1 Maische-Erwärmung

Bei der Maische-Erwärmung wird die Maische auf 60 bis 70 °C erwärmt. Nach der Erwärmung folgt die Extraktionsphase, bei der aus den geöffneten Beerenzellen die Inhaltsstoffe in die flüssige Phase übergehen. Die Dauer dieser Extraktion liegt je nach gewünschter Extraktionsstärke zwischen 2 und 24 h (meist über Nacht).

Je nach Standzeit und Temperatur werden pektolytische Enzyme nach der Rückkühlung auf ca. 50 °C zur Maische zugegeben. Diese bewirken den Pektinabbau, da die traubeneigenen Enzyme durch die Hitze denaturiert wurden.

Zur Verteilung von zugesetzten Enzymen und zur Steigerung der Extraktion kann die Maische bewegt werden. Dies dient dazu, dass der Saft, der schon in der Nähe der Beerenhaut mit Extraktstoffen gesättigt ist, zunächst von der Maische weg bewegt wird. Dadurch kommt frischer Saft, der noch nicht mit Farbe und Phenolen gesättigt ist, in Kontakt mit den festen Maischebestandteilen und kann weitere Stoffe aufnehmen.

Danach erfolgt die Phasentrennung (pressen), Temperatureinstellung und die Mostvorklärung.

Energetisch ist die Maische-Erwärmung eher ungünstig. Nach der Erwärmung erfolgt in der Regel keine Rückkühlung der erwärmten Maische. Dadurch geht relativ viel Energie verloren, da diese nicht zurückgewonnen wird. Dies erfolgt zumindest teilweise bei der Kurz-Zeit-Hoch-Erhitzung. Erschwerend kommt unter Umständen hinzu, später noch mehr Energie zum Kühlen aufgewendet werden muss, damit der warme Most vor der Gärung die richtige Starttemperatur hat.

Die Gärung beginnt als tiefroter Saft durch Zusatz von Reinzuchthefen.

3.5.2 Kurz-Zeit-Hoch-Erhitzung (KZE oder KZHE)

Bei der Kurz-Zeit-Hoch-Erhitzung wird die Maische erwärmt und dann zirka drei Minuten lang auf eine Temperatur von rund 80–85 °C erhitzt. Die heiße Maische wird dann üblicherweise im Gegenstrom zur einlaufenden Maische geführt. Dadurch wird die auslaufende Maische auf ca. 50–55 °C abgekühlt, die einfließende Maische auf ca. 40–45 °C erwärmt. Die erhitzte Maische ist jetzt sehr keimarm und enthält keine aktiven Enzyme mehr. Der Zusatz von Pektinasen bringt bei den hohen Temperaturen einen beschleunigten Pektinab-

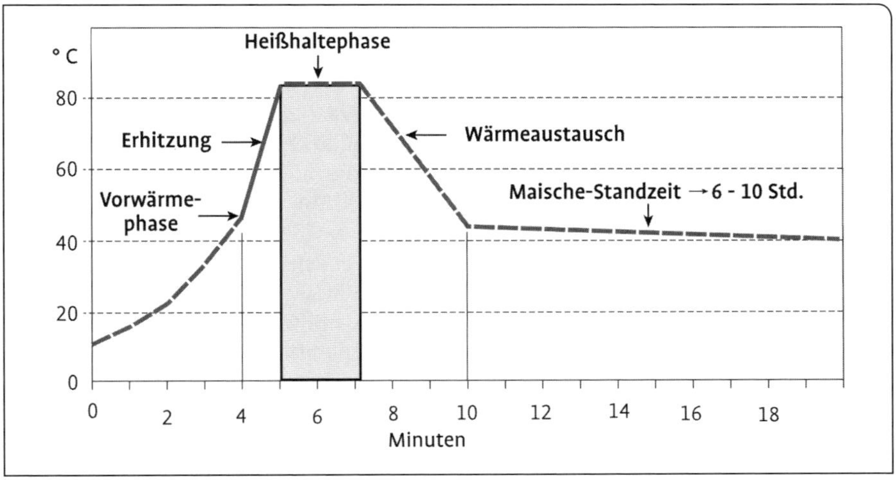

Abb. 43. Schema des Temperaturverlaufes bei der Kurzzeiterhitzung.

Tab. 1. *Fließschema zur thermischen Rotweinbereitung*

Verfahrensschritt	Hintergrund
Lese	möglichst gesundes, vollreifes Lesegut, Fäulnisanteil max. 10 %
SO_2-Zugabe (30–50 mg/L)	möglichst früh zugeben; bietet bis zur Erhitzung Oxidations- und mikrobiellen Schutz
Abbeeren und Quetschen in Puffertank	unbedingt erforderlich, um ein Verstopfen der Wärmetauscher zu vermeiden; ideal ist ein Tank mit Rührwerk, da Maische homogen gehalten werden muss
Erhitzen	Maischeerwärmung = einfaches Erhitzen auf 60–70 °C ohne Rückkühlung der Maische Kurzhocherhitzung (erfolgt mehrstufig): Vorwärmen der Maische Hocherhitzen Heißhalten Wärmerückgewinnung
Maischestandzeit 2–20 h	Je länger die Standzeit desto größer die Extraktion; Zusatz von pektolytischen Enzymen sinnvoll
Phasentrennung	Rotmost hat jetzt eine Temperatur zwischen 30 und 45 °C
Mostrückkühlung/ Vorklärung/Anreicherung	Rückkühlen auf Gärstarttemperatur; Mostvorklärung zur reintönigen Vergärung
Gärstart	Ausreichend Steigraum belassen, da erhitze Moste häufig stark schäumen

bau und weiteren Aufschluss der Beerenzellen. Ohne den Abbau des Pektins können Probleme bei der Phasentrennung und der Klärung der Moste erwartet werden.

Zur Verteilung von zugesetzten Enzymen und zur Steigerung der Extraktion kann die Maische bewegt werden. Dies dient dazu, dass der Saft, der schon in der Nähe der Beerenhaut mit Extraktstoffen gesättigt ist, zunächst von der Maische weg bewegt wird. Dadurch kommt frischer Saft, der noch nicht mit Farbe und Phenolen gesättigt ist, in Kontakt mit den festen Maischebestandteilen und kann weitere Stoffe aufnehmen.

Danach erfolgt – analog zur Maische-Erwärmung – die Phasentrennung (pressen), Temperatureinstellung und die Mostvorklärung (siehe auch Abb. 63, Seite 78). Die Gärung erfolgt als tiefroter Saft durch Zusatz von Reinzuchthefen.

3.5.3 Flash détente

Eine Weiterentwicklung der Kurz-Zeit-Hoch-Erhitzung ist das von Wissenschaftlern der INRA (**I**nstitut **n**ational de la **r**echerche **a**gronomique) entwickelte Verfahren „Flash détente". Dabei wird die entrappte Maische zunächst klassisch auf 80 bis 90 °C erhitzt. Anstatt einer sehr langen Maischestandzeit wird nun zur Steigerung der Extraktion die heiße Maische in einen speziellen Tank gefördert. In diesem Tank liegt ein Unterdruck an. Dadurch werden zwei Effekte erzielt: Zum einen wird durch den Unterdruck bewirkt, dass weitere Beerenzellen platzen, die selbst nach der Hitzeeinwirkung noch nicht vollständig geöff-

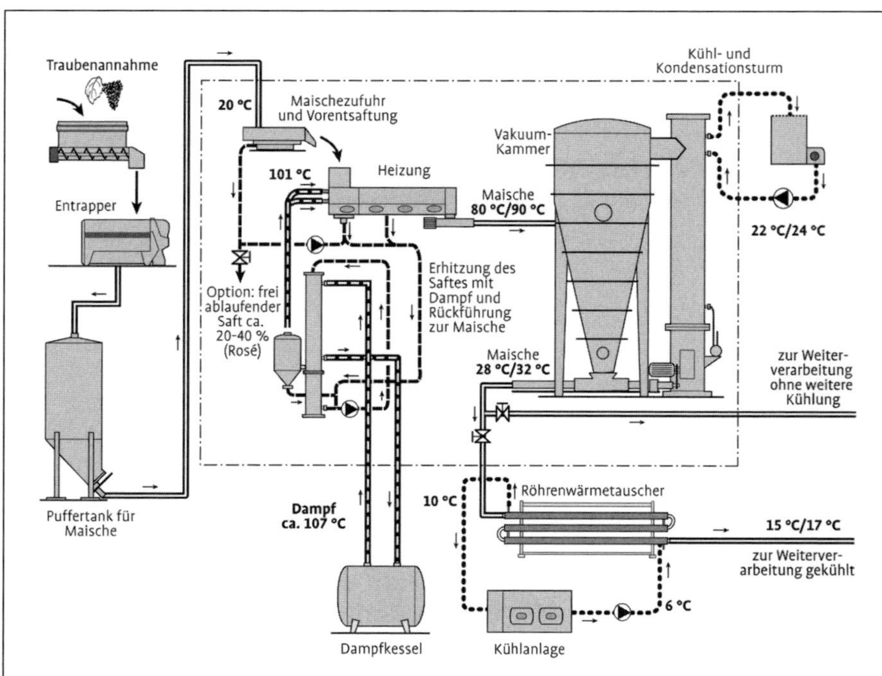

Abb. 44. Fließschema der thermischen Rotweinbereitung mit Flash-Détente. Quelle: verändert nach Pera

net waren. Der zweite Effekt ist der, dass eine schnelle Abkühlung durch Verdunstung von Wasser aus der Maische erfolgt. Dieses Wasser kann dem Most durch Kondensation wieder zugeführt werden. Die Extrakterhöhung (Anstieg des Mostgewichtes) durch die Konzentrierung kann aber auch gewollt sein. Dies bringt je nach Land weinrechtliche Probleme mit sich. Die Steigerung der Ausbeute an Phenolen soll bis 50 % betragen.

Im Vergleich zu mit konventioneller Maischeerhitzung hergestellten Weinen sind die mit dem Flash détente Verfahren hergestellte Weine fülliger und kräftiger. Aber da es sich immer noch um eine thermisch/wässrige Extraktion handelt, sind auch diese Weine relativ früh trinkreif und haben wenig Tannine aus den Kernen extrahiert.

Abb. 45. Erhitzungsanlage von Tankbau-Becker.

Abb. 46. a) veralteter Spiralwärmetauscher

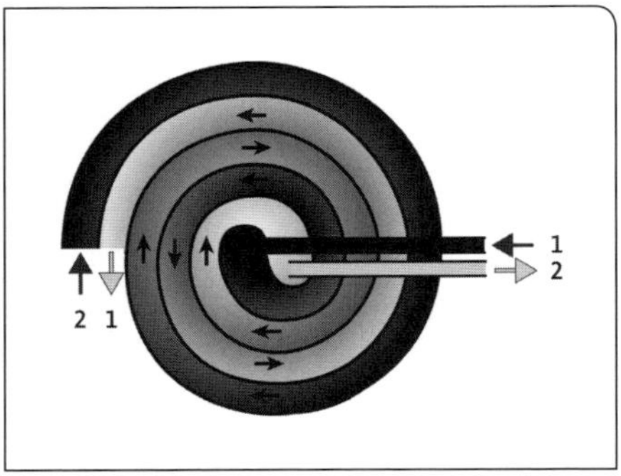

Abb. 46. b) Funktionsprinzip.

3.5.4 Wärmetauscher

Wärmetauscher sind Geräte, um thermische Energie von zwei Stoffströmen auszugleichen. Man kann mit Wärmetauschern sowohl kühlen als auch heizen. Als Kühlmedium kann Kaltwasser (bis ca. 8 °C) oder für kühlere Temperaturen Sole (bis -10 °C) in Frage kommen. Als Heizmedium steht Wasser (je nach Anwendung 35–90 °C) oder Dampf (ca. 110 °C) zur Verfügung. In der Regel handelt es sich um einen indirekten Energieübergang, da die beiden Flüssigkeiten durch eine Wand getrennt sind. Wärmetauscher werden wegen der besseren Effizienz meist im Gegenstrom betrieben.

Von der Bauart muss man zwischen Wärmetauschern für Maische und denen für Most und Wein unterscheiden (siehe auch Abb. 22, Seite 30).

4 Diskontinuierliche Phasentrennung bzw. Presstechnik

Die meisten Weingüter und mittelgroßen Betriebe haben eine diskontinuierliche Phasentrennung. Hierzu werden Pressen gefüllt und in rund 1,5 bis 3 Stunden der Saft von den Trestern getrennt, danach entleert, gereinigt und wieder gefüllt. Verfahrenstechnisch unterscheidet sich diese diskontinuierliche von der kontinuierlichen Verfahrenstechnik, die eine ununterbrochene Phasentrennung der Trauben ermöglicht (siehe Kapitel 5).

In den vergangenen Jahrzehnten ist eine enorme Entwicklung bei beiden Techniken zu beobachten gewesen.

4.1 Vertikalpressen

Vertikale Pressen gibt es schon seit den Römern. Sie waren bis zum Ende des 19. Jahrhunderts noch Stand der Technik. Die vertikale Anordnung des Presskorbes erlaubt jedoch keine Rotation, man muss manuell scheitern. Der geringe Automatisationsgrad (z. B. keine Möglichkeit des Scheiterns/Lockerns des Tresters) führte dann zu ihrer Ablösung durch die Horizontalpressen.

Wegen Ihrer schonenden Arbeitsweise und der imageträchtigen Optik setzten viele traditionelle Weingüter in den letzten Jahren wieder verstärkt auf Vertikalpressen, wie z. B. die Korbpressen.

4.1.1 Hydropresse

Die Hydropresse ist eine kleine vertikale Presse mit einer maximalen Korbgröße von ca. 250 Liter Maische. Das Arbeiten ist rein manuell und wird häufig für Kleinmengen eingesetzt. Die Phasentrennung erfolgt über ein zylindrisches Sieb aus Edelstahl. Zentral ist eine Gummimembran angeordnet, die mittels Wasserruck aus der Wasserleitung bis ca. 3 bar Druck beaufschlagt werden kann. Auch das Scheitern muss von Hand erfolgen.

4.1.2 Korbpresse

Korbpressen haben einen robusten und simplen Aufbau. Zentrales Element ist der Presskorb, der bei manchen Pressen sogar

Abb. 47. Hydropresse mit innen liegender Gummimembran, die mit Wasserdruck beaufschlagt wird.

Abb. 48. Automatische hydraulische Korbpresse JLB 20 von Bucher Vaslin.

fahrbar ist. Eine mechanische oder hydraulische Druckeinrichtung presst den Druckstempel und beschleunigt den Ablauf des Saftes/Weines aus den Trestern. Bauartbedingt erlauben sie kein automatisches Scheitern vom Presskuchen. Dieser Umstand führt dazu, dass die Phasentrennung eher langsam und sehr schonend erfolgt. Des Weiteren ist die Optik sehr ansprechend. Sie verbinden Tradition und Moderne und sind somit gut für den Aufbau eines solchen Images.

Neben den Kleinst- und Kleinpressen gibt es seit einigen Jahren auch wieder größere Korbpressen.

Eigenschaften von vertikalen Korbpressen:

- Stabil.
- Langsamer Saftablauf – hoher Zeitbedarf für Pressung.
- Relativ geringe Leistungsfähigkeit.
- Viel Handbetrieb (auch Scheitern meist nur von Hand).
- Moste bzw. Rotweine (nach Maischegärung) weisen **eher geringe** Trubmengen auf (Filtrationswirkung des Presskuchens).
- Keine reduktive Verarbeitung möglich.

Die vertikalen Korbpressen haben Ihre Berechtigung in kleinen und mittleren Weingütern. Sie werden seit einigen Jahren von Rotweinexperten wieder entdeckt. Bei der Maischegärung können selbst geringere Presskapazitäten ausreichen, da man etwas mehr Zeit zur Verfügung hat, um die vergorene Rotweinmaische abzupressen. Die Presskörbe sind mobil und können direkt vor den Tank mit der vergorenen Rotweinmaische gefahren werden. Hier werden diese Körbe gefüllt und dann zur Presse gefahren. Dies ist eine sehr sanfte Vorgehensweise, die in Kombination mit dem schonenden Pressvorgang zu geringer mechanischer Belastung führt.

4.1.3 Packpresse

Packpressen sind universelle Pressen für Beeren, alle schwierig zu entsaftenden Früchte sowie auch für Gemüse. Meist ist die Ursache für die problematische Entsaftung in der fehlenden Struktur der Maische zu suchen. Das heißt, es gibt keine Saftkanäle (Drainage) für den Saftablauf. Hierzu wird das zu pressende Gut in Tücher eingeschlagen und in Zwischenböden aus Holz oder Kunststoff eingelegt. Dies geschieht immer abwechselnd, bis das Paket voll ist. So kann der Saft austreten und es verstopft nichts.

Nachteil der Packpressen ist der sehr große Arbeitsaufwand, die geringe Leistung und die aufwändige Reinigung.

Abb. 49. Packpresse mit den Presstüchern, in die das Pressgut eingeschlagen wird, mit Zwischenböden aus Holz, die als Drainage für den austretenden Saft dienen.

Eigenschaften von Packpressen:
- Sehr stabil.
- Geringe Stundenleistung.
- Langsam und arbeitsintensiv – Zeitbedarf für Pressung hoch.
- Fast jedes erdenkliche Pressgut ist machbar.
- Viel Handbetrieb.
- Moste haben **sehr hohe** Trubmengen.
- Aufwand für Reinigung/Hygiene der Tücher sehr hoch.

Zusammenfassend kann man sagen, dass Packpressen sehr spezielle Pressen sind, die für kleinere Mengen an schwierig zu entsaftenden Früchten geeignet sind. Sobald aber größere Mengen anfalen, steigt der Arbeitsaufwand erheblich.

4.2 Horizontal-Pressen

Der entscheidende Schritt bei der Automatisierung der Phasentrennung war das Kippen der Vertikalpressen um 90 Grad. Durch das Rotieren des Presskorbes konnte das Scheitern der Maische/Trester zwischen den Druckstufen erstmals automatisiert werden. Dadurch konnten die Pressen größer gebaut und mit weniger Personalaufwand betrieben werden. Der Zeitbedarf für die Phasentrennung sank erheblich. Dies führte zu einer exorbitanten Leistungssteigerung bei der Phasentrennung allein durch die Einführung der Horizontal-Pressen.

Die **Eigenschaften der Horizontal-Pressen** kann man wie folgt zusammenfassen:
- Prozess automatisierbar.
- Langer Korbzylinder mit gutem Saftablauf.
- Sehr große Bauformen möglich.
- Durch Rotation des Presskorbes beim Füllen bessere Vorentsaftung.
- Automatisches Scheitern ist möglich.
- Moste sind z. T. wesentlich trubreicher.
- Mobil durch Montage auf Rädern.

Heute gibt es eine große Anzahl an unterschiedlichen Horizontal-Pressen. Neben den alten Bauformen wie Spindel- und Kolbenpressen haben sich heute die pneumatischen Pressen durchgesetzt.

4.2.1 Spindelpresse

Spindelpressen haben einen horizontalen Korb, der über den gesamten Umfang geschlitzt ist. Dadurch haben sie eine sehr große Saftablauffläche, was den schnellen Saftablauf im Prinzip beschleunigt. Jedoch sind die Spindelpressen aufgrund der Bauart auf die (häufige) Rotation des Presskorbes angewiesen, damit die Pressteller zulaufen können. Diese unvermeidliche Rotation führt zu relativ großer mechanischer Belastung des Pressgutes.

Beim Hersteller Vaslin-Bucher sind die Spindelpressen der Baureihe CEP mit einem separaten elektrischen Antrieb für die Spindel versehen. So kann mit relativ geringer Korbdrehzahl und gegenläufiger Spindeldrehung die mechanische Belastung durch das Drehen reduziert werden.

Eigenschaften von Spindelpressen:

- Erzeugen Pressdruck durch Rotation.
- Befüllung muss größer als 50 % des Nennvolumens sein.
- Mechanisch sehr belastend für Maische durch Korb-Rotation und Scheiterringe im Inneren der Presse.
- Robuste Systeme (auch geeignet für Eiswein).
- Meist offene Metallflächen, die Schwermetalle eintragen können.
- Innenliegende Spindeln vermahlen Traubenkerne.
- Systeme mit angetriebener innenliegender Spindel benötigen deutlich weniger Umdrehungen zum Auf- und Zulaufen der Pressteller.

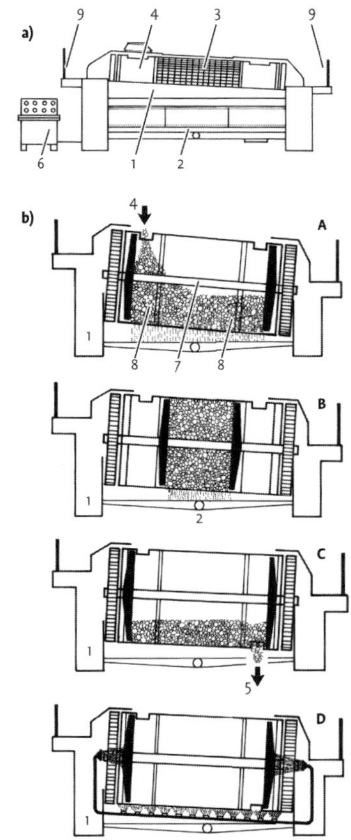

Abb. 50. Spindelpresse vom Typ Vaslin Bucher CEP mit schräg montiertem Presskorb. Separat angetriebene Spindel (reduziert die notwendige Korb-Rotation erheblich).

Spindelpressen – schlecht für die Weinqualität?

Spindelpressen können tatsächlich große Mengen an Trub und hohe Mengen an Phenolen im Most erzeugen. Dies liegt an der hohen Anzahl an Umdrehungen zum Pressen und Scheitern und den mechanisch sehr belastenden Ketten und Ringen. Es liegt aber in der Hand des Kellermeisters, auch mit Spindelpressen moderne, zeitgemäße Moste zu keltern.

Viele noch existierende Spindelpressen verfügen über eine sogenannte Vollautomatik. Diese sollte man abschalten, da diese häufig nur dazu programmiert war, eine schnelle und möglichst vollständige Entsaftung herbeizuführen. In Zeiten, in denen die mengenmäßige Ausbeute weniger von Bedeutung ist, kann auf die Gewinnung der letzten Liter Most verzichtet werden. Zeitgemäße Moste können erzielt werden, wenn die Spindelpresse wie eine Korbpresse benutzt wird (eigentlich ist sie ja nur um 90° gedreht). Es muss weitgehend auf das Scheitern verzichtet werden. Der Pressdruck wird durch höchstens zwei- bis dreimaliges Pressen erzeugt. Wichtig ist hierbei, dass ausschließlich die langsame Rotationsgeschwindigkeit verwendet wird. Die Ausbeute kann über die Dauer der Pressung und den Pressdruck gesteuert werden. Beachtet man diese Vorgehensweise, können erstklassige Moste mit geringen Trub- und Phenolgehalten erzeugt werden.

4.2.2 Hydraulische Kolbenpresse

Die Entwicklung der Kolbenpressen war geprägt vom Ansatz, die Spindelpresse zu optimieren. Die Vorteile der Spindelpresse (rascher Saftablauf durch den vollgeschlitzten Siebkorb sowie effizientes Scheitern durch innenliegende Scheiterringe und Ketten) wurde durch deren Nachteile kompensiert (mechanische Belastung durch häufiges Rotieren und langen Zeitbedarf zum Auf- und Zulaufen).

Die hydraulische Kolbenpresse besitzt anstatt der Spindel eine Hydraulik, die den notwendigen Pressdruck ohne Rotation aufbaut.

Eigenschaften (älterer) Kolbenpressen:

- Presszylinder vollgeschlitzt mit der maximalen Ablauffläche.
- Erzeugen Pressdruck über Hydraulik-Ölzylinder und nicht über Rotation, daher weniger mechanisch belastend als Spindelpressen.
- Wenig Rotation nötig für Scheiterung.
- Robust.

Moderne hydraulische Pressen sind für die Phasentrennung von vielen Rohstoffen geeignet. Am Weitesten verbreitet sind diese in der Apfelsaftherstellung. Sie eignen sich aber für fast alle Obstarten und natürlich auch für Trauben. Die Kombination von innen liegenden Drainageelementen und hydraulischem Druck ermöglicht hohe Ausbeuten bei geringer mechanischer Belastung. Das System mit den innenliegenden Drainagekanälen wird von Bucher als „Raumentsaftung" bezeichnet (siehe Abb. 51).

4.2.3 Pneumatische Pressen

Pneumatische Pressen sind heutzutage die Standardpressen der Weinwirtschaft. Die Energie für die Phasentrennung wird mit Druckluft bis meist 2 bar auf eine Membran übertragen.

Druckluft ist eine sehr universell einsetzbare Energieform, die über Kompressoren innerhalb der Presse oder weit davon entfernt erzeugt werden kann. Der Pressdruck wird über eine großfläche Membran

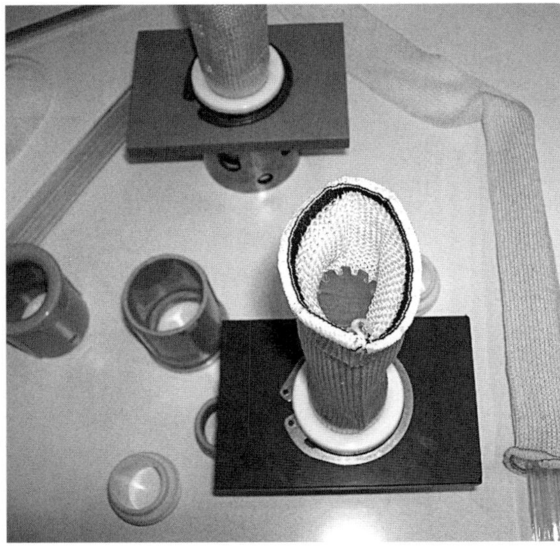

Abb. 51. Hydraulischen Kolbenpresse Bucher HPX zum beschleunigten Saftablauf auch bei wenig durchlässigen Maischen: a) Ansicht auf die innen liegenden flexiblen Drainagekanäle, b) Detailaufnahme.

ausgeübt. Zudem kann Druckluft für weitere Funktionen wie das Öffnen- und Schließen von Ventilen (Zentralbefüllung) oder Türen sowie das hermetische Abdichten der Tür von Tankpressen benutzt werden.

4.2.3.1 Schlauchpresse

Schlauchpressen sind heute nicht mehr allzu häufig anzutreffen. Ähnlich zu der Mitte des vergangenen Jahrhunderts von Willmes entwickelten Schlauchpressen gibt es auch einige neuere Bauformen. Der unbestrittene Vorteil von Schlauchpressen ist die Möglichkeit, selbst kleinste Mengen an Trauben auspressen zu können. Daher finden diese heute noch vereinzelt ihre Anwendung beim Versuchsweinausbau oder für Spezialitäten wie Beeren- oder Trockenbeerenauslesen.

Eigenschaften von Schlauchpressen:

- Scheiterung problematisch – Trester klebt häufig am Siebzylinder.
- Automatisierung daher schwierig.
- Sehr dünner Presskuchen = viel Trub bei schnellem Saftablauf.
- Press-Gummi empfindlich (Nägel, Traubenscheeren).
- Lärmentwicklung v. a. beim Abblasen.
- Kann selbst kleinste Mengen pressen.

4.2.3.2 Halbgeschlitzte Membranpresse

Die halbgeschlitzte Membranpresse ist heute eine der beliebtesten Pressen überhaupt. Sie verfügt über einen Edelstahlkorb, der halbseitig geschlitzt ist. Auf der gegenüberliegenden Seite des Edelstahlkorbes ist von innen die Pressmembran montiert, die von hinten mit Druckluft beaufschlagt wird. In Pressposition ist die Siebfläche nach unten ausgerichtet und die

Abb. 52. Schlauchpresse mit kautschukartigem Pressschlauch. Dieser wird mit separatem Unterdruckgebläse angesaugt, um das Scheitern, zumindest theoretisch, zu verbessern.

Membran drückt von oben auf die Maische/Trester.

Für das Scheitern wird die Membran über ein Vakuumgebläse an die Trommelwand zurückgesaugt, dann lässt man die Presse rotieren. Diese Art des Scheiterns ist sehr effektiv zum Lockern der Trester (Schaffung von neuen Drainagekanälen für den Saft) und gleichzeitig nicht allzu stark mechanisch belastend.

Eigenschaften von halbgeschlitzten Membranpressen:

- Sehr schonendes Scheitern, nur wenige Umdrehungen beim Scheitern.
- Je nach Montage der Membran auch sehr kleine Mengen pressbar.
- Relativ oxidative Pressung, da riesige Siebfläche und lange Saftwanne.
- Können nicht für Maischestandzeit, Enzymierung o. ä. verwendet werden.
- Reinigung der relativ großen Siebfläche u. U. zeitaufwändig.

Diese Pressen sind in der Regel mit vollautomatischen Steuerungen ausgerüstet. Je nach Hersteller sind in der Steuerung viele vorgegebene Pressprogramme hinterlegt und die Option für eigene, selbst definierte Programme ist in der Regel vorhanden.

4.2.3.3 Tankpresse

Tankpressen sind vom Arbeitsprinzip gleich den halbgeschlitzten Membranpressen. Im Gegensatz zu diesen sind die Tankpressen jedoch von einem vollständig geschlossenen Edelstahlzylinder umgeben. Im Inneren sind Saftablaufkanäle montiert, die an einer Seite des Presszylinders zusammengeführt werden. Sie können als Maischepuffertank verwendet werden und sind daher vielseitiger einsetzbar. Moderne Tankpressen können auch mit pillow-plates zur Kühlung bestückt sein. Des Weiteren gibt es die Möglichkeit, in der Tankpresse eine Maischegärung durchzuführen.

Um ohne Saftaustritt auch gefüllt rotieren zu können, muss die Tankpresse mit einer **hermetischen Türabdichtung** versehen sein (Abb. 53).

Eigenschaften von Tankpressen

- Eignen sich für die Maischebevorratung, → Enzymwirkung (Pektinabbau), → Steigerung der Extraktion, → Standzeit nach der Maischeerhitzung (wenn Her-

steller Temperaturbelastung zulässt).
- Reduktive Arbeitsweise möglich (ggf. mit Inertgassystem).
- Saftablauf an einer Seite des Presszylinders.
- Fest installierte Saftwanne sowie Tresteraufnahme.

4.2.3.4 Tankpressen mit Inertgastechnik

Tankpressen erlauben zwar generell ein weniger oxidatives Arbeiten als herkömmliche Membranpressen. Jedoch wird bei jedem Scheitervorgang, wenn die Membran an die innere Trommelseite gesaugt wird, der gesamte Innenraum der Presse mit Luft gefüllt. Auch der Übergang in die Mostwanne ist nicht geschützt und eine Oxidation des Mostes ist daher immer noch gegeben. Aus diesem Grund bietet die Industrie hermetische Tankpressen mit Inertgastechnologie an (siehe Abb. 56 und 57).

4.2.4 Automatische Steuerung von Membranpressen

Die Steuerung der Membranpressen erfolgt heute elektronisch. Meist kommen Speicherprogrammierbare Steuerungen (SPS-Systeme) zum Einsatz.

Die Pressensteuerung verfügt über mehr oder weniger vorgefertigte Programme, die unterschiedliche Schemata bezüglich Druckaufbau, Druckhaltezeiten und Scheitern steuern.

Durch die Auswahl des Pressprogramms kann man die Parameter der Phasentrennung auf die erwartete Pressbarkeit (vergorene Rotweinmaische oder Silvaner) bzw. die gewünschte Art der Extraktion (z. B. Ganztraubenpressung) einstellen.

Zu Pressen und Pressensteuerungen liegen umfangreiche Informationen vor (Freund M, Jung R et al., 2010; Schmidt O, 2009; Seckler J, 2008b; Seckler J, 2008a).

Neben den relativ statischen Pressprogrammen, die eine weitgehend fest vorgegebene Abfolge von Druck- und Zeitintervallen abrufen, gibt es auch Systeme, die das Pressprogramm aktiv anpassen (Sys-

Abb. 53. Hermetische Türabdichtung einer Tankpresse.

Befüllung: Bis zur 4-fachen Menge des Behältervolumens: durch Umschichtung der Maische während des Befüllens, durch kurze Saftwege und schnellen Saftabfluss.

Niederstdruckphase: Die Membran legt sich auf das Pressgut. Das Spezialgebläse liefert den Druck. Weiches schonendes Anpressen. Bis zu 80 % der Gesamtsaftausbeute werden in der drucklosen Entsaftungsphase und dieser Niederstdruck-Phase erzielt.

Druckabbau: Der Behälter ist rotiert. Der Presskuchen beschleunigt mit seinem Gewicht auf die Membrane den Druckabbau. Das Spezialgebläse in Retrofunktion führt den Druck auf -0,1 bar zurück, die Membrane wird an die Behälterwand gesogen.

Tresterlockerung: Die Membrane liegt an der Behälterwand an. Der Behälter rotiert für kurze Zeit.

Entleerung: Einfaches und schnelles Auswerfen des gekrümelten Presskuchens durch diagonal zur Behälterachse angeordnete Entsaftungskanäle.

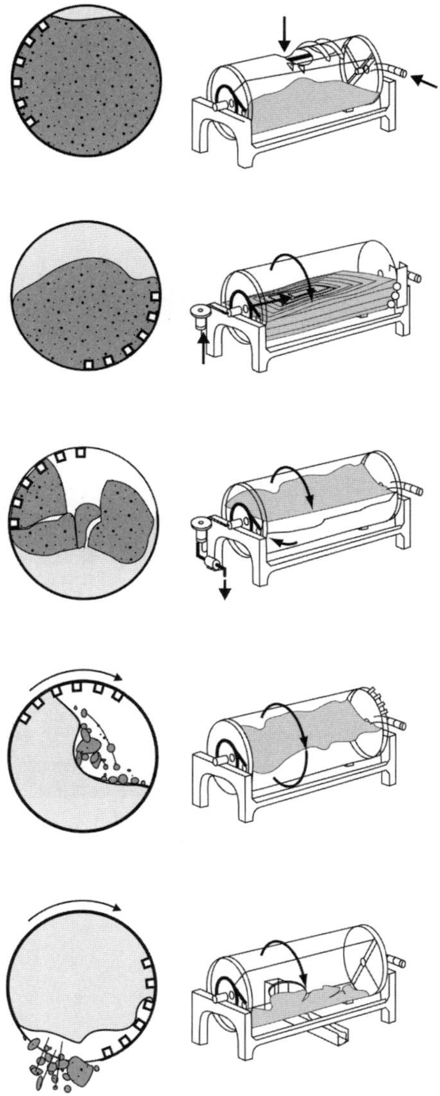

Abb. 54. Schematische Darstellung des Pressvorganges einer Tankpresse.

Abb. 55. Innenansicht einer geschlossenen Tankpresse.

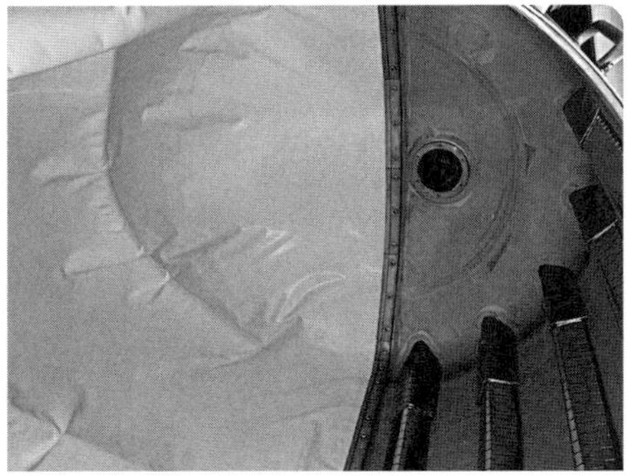

Abb. 56. Hermetische Willmes-Tankpresse mit beweglichem Inertgas-Most-Anschluss zur Ermöglichung der Rotation. www.willmes.de unter willmes-TV

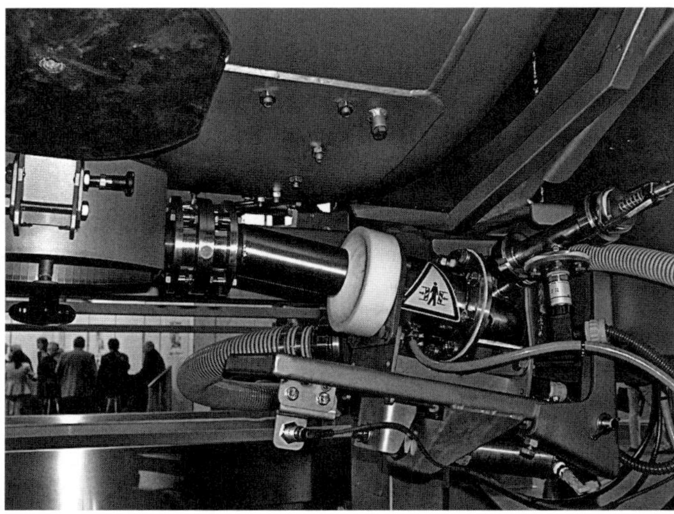

Abb. 57. Funktionsschema der Bucher Inertys-Inertgasspülung. www.bucher-inertys.com

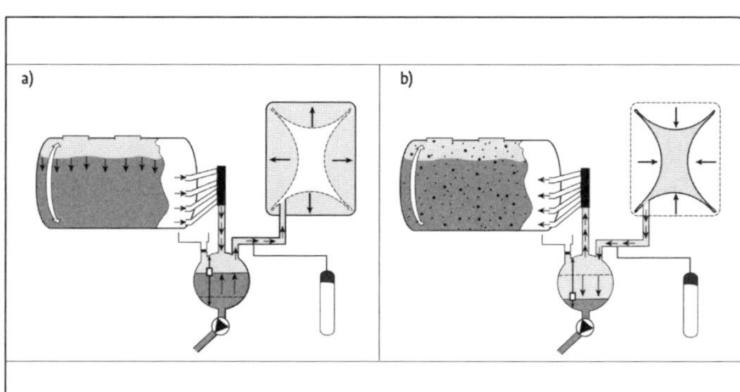

Abb. 58. Ortal-System mit induktivem Mengenmesser zur Unterstützung der Pressensteuerung.

teme mit Rückkopplung der ablaufenden Saftmenge). Hierzu wird die ablaufende Saftmenge volumetrisch oder über das Gewicht erfasst. Eine weitere Möglichkeit zur Erfassung des Saftablaufes ist indirekt über den **Druckabfall** an der Membran möglich. Das Programm verändert die Pressphasen (Druckaufbau, Druckhalten, Druckabbau, Scheitern) innerhalb definierter Grenzen selbstständig.

Der Hersteller Bucher Vaslin bietet beispielsweise zwei Systeme mit aktiver Rückkopplung an. Das einfachere Organ®-System kommt bei den kleineren und günstigeren Pressen zur Anwendung, das aufwändigere Ortal®-System mit induktiver Mengenerfassung wird für Großpressen angeboten.

Die Vorteile solcher Systeme werden wie folgt angegeben:

- Dem Bediener wird die Eingabe komplizierter Programme bestehend aus Druck, Druckhaltezeit, Lockerungsumdrehungen abgenommen.
- Die Messung der Saftablaufmenge ermöglicht die Steuerung der Abtropf- und Presszyklen.
- Der Anwender legt nur noch Rahmenparameter wie z. B. sanfte, normale und schnelle Phasentrennung, gewünschter Auspressgrad oder maximale Dauer des Pressvorgangs fest. Die Steuerung legt in Abhängigkeit von der gemessenen Saftablaufmenge das Pressprogramm innerhalb festgelegter Grenzen fest.

5 Kontinuierliche Phasentrennung

Bei sehr großer Verarbeitungsmenge wird die Leistungsfähigkeit von diskontinuierlichen Phasentrennungssystemen auch bei Schichtbetrieb oft überschritten. Zudem steigt der Personalbedarf für die kurze Zeit der Traubenverarbeitung enorm an. Da aber Fachkräfte für die Dauer der Traubenlese in der Regel nicht zur Verfügung stehen, wird zunehmend in kontinuierliche Phasentrennungen investiert.

Neben der altbekannten Schneckenpresse sind heute zunehmend andere Techniken wie Bandpressen und Dekanter im Einsatz.

5.1 Schneckenpresse und Impulspresse

Schneckenpressen arbeiten sehr zuverlässig in sehr vielen Großbetrieben rund um den Globus. Sie werden immer kombiniert mit Schrägförder-Vorentsaftern, die schon einen Großteil des Saftes abtrennen.

Schneckenpressen arbeiten im Prinzip wie ein Fleischwolf. Die vorentsaftete Maische gelangt von oben in die Schnecke, die einen Durchmesser von bis zu einem Meter hat. Diese Schnecke ist umschlossen von einem Korb mit Schlitzen, durch die der Saft/Wein austritt. Die Schnecke dreht

Abb. 59. Schneckenpresse von Pera (wird beschickt über Schrägförder-Vorentsafter – rechts im Bild).

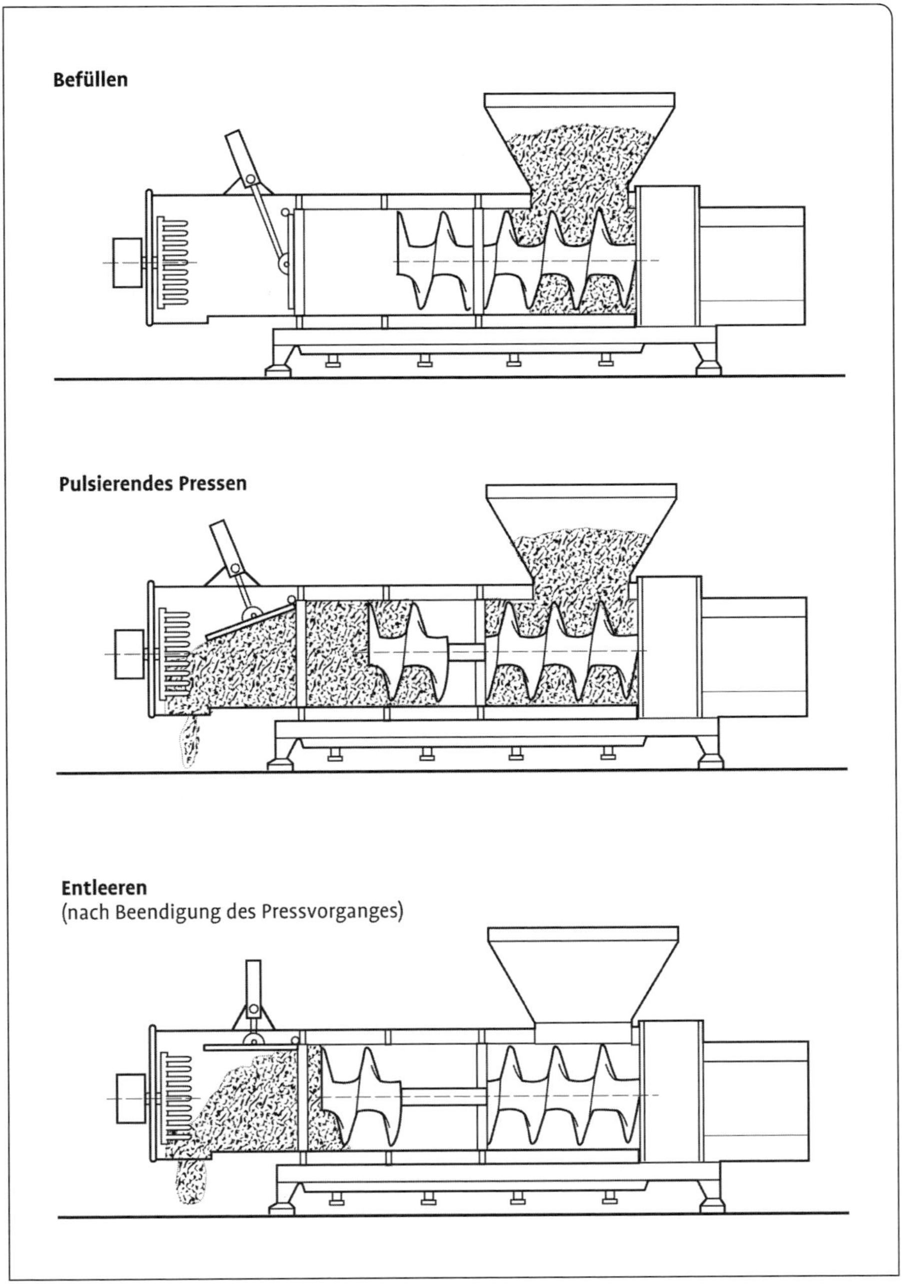

Abb. 60. Funktionsweise einer Schnecken- bzw. Impulspresse.

sich mit ca. 5–8 Umdrehungen pro Minute. Die Schneckenpresse ist sehr leistungsfähig und liefert sehr hohe Mostausbeuten. Durch die sehr große mechanische Belastung der Maische erreicht aber auch der Phenolgehalt der Moste Spitzenwerte.

Die **Impulspresse** ist eine modifizierte Schneckenpresse. Hierbei fördert die Schnecke die Maische für eine kurze Zeit in den Presskorb. Dann bleibt die Schnecke stehen und presst die Maische ohne Rotation über einen Hydraulikzylinder in Richtung Presskorb. Danach wird die Schnecke wieder zurückgezogen, durch Drehen wird wieder frische Maische eingefüllt und der Zyklus beginnt von vorn. Dadurch soll die Maische etwas weniger belastet werden.

Eigenschaften von Schnecken- und Impulspressen:

- Sehr große Kapazität.
- Ideal bei großen Mengen an homogenem Lesegut.
- Moste sehr trub- und phenolreich.
- Sortenwechsel problematisch.
- Kleinmengen problematisch
- Hygieneproblem bei Lesepausen.
- Entleerung schwierig, da der Tresterkuchen sich mitdreht (zum Teil wird der Trester mit Eiswürfeln (crushed ice) durchgedrückt).

5.2 Bandpresse

Es gibt Bandpressen mit nur einem Band (kleinere und mittlere Baugrößen) und solche mit zwei Bändern (meist größere Bauart). In der Weinwirtschaft finden Bandpressen meist in Gemischtbetrieben (Obst- und Weinbau) oder in Großbetrieben wie Genossenschaften Verwendung. Im direkten Vergleich mit den Membranpressen haben die Bandpressen eine geringere Ausbeute an Saft. Für Apfelsaft spielt dies in der Regel keine so große Rolle, da Apfeltrester im Fall von Konzentratherstellung mit Wasser angesetzt werden können und ein zweites Mal gepresst werden (Nachextraktion). Dieses Wasser wird beim Konzentrieren wieder entfernt. Bei Traubensaft/Wein ist dies weder üblich noch zulässig.

Die Vorteile der Bandpressen sind die sehr große Flexibilität und die gute Anpassung an verschiedene Pressprobleme. Zudem erlaubt die kontinuierliche Arbeitsweise die Verarbeitung von sehr großen Mengen. Des Weiteren ist ein Sortenwechsel sehr schnell und völlig unkompliziert. Die Bänder können – je nach Ausstattung – nach dem Entfernen der Trester vollautomatisch gereinigt werden und sind wieder sauber, wenn die nächste Maische aufgegeben wird. Des Weiteren können CIP-Reinigungen installiert werden, die das Reinigen der Bandpressen vollautomatisch erledigen. Somit eignen sich Bandpressen auch für sehr viele unterschiedliche Chargen und häufigen Sortenwechsel.

Eigenschaften von Bandpressen:

- Geringe Schichtdicke der Maische = viel Trub.
- Durch Scherkräfte große mechanische Belastung.
- Problemloser Sortenwechsel – somit ideal für viele kleine Chargen.
- Reinigung manuell aufwändig, aber auch vollautomatisch möglich.
- Wartung und Einstellung z. T. kompliziert.

5.3 Dekanter

Der Dekanter wird auch als Horizontal-Zentrifuge, Dekantierzentrifuge oder auch Schneckenzentrifuge bezeichnet. Im Gegensatz zur üblichen Zentrifuge ist die ro-

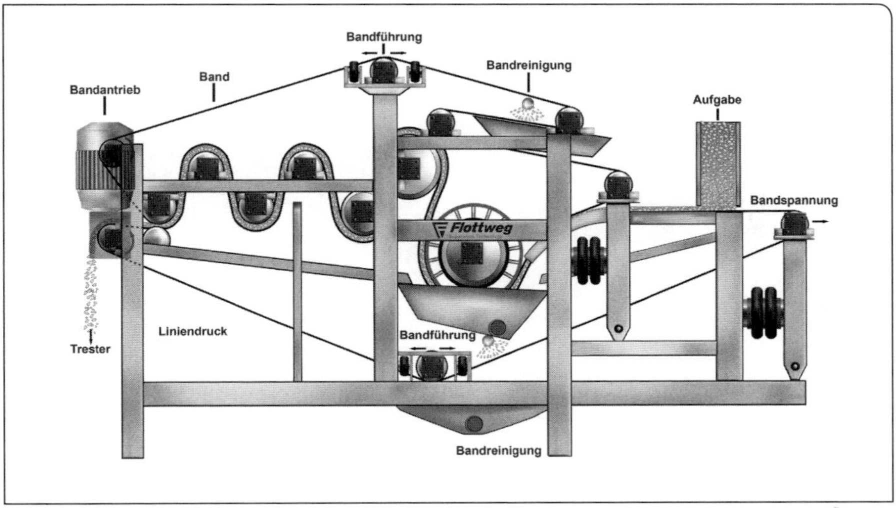

Abb. 61. Schnittzeichnung einer Zweibandpresse.

tierende Trommel im Dekanter horizontal installiert.

Der Dekanter kommt in der Regel bei höheren Feststoffgehalten zum Einsatz. Im Dekanter findet eine kontinuierliche fest-flüssig Phasentrennung statt. Die Feststoffe (Trester) und die Flüssigkeit (Most) werden kontinuierlich ausgetragen.

Funktionsweise Dekanter:
Der Dekanter wird durch eine zentral angeordnete Maischeleitung gefüllt. In der Trommel beschleunigt die rotierende Trommel (2500–4000 U/min) die Maische und durch die Zentrifugalkraft wird diese nach aussen geschleudert. Der gegebene Dichteunterschied zwischen Trester und Most führt schließlich zur Phasentrennung: Wegen der enormen Zentrifugalbeschleunigung setzen sich die Feststoffteilchen rasch außen an der Trommelwand ab.

Im Inneren der Trommel rotiert eine Förderschnecke mit einer etwas größeren Drehzahl als der Trommelmantel (n_{diff} = 10–200 U/min). Diese fördert die Feststoffe (Trester) kontinuierlich zum engeren Durchmesser der Trommel hin. Durch die konische Bauform der Trommel zu deren Ende hin wird der Trester aus der Flüssigkeit (Most) herausgehoben (Trockenzone). Er wird dadurch vollständig entsaftet und am Ende der Trommel ausgeworfen.

Der Most fließt innerhalb der Schneckenwedel entgegen deren Förderrichtung dem entgegengesetzten Ende der Trommel zu. Im Innern des Dekanters befindet sich der Most im Bereich der Zentrifugalkraft und wird somit permanent „separiert" (eigentlich dekantiert). Der Dekanter-Most verläßt den Dekanter praktisch ohne Schleudertrub. Aber der Most ist dennoch trüb, da er durch die mechanische Belastung sehr viel Feintrub enthält.

Eigenschaften von Dekantern:
- Hohe Investitionskosten – rechnet sich nur bei sehr großen Mengen.

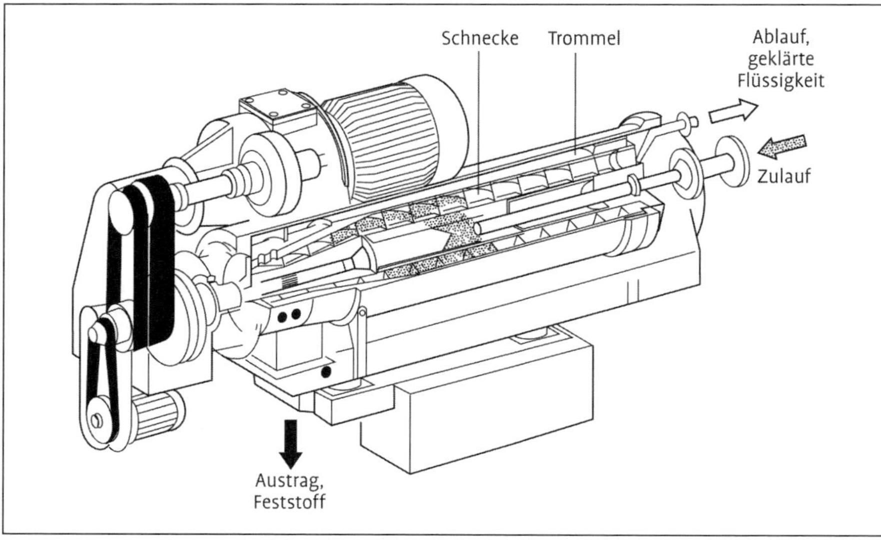

Abb. 62. Schnittzeichnung eines Dekanters.

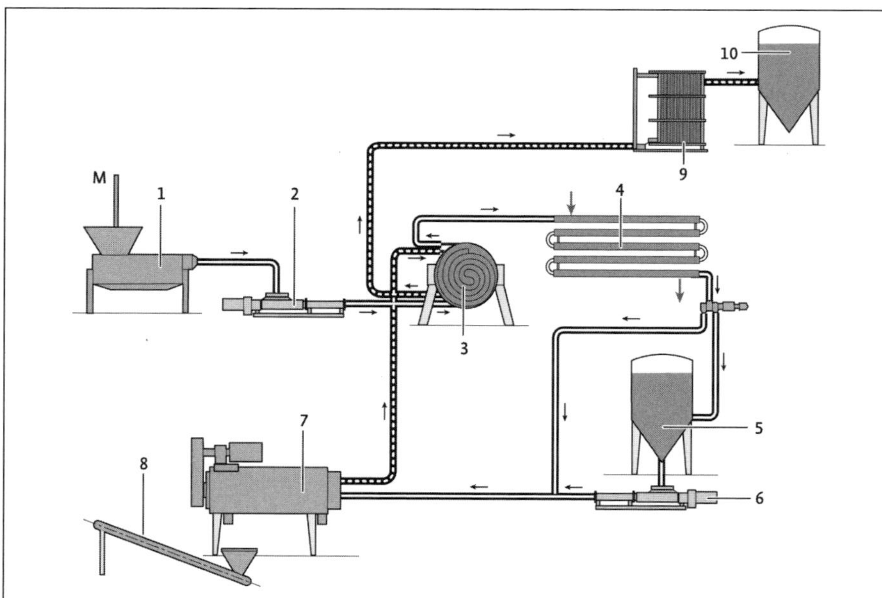

Abb. 63. Kontinuierliche Entsaftung von Rotmaische nach KHE mit Dekanter. M = Maische, 1 = Entrapper, 2 = Pumpe, 3 = Wärmetauscher zur Energierückgewinnung, 4 = Maischehocherhitzung, 5 = optionaler Puffertank, 6 = Pumpe, 7 = Dekanter, 8 = Trester, 9 = Mostkühler, 10 = Rotmosttank

- Moste verlassen den Dekanter relativ trüb: → sehr viele kolloidale gelöste Trubpartikel, → trotz der Trübung kein Schleudertrub mehr (siehe 0).
- Hoher Energiebedarf.

Verfahrensablauf:
- Entrappen der Trauben.
- Wärmerückgewinnung im Gegenstrom mit dekantierem Most.
- Erhitzung der Maische auf 82–86 °C.
- Heißhaltezeit der Maische 2, 4 oder 6 min.
- Phasentrennung im Dekanter und dann über Wärmetauscher.
- Mostbehandlung optional: spezielle Pektinase, Flugschönung mit Gelatine + Kieselsol.
- Danach Mostvorklärung.

6 Mostbehandlung

Grundlegend wird in der modernen Kellerwirtschaft jede Behandlung von Most und Wein so weit als möglich reduziert (Qualität, Kosten). Unvermeidbare Behandlungen werden vorzugsweise im Moststadium durchgeführt. Die Gründe hierfür liegen an der robusten Natur von Most. Viele Aromen und wichtige Inhaltsstoffe werden erst durch die Gärung gebildet und können demnach nicht durch eine Mostbehandlung in Mitleidenschaft gezogen werden. Beispiele hierfür sind Schönungen mit Aktivkohle oder/und Bentonit. Die Auswirkungen einer Aktivkohle-Schönung im Wein zum Entfernen eines Mufftones sind im Vergleich zu einer Aktivkohle-Behandlung im Most sehr groß. Die Aktivkohle bindet nicht nur den unerwünschten Geruch sondern auch viele erwünschte Inhaltsstoffe.

6.1 Klärung von Most

Es ist ein Hauptziel der modernen Kellerwirtschaft, marktkonforme und attraktive Weine zu erzeugen. Hierzu müssen die Weine sehr reintönig sein und ein sortentypisches Aroma besitzen. Um diese Ziele zu gewährleisten, wird der Trübungsgrad der meisten Moste vor der Vergärung reduziert. Dies gewährleistet eine reintönige und gezügelte Gärung.

Most kann viele Trub- und Fremdpartikel enthalten. Zum einen gelangen diese über die Umwelt auf die Trauben (Staub, Erde) und somit in den Most. Zum anderen kommt es zwangsläufig zu einer Trübung des Mostes durch die mechanische Belastung während der Trauben- bzw. Maischeverarbeitung.

Jeder Önologe sollte wissen, wie viel Trub er vor und nach der Vorklärung in seinen Mosten hat. Mit Kenntnis der Trubmenge vor der Vorklärung kann man einschätzen, ob die Traubenverarbeitung schonend oder strapaziös erfolgt. Große Mengen an Trub bedeuten einen erheblichen Aufwand beim Aufbereiten über Kammerfilterpresse, Vakuumdrehfilter oder andere Techniken. Ein mehr an Trub bedeutet aber auch, dass die Trauben verstärkt aufgeschlossen werden, mehr Extraktstoffe (Phenole, Mineralstoffe, Aroma) in die flüssige Phase übergehen.

Die Trübung bzw. Trubmenge nach der Mostklärung ist wichtig zur Beurteilung der Effizienz der Klärtechnik und zeigt auf, ob hier eventuell noch Optimierungsbedarf besteht. Den einen optimalen Klärgrad gibt es ohnehin nicht. Es fließen viele Parameter wie Traubenzustand, Rebsorte und gewünschter Weinstil in die Beurteilung mit ein, so dass sich eine Aussage zum optimalen Trubgehalt nicht pauschal beantworten läßt. Eindeutig ist jedoch, dass der Trub in Mosten aus Trauben mit Schadstoffbefall, wie z. B. durch *Botrytis*, sehr negativ ist und daher unbedingt entfernt werden muss.

Richtwerte für sinnvolle Trubgehalte finden sich in den nachfolgenden Kapiteln.

6.1.1 Quantifizierung des Mosttrubs

Die Ermittlung der Trubmenge sollte aus mehreren Gründen regelmäßig erfolgen. Die Kenntnis der Menge an Trub im Most

Tab. 2. Es gibt mehrere Methoden, den Mosttrub zu quantifizieren, die sich gegenseitig ergänzen

Methode	Definition
Sedimentationstrub	Menge sedimentierter Trub in % Volumen [v/v] über einen gewissen Zeitraum Einfache Durchführung im Standzylinder Aussage vergleichbar zur Sedimentation im Tank
Schleudertrub	Nach ca. 10 Minuten Zentrifugation in einer Laborzentrifuge ermittelt man die Masse des abgeschleuderten Trubes in (Gewichts-)Prozent [m/m]
Trübung	Ermittlung des Trübungsgrades des Mostes über 90°-Streulichtmessung (Anwendung erst nach der Vorklärung sinnvoll)

liefert wertvolle Rückschlüsse über die mechanische Belastung der Traubenverarbeitung. Nach Meinung des Autors ist Trub nicht generell schlecht. Vielmehr kann der Trub aus gesunden, schonend verarbeiteten Trauben durchaus positive Inhaltsstoffe wie Aromavorstufen (Precursoren) und Nährstoffe enthalten. Als Faustregel kann man festhalten, dass sehr trubarme Moste meist zu sehr fruchtigen und klaren Weinen führen. Je mehr Trub man im Most belässt, desto vielschichtiger und komplexer werden die Weine in der Regel. Für kräftige Weine, die später eventuell im Holzfaß ausgebaut werden sollen, kann man demnach durchaus größere Mengen an (gesundem) Trub belassen.

Unstrittig ist jedoch, dass der Trub aus belastetem Lesegut so schnell und umfangreich als möglich entfernt werden sollte.

In der Literatur findet man zahlreiche weiterführende Hinweise (Freund M und Seckler J, 2004; Könitz R, Freund M et al., 2003; Seckler J und Jung R, 2001).

Die einfachste Methode den Trubgehalt vor einer Mostklärung zu messen ist die Bestimmung des Sedimentationstrubes. Hierzu wird ein Messzylinder mit einer Durchschnittsprobe des Mostes gefüllt und über mehrere Stunden stehen gelassen. Ideal ist es, wenn man die Probe immer gleich lang und bei gleicher Temperatur stehen lässt (z. B. 12 h bei 8 °C). Nach der festgelegten Zeit kann man das Volumen des sedimentierten Trubes ablesen und als Sedimentationstrub in % Vol. ablesen. Eine schonende Verarbeitung führt zu Werten von unter 10 % Vol. an Sedimentationstrub. Hingegen führen strapaziöse Trauben- und Maischebehandlungen häufig zu Sedimentationstrub im Bereich von > 30 % Vol. (über 30.000 Liter Trub je 100.000 Liter Most!).

Die Vor- und Nachteile dieser einfachen Methode sind:

Vorteile:
- Sehr geringer Aufwand.
- Kostengünstig.
- Erlaubt realistische Einschätzung der mechanischen Belastung während der Traubenverarbeitung (Aussage entspricht der Sedimentation im Großgebinde).

Nachteile:
- Großer Zeitbedarf (Problem beginnende Gärung).
- Eignet sich nicht zur Messung von Rest-Trubgehalten nach der Vorklärung.

Abb. 64. Sedimentationstrub in Abhängigkeit von der mechanischen Belastung (von links nach rechts): Ganztraubenpressung, Trauben nur quetschen, entrappen und quetschen, entrappen, quetschen und Pumpen (Lassak T, 2005).

- Unter Umständen entstehen große Schwankungen im Ergebnis.
- Großer Einfluss auf das Ergebnis haben Temperatur, Zeit und eine eventuelle Enzymierung.

Trubmessung mit Zentrifuge (Schleudertrub):
Eine andere Methode ist die Messung des Schleudertrubes. Hierzu wird eine kleine Menge Most mittels einer Laborzentrifuge einer beschleunigten Sedimentation unterzogen. Der sedimentierbare Trub (= Trub mit Dichtedifferenz zum Most) wird am Boden des Zentrifugenröhrchens niedergeschlagen und das Trubgewicht ins Verhältnis zur Masse des Mostes gesetzt.

Beispiel: 100 g trüber Most werden in ein Zentrifugenröhrchen gewogen, zentrifugiert (10 min bei 3000U/min), dann wird der klare Most (Überstand) abdekantiert und der im Glas verbleibende Trub gewogen. Jetzt wird die Trubmasse ins Verhältnis zur ursprünglichen Mostmasse gesetzt: z. B. 4 g/100 g = 0,04. Der Schleudertrub in

Abb. 65. Schleudertrub mit graduiertem Zentrifugenglas.

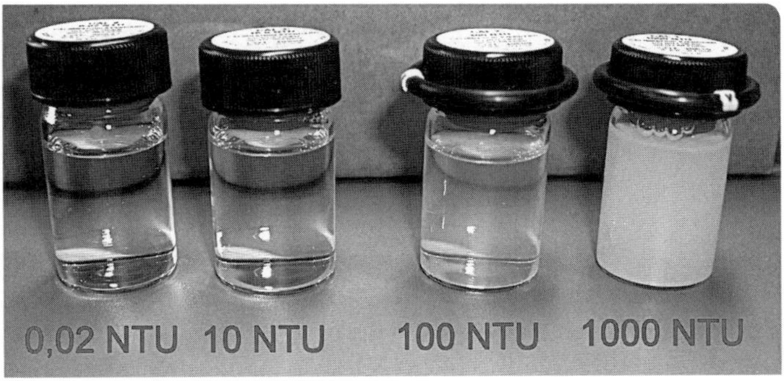

Abb. 66. Gefäße mit Trübungsstandards zum Überprüfen des Trübungsphotometers.

Trübungsmessung mit Streulicht

Hierzu wird ein spezielles Trübungsphotometer benötigt. Bei der Messung des Trübungsgrades wird durch die Messung mit 90°-Streulicht neben suspendierten Trubteilchen auch die nicht sedimentierbare kolloidale Trübung erfasst (Tyndall-Effekt).

Es hat sich eingebürgert, die Trübung von Most vor der Vergärung in der Einheit NTU auszudrücken (NTU = Nephelometric Turbidity Unit = internationale Einheit für Trübungsmessung mit Streulicht). Es gibt aber noch viele andere Einheiten, um Trübungen zu quantifizieren. Die Trübungsmessung mit Streulicht eignet sich auch sehr gut für die Quantifizierung von sehr feinen kolloidalen Trübungen oder für die Beurteilung der Resttrübung von z. B. füllfertigem Wein.

In der Önologischen Praxis hat sich gezeigt, dass Moste vor der Vergärung mit einer Trübung von rund 50 bis 100 NTU reintönig und problemlos vergärbar sind. Geringere Resttrübungen führen zu sehr langsamen Gärungen. Sehr hohe Resttrübungen führen zu besserer CO_2-Entbindung und gären schneller, der Kühlbedarf steigt an.

Gewichtsprozent liegt im Beispiel hier demnach bei vier Gewichtsprozent (4 %Gew.). Üblicher Weise schwankt der Schleudertrub bei nicht vorgeklärten Mosten zwischen 1 und 5 % Gew (= %mas). Nach der Vorklärung sollte der Schleudertrubgehalt < 0,5 % Gew. liegen.

Bei der Zentrifugation setzen sich nur Teilchen ab, die eine Dichtedifferenz zum Most besitzen. Oft verbleibt eine kolloidale Trübung im Überstand zurück. Daher ist die Bestimmung des Schleudertrubes eine Methode, die vorwiegend den Grobtrub erfasst.

Vorteile:
- Sehr schnell – Zeitbedarf nur rund 10 Minuten.
- Sehr gut reproduzierbares Ergebnis.
- Gute Aussage über die mechanische Belastung der Traubenverarbeitung.

Nachteile:
- Technischer Aufwand (Laborzentrifuge, spezielle Zentrifugenröhrchen oder präzise Waage).
- Kaum/keine Zeit für Pektinabbau – Ergebnis weicht u. U. von der Vorklärung im Großgebinde ab.

6.1.2 Abbau von Pektin

Trauben enthalten je nach Rebsorte und Reifegrad 1,5 bis 5 g/kg Pektine. Diese relativ gering erscheinende Menge dieser komplexen Substanzgruppe hat es aber in sich. Pektine haben einen großen Einfluss auf die Traubenverarbeitung, Mostvorklärung und die Filtrierbarkeit von Most und Wein.

Alle höheren Landpflanzen enthalten Pektine. Sie kommen in allen festeren Pflanzenbestandteilen vor, überwiegend in der Mittellamelle der Pflanzenzellen. Die Pektine verleihen der Pflanze Festigkeit und helfen bei der Wasserregulation. Pektine sind pflanzliche Polysaccharide, die überwiegend aus α-1,4-glycosidisch verknüpften D-Galacturonsäure-Einheiten bestehen. Diese miteinander verknüpften Galakturonsäuren bilden eine sehr lange Kette (Rückgrat des Pektinmoleküls). Daneben finden sich noch sehr weit verzweigte Nebenketten, die seitlich an der Hauptkette zu finden sind. Diese fibriläre, verzweigte Struktur erklärt unter anderem die Festigkeit der Pflanzengewebe, sie ist aber auch der Grund für viele unerwünschte Eigenschaften in der Weinbereitung.

Vor allem unreife harte Früchte bereiten Probleme in der Verarbeitung und der nachfolgenden Klärung. Durch fruchteigene Enzyme wird das Pektin beim Reifen der Frucht abgebaut (Weichwerden). Werden die Früchte vor dem natürlichen Pektinabbau verarbeitet, ist der Zusatz von kommerziellen Enzymen eine Option, um die Ausbeute zu erhöhen und die Verarbeitung und Saftklärung zu erleichtern.

6.1.2.1 Pektinabbau über Maischestandzeit

Rebsorten mit bekannt hohem Pektingehalt wie Silvaner oder Muskateller lassen

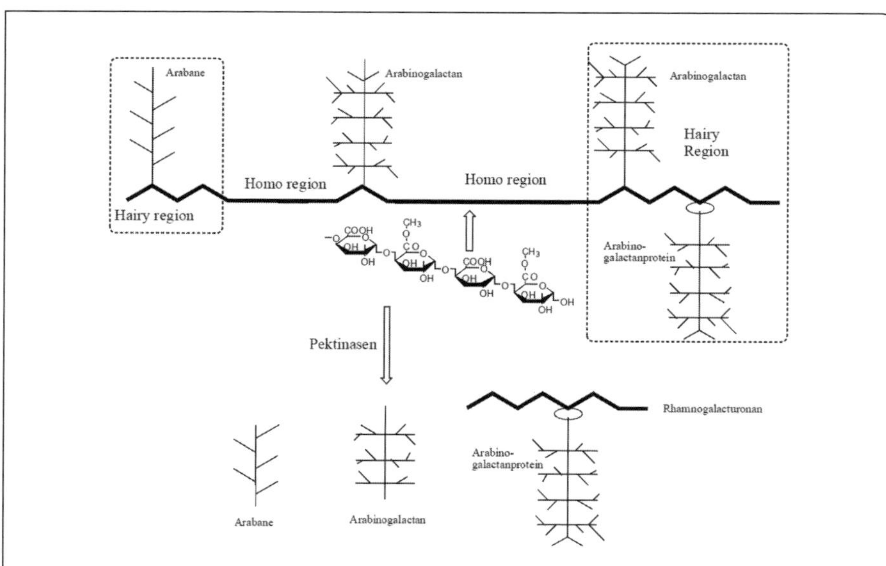

Abb. 67. Schematischer Aufbau von Pektin der Traube sowie der Abbau zu Bruchstücken (Dietrich H, 2009).

sich nur nach dem Abbau der Pektine (vernünftig) pressen. Der natürliche Gehalt an Pektin-abbauenden Enzymen (=Pektinasen) in Trauben ist eher niedrig. Bei früher Lese (geringe Traubenreife) oder Rebsorten mit hohen Mengen an Pektin benötigt diese geringe Menge an natürlichen Pektinasen daher sehr viel Zeit für den Pektinabbau (dies gilt ganz besonders bei niedrigen Temperaturen). Üblicher Weise wird aus diesem Grund vor der eigentlichen Phasentrennung eine Maischestandzeit durchgeführt. Man spricht hier vom „Ziehen lassen" oder auch vom „Aufschließen" der Maische.

Hierzu ist es notwendig, die Trauben zu maischen (quetschen oder entrappen und quetschen). Wichtig ist, dass die Beeren mechanisch geöffnet (gequetscht) sind, die traubeneigenen pektolytischen Enzyme dadurch mobilisiert wurden und das Pektin abgebaut werden kann. Dieser Zeitbedarf ist umso größer, je kälter Trauben und Maische sind.

6.1.2.2 Enzymatisch beschleunigter Pektinabbau (Pektinasen)

Neben den nativen, fruchteigenen Enzymen, die die im Most gelösten Polymere abbauen, können externe Enzymzusätze erfolgen. Auch bei den zugesetzten Enzymen ist eine starke Abhängigkeit der Wirkung von der Temperatur gegeben. Im Unterschied zu der Enzymmenge in Trauben kann bei externen Enzymen die Dosierung erhöht und so der Abbau beschleunigt werden.

Pektinasen werden schon seit vielen Jahrzehnten in der Früchteverarbeitung angewendet. Für die Verarbeitung von Trauben ist ein Enzymzusatz nicht unbedingt notwendig. Aber durch deren Zusatz können viele natürliche Reaktionen beschleunigt werden und zu einer erheblichen Zeitersparnis führen. Neben der reinen Beschleunigung der natürlichen enzymatischen Vorgänge bieten moderne Enzympräparate weitere, spezielle erweiterte Enzymaktivitäten mit interessanten Möglichkeiten.

Moderne technische Pektinasen sind komplex zusammengesetzte Präparate mit an die jeweilige Anwendung angepasster Zusammensetzung. Um das Pektin abzubauen braucht man nicht nur eine einzige Pektin-abbauende Komponente sondern viele unterschiedliche. Aufgrund des heterogenen Charakters des Pektins mit relativ homogener Hauptkette („smooth regions") und komplexen Seitenketten („hairy regions") sind moderne Pektinasen eine Mischung aus mehreren Enzymen. Die Pektin-Hauptkette („smooth regions") besteht überwiegend aus Polygalakturonsäure (zu 20–80 % mit Methanol verestert) und wird unregelmäßig durch Rhamnose unterbrochen. Die Seitenketten („hairy regions") bestehen hauptsächlich aus Arabinosemolekülen, die teilweise über Galactosebrücken angedockt sind. Sie werden als Arabinogalactane bzw. Arabane bezeichnet.

Die wichtigsten Komponenten, die nur die Pektin-Hauptkette („smooth regions") abbauen sind:

- Pektin(methyl)esterasen (spalten Methanol ab – senken die Viskosität),
- Polygalakturonase, Pektin- und Pektatlyase (spalten die Hauptkette des Pektins).

Die Mischverhältnisse der Pektinesterase, Polygalakturonase und Pektin- und Pektatlyase werden auf die jeweilige Anwendung in unterschiedlichen Mengen abgestimmt. Je nach Problemstellung ist ein anderer Mix sinnvoll. Daher gibt es spezielle Enzympräparate für den Pektinabbau im Most vor einer Flotation oder für den Pek-

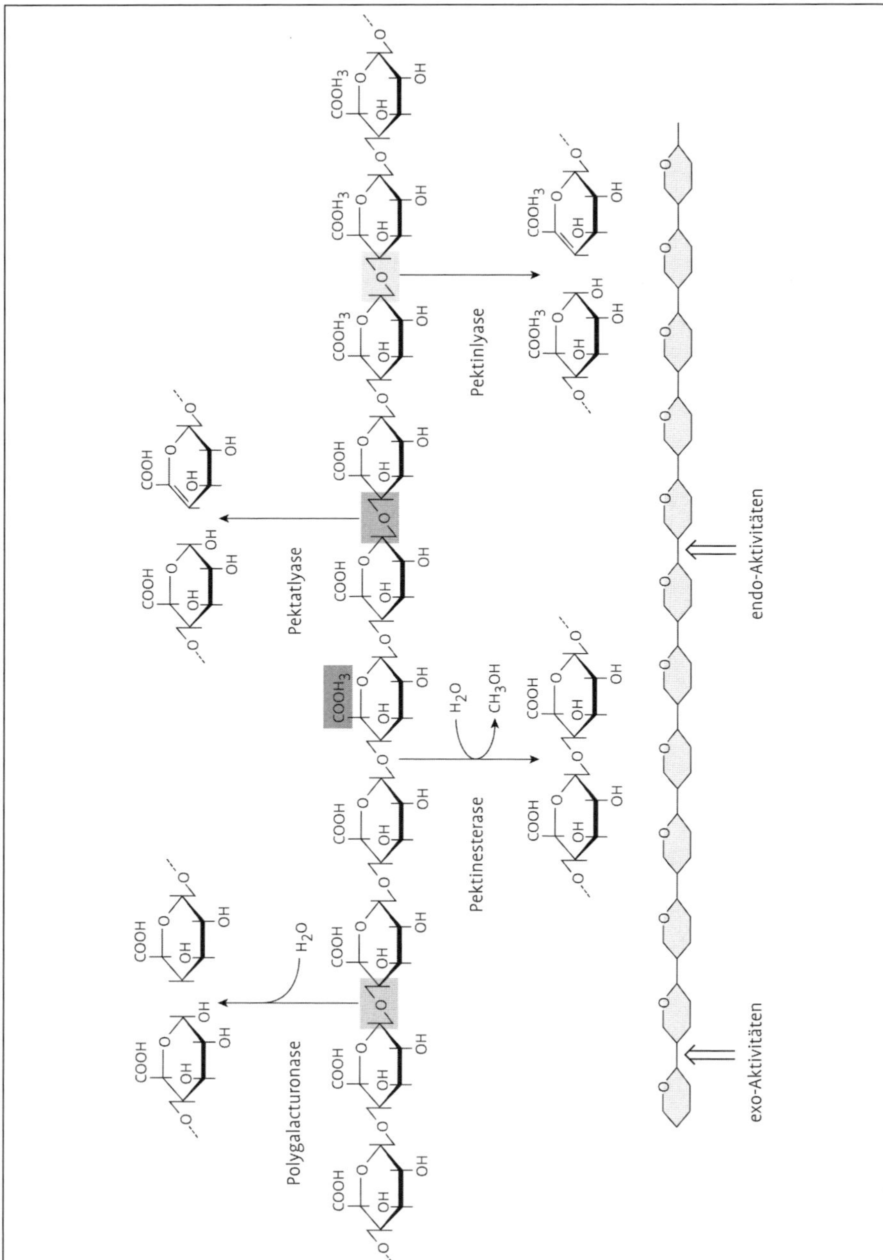

Abb. 68. Wirkung von unterschiedlichen Enzymen eines Pektinase-Präparates (Quelle: Erbslöh Geisenheim).

Pektintest

Der Praktiker kann einen sehr einfachen Test durchführen. Hierfür benötigt man nur wenig Zeit und fast kein Equipment. In ein Reagenzglas mischt man 5 ml vom zu prüfenden Most oder Wein mit 10 ml 96 %igem Alkohol. Nach dem Zugeben stülpt man das Reagenzglas 2–3 mal vorsichtig um und läßt es für 15 Minuten stehen. Pektinmoleküle mit mehr als zehn Galakturonsäurebausteinen fallen als Gel bei > 50 %igem Äthanol unter Einschluss von Wasser aus. Ist Pektin vorhanden, bildet sich eine gallertartige Masse in der kleine Gasbläschen eingeschlossen sind. Wenn kein Pektin vorhanden ist, bilden sich weder die gelartige Masse noch die Gasbläschen.

tinabbau in roten Maischen nach einer Erhitzung.

Neben den einfachen Enzympräparaten, die nur das Pektin-Grundgerüst abbauen, sind jedoch in modernen Enzympräparaten noch andere Enzymaktivitäten vorzufinden. Diese bewirken eine Aufspaltung der komplexen Seitenketten des Pektins. Für den vollständigen Abbau werden unter anderem Arabanase-, Arabinogalactanase- und Arabinosidase beigemischt. In der Folge ist der Pektinabbau deutlich beschleunigt und weitgehender.

Des Weiteren können neben diesen das Pektin spaltenden Enzymen weitere Aktivitäten zugegeben werden. Man spricht von Neben- oder Begleitaktivitäten.

Diese Begleitaktivitäten können unter anderem Cellulasen, Hemicellulasen, ß-Glucanasen, ß-Glucosidasen und Proteasen sein. Sie führen dazu, dass spezifische Stoffe in Maische und Most gespalten werden, die natürlicherweise nicht, nur sehr langsam oder nur zu einem geringen Teil gespalten würden. Beispielsweise findet man in Enzympräparaten, die für eine gesteigerte Farb- und Tanninextraktion gedacht sind, neben den Pektinasen auch Cellulasen und Hemicellulasen. Dadurch werden die Beerenzellen weiter aufgeschlossen.

Über solche Nebenaktivitäten können auch Proteine, Schleimstoffe und durch Pilzinfektionen entstandene Kolloide (z. B. Botrytisglucan) enzymatisch abgebaut werden.

Durch eine Infektion der Trauben mit **Botrytis cinerea** kann es zur Bildung von **Glucan** kommen. Botrytisglucan ist ein sehr hochmolekulares Polysaccharid, das in Most oder Wein zu erheblichen Klär- und Filtrationsschwierigkeiten führt. Die Anwendung einer ß-Glucanase bewirkt die Hydrolyse (Spaltung) des Botrytisglucans. Erst nach Abbau des Glucans kann der Most oder Wein geklärt werden bzw. der Wein ist erst danach filtrierfähig.

6.1.3 Sedimentation

Per Definition ist die Sedimentation das Ablagern von suspendierten Teilchen aus Flüssigkeiten (oder auch Gasen). Die Triebkraft für das Absetzen ist die Erdanziehung.

Die Sedimentation ist ein einfaches Verfahren zur Mostklärung. Jedoch ist der Zeitbedarf erheblich und ein (unbeabsichtigtes) Einsetzten der Gärung verhindert die Sedimentation (siehe Abb. 76, Seite 98). Die Sedimentation, die eigentlich ohne externe Energiezuführung erfolgen kann, erfordert also unter Umständen eine mehr oder weniger starke Kühlung des Mostes. Ein Zusatz von schwefliger Säure kann das Angären zwar etwas verzögern, dies geschieht aber zu Lasten einer Erhöhung der gebundenen schwefligen Säure im Wein und eventueller Probleme mit

Böcksern oder beim biologischen Säureabbau.

Das Absetzen der Trubstoffe ist unter anderem von folgenden Faktoren abhängig:

- Radius und Dichte der Partikel (Trubstoffe des Mostes).
- Dichte und Viskosität der Flüssigkeit (Most).

Die statische Sedimentationsgeschwindigkeit wird durch die Stokes-Gleichung beschrieben:

$$v_p = \frac{2r^2 g\ (\rho_p - \rho_f)}{9\eta}$$

Die einzelnen Formelzeichen stehen für folgende Größen:
v_p = Sedimentationsgeschwindigkeit
g = Erdbeschleunigung (9,81 m/s²)
r = Radius des sinkenden Partikels
ρ_p = Dichte des Partikels
ρ_f = Dichte der Flüssigkeit
η = Viskosität der Flüssigkeit

Die Formel ist sehr interessant und ist leicht zu interpretieren, wenn man sich nur kurz Zeit nimmt:

- Der Radius r des sinkenden Partikels geht quadratisch in die Formel ein. Das bedeutet, dass große Partikeldurchmesser überproportional zu einer Steigerung der Sinkgeschwindigkeit beitragen. Sehr feine oder gar kolloidale Trubstoffe sinken extrem langsam oder überhaupt nicht ab!
- Des Weiteren findet man im Zähler folgenden Ausdruck:
- ‚$(\rho_p - \rho_f)$' = „Dichte des Partikels" minus „Dichte der Flüssigkeit" (= Dichtedifferenz)
- Es ist logisch, dass bei gleicher Dichte von Partikel und Flüssigkeit der Klammerausdruck gleich Null wird, d. h. die gesamte Gleichung Null ergibt. Ohne Dichteunterschied geht die Sinkgeschwindigkeit des Partikels gegen Null.
- Im Nenner der Gleichung ist die Viskosität η eingetragen:
  Je größer die Viskosität, desto dickflüssiger (weniger fließfähig) ist das Fluid.
  Je größer die Viskosität, desto kleiner wird die Sinkgeschwindigkeit.
  Je kleiner die Viskosität desto größer die Sinkgeschwindigkeit.
- In Most wird die Viskosität vor allem durch kolloidale Inhaltsstoffe wie z. B. Pektin erhöht. Kalte Moste sind viskoser als warme Moste und haben eine etwas höhere Dichte.

Zusammenfassend kann man aus der Formel ableiten, dass sich eine **schnelle und erfolgreiche Sedimentation** einstellt, wenn

- die Partikel möglichst groß sind,
- die Dichtedifferenz zwischen Partikel und Flüssigkeit möglichst groß ist,
- die Viskosität der Flüssigkeit möglichst klein ist.

Das Sedimentieren von Schweb- und Trübstoffen kann beschleunigt werden. Hierzu kann man viele unterstützende Maßnahmen treffen. Zunächst muss das Pektin abgebaut sein. Pektin besitzt eine negative elektrische Ladung und bilden ein sphärisches, dreidimensionales Netzwerk. Dadurch steigt die Viskosität von Most oder Wein und die Trubpartikel werden durch das Netzwerk am Sinken behindert. Nach dem Pektinabbau bricht der Trub häufig schon selbständig zusammen.

Als weitere Maßnahme kann der Most oder Wein geschönt werden. Das oder die Schönungsmittel müssen so dosiert werden, dass die Trubstoffe elektrisch entladen werden. Dadurch verlieren die Trub-

Abb. 69. Sedimentation mit und ohne Zusatz von pektolytischen Enzymen.

stoffe ihre Hydrathülle und bilden elektrisch neutrale, größere Agglomerate. Diese sinken dann relativ schnell nach unten.

Charakterisierung der Sedimentation

- Langsames, relativ zeitintensives Verfahren (mit Kühlung bis 48 oder 72 h).
- Angären vereitelt ein erfolgreiches/weiteres Sedimentieren.
- Pektin muss abgebaut sein = die Viskosität des Mostes sinkt.
- Trubpartikel sollten möglichst groß sein: → starke mechanische Belastung oder Botrytisinfektion bringen sehr viel kolloidalen Feintrub, der sich überhaupt nicht oder nur sehr langsam absetzt → Durchführung von Schönungsmaßnahmen, die die Trubpartikel elektrisch entladen. Nach dem Entladen lagern sich die Partikel zusammen und bilden Agglomerate. Je größer die Agglomerate sind, desto schneller sinken diese ab.
- Nur Partikel mit Dichteunterschied zum Most können sinken (in Mosten mit hohen Oechslegraden sedimentiert der Trub deshalb schlechter).

Eine beschleunigte Form der Sedimentation stellt die Zentrifugation dar.

6.1.4 Zentrifugation

Bei der Zentrifugation werden Fest-Flüssig-Gemische unter Ausnutzung der Zentrifugalkraft aufgetrennt. Hierbei muss man zwischen klassischen Zentrifugen und horizontalen Dekanterzentrifugen unterscheiden (Dekanter siehe 5.3). Dekanter sind für hohe Feststoffmengen und größere Partikel ausgelegt. Sie werden daher für die Phasentrennung von Traubenmaische sowie die Aufarbeitung von Hefegeläger etc. verwendet.

Klassische Zentrifugen eignen sich nur für Feststoffanteile bis maximal 20–25 % in der zu klärenden Flüssigkeit. Üblich sind jedoch Feststoffgehalte von 0,1 bis etwa 10 % des Volumens mit Partikelgrößen von 0,5 bis 500 μm. Die Hauptanwendung liegt in der Abtrennung von Trubstoffen, Hefen und ggf. Kristallen.

Die Klärung in Zentrifugen erfolgt immer nach dem gleichen Prinzip. Die zu klärende Flüssigkeit wird hierzu in eine rotierende Trommel geleitet. Durch die hohe Drehzahl der Trommel ist die Zentrifugalkraft um ein Vielfaches größer als die statische Erdbeschleunigung. Die Erdbeschleunigung (Einheit g), auch Schwerebeschleunigung der Erde, liegt bei einem g (= 9,81 m/s^2). In modernen Zentrifugen kön-

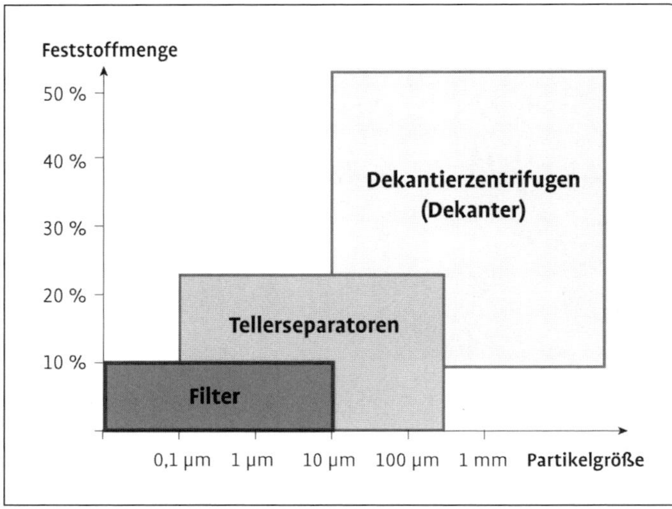

Abb. 70. Gegenüberstellung von verschiedenen Systemen zur Fest-Flüssig-Trennung.

nen g-Raten von bis zu 15.000 g bei Drehzahlen von bis zu 9000 U/min auf das Produkt einwirken.

Hierbei ist zwischen Klärzentrifugen einerseits und Fein- bzw. Polierzentrifugen anderseits zu unterscheiden. Klärseparatoren erzeugen etwa 6000–10.000 g, Polierseparatoren bis zu 15.000 g. Das heißt, dass die Abtrennung von sedimentierbaren Teilchen in einer Zentrifuge mit 10.000 g in etwa 10.000-mal schneller als beim Sedimentieren erfolgt.

Diese starke Beschleunigung führt zu einer sehr schnellen Feststoffabtrennung in Sekunden. Aber, je nach Volumendurchsatz durch die Zentrifuge befindet sich das zu klärende Produkt nur sehr kurz im Bereich der maximalen Beschleunigung. Daher gilt für Zentrifugen, dass die Klärwirkung umgekehrt proportional zum Volumendurchsatz verläuft. Je weniger Most/Wein pro Zeiteinheit durch die Zentrifuge fließen, desto länger sind die Feststoffe im Bereich der Zentrifugalkraft und können besser abgetrennt werden. Die Zentrifugalkraft ist hierbei abhängig von verschiedenen Parametern.

6.1.4.1 Grundlagen

Die Zentrifugation ist ein rein physikalisches Trennverfahren. Die Abtrennung erfolgt aufgrund einer Dichtedifferenz. Nur Teilchen mit einer höheren spezifischen Dichte als der Most/Wein lassen sich über Zentrifugation abtrennen. Genau wie bei der statischen Sedimentation gilt auch hier das Gesetz von Stokes: Teilchen ohne Dichtedifferenz können nicht abgetrennt werden (siehe 6.1.3, Seite 88).

Die Abtrennung der Trubteilchen in der Zentrifuge wird durch folgende Parameter beeinflusst:

- **Länge des Weges** des abzutrennenden Partikels.
- **Dichtedifferenz** der Teilchen zur Flüssigkeit (je größer desto schneller).
- **Viskosität des Mostes/Weines** (Temperatur, Alkoholgehalt, Pektingehalt, Schleimstoffe).

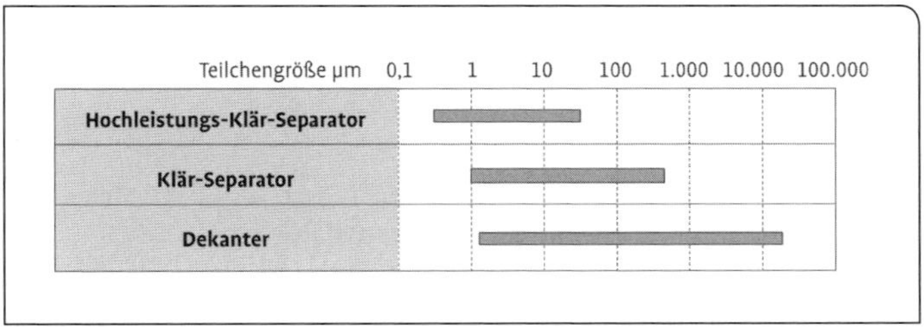

Abb. 71. Einsatzgebiete von unterschiedlichen Zentrifugenarten mit Gegenüberstellung der abtrennbaren Teilchengrößen.

- **Größe der Teilchen** (je größer desto schneller deren Sedimentation, Grenze der Sedimentierfähigkeit ca. 1 µm, d. h. Teilchen <1 µm können zunehmend schlechter abgetrennt werden).

Je besser der einlaufende Saft schon vorgeklärt und das Pektin abgebaut ist, desto besser klärt die Zentrifuge. Schönungen, welche die elektrische Entladung und Vergrößerung der Trubpartikel bewirken, sind sehr gut geeignete Maßnahmen, um die Effektivität der Zentrifugation zu erhöhen. Die Schönung kann inline direkt vor der Zentrifuge erfolgen. Nicht sedimentierbare Teilchen (sehr kleine Teilchen und Teilchen ohne Dichtedifferenz zur flüssigen Phase) können jedoch nicht entfernt werden.

Die **Zentrifugalkraft** ist abhängig von Trommeldrehzahl und -durchmesser. Sie hat einen invers linearen Zusammenhang zum Trommeldurchmesser und wächst bei Erhöhung der Trommeldrehzahl im Quadrat.

Die Beschleunigung der Teilchen ist mit folgender Beziehung zu berechnen: Zentrifugal-kraft oder -beschleunigung:

$$C = \frac{m \times v^2}{r}$$

C = Zentrifugalbeschleunigung
m = Gewicht des Trubteilchens
v = Umfangsgeschwindigkeit in m/s
r = Radius der Trommel

Beispiel:
Bei 5000 U/min und 0,532 m Trommeldurchmesser = Zentrifugalkraft C von 7420 g

D. h. die normale Erdanziehung g ist hierbei 7420mal verstärkt **(= g-Wert)**

Mit 5000 U/min und 0,532 m Trommeldurchmesser liegt an der Peripherie ein **Flüssigkeitsdruck von 98,8 bar** an.

Separatoren können nicht ohne weiteres vergrößert werden, da die Materialbelastung außerordentlich hoch ist.

6.1.4.2 Kammerzentrifuge (Kammerseparator)

Kammerzentrifugen werden zunehmend seltener in der Getränke- und Weinwirtschaft verwendet. Im Gegensatz zu selbst austragenden Zentrifugen muss bei Kammerzentrifugen der abgetrennte Feststoff mehr oder weniger manuell aus den Kammern entfernt werden. Hierzu müssen sie angehalten, geöffnet und teilweise zerlegt werden. Dann entfernt man den Feststoff, baut wieder alles zusammen und kann weiter arbeiten.

Der Einlauf der zu klärenden Flüssigkeit erfolgt von oben zentral und verteilt sich in der ersten Kammer. Danach durchfließt die Flüssigkeit mehrere Kammern (je nach Typ 3–6 Kammern), die zunehmend weiter außen in der Trommel angeordnet sind. Durch das Durchströmen jeder einzelnen Kammer ist die Dauer der Einwirkung der Zentrifugalkraft relativ lange. Zudem steigt der g-Wert am Ende des Trennvorganges, da sich das bereits geklärte Produkt zum Schluss am äußeren Umfang der Trommel befindet.

Kammerzentrifugen haben also theoretisch eine gute Leistungsfähigkeit. Dennoch sind sie kaum noch im praktischen Einsatz zu finden. Durch die geringe Nachfrage ist auch das Angebot begrenzt. Der Hauptnachteil der Kammerzentrifugen ist der große Arbeitsaufwand für die Reinigung. Daher haben sich selbst entleerende Zentrifugen durchgesetzt.

Zusammenfassung zu den Eigenschaften der Kammerzentrifugen:

- Diskontinuierliche Arbeitsweise durch manuelle Reinigung, wenn eine/alle Kammern der Trommeln gefüllt sind

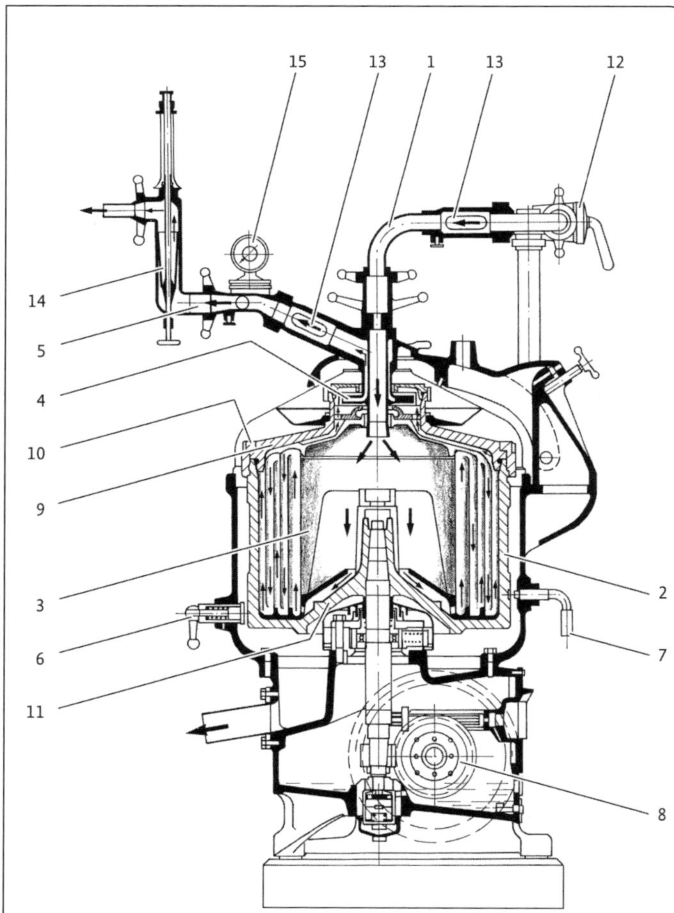

Abb. 72. Schnittbild durch einen Kammerseparator.
1 = Flüssigkeitszulauf,
2 = Trommel,
3 = Trubraum,
4 = Greifer,
5 = Flüssigkeitsablauf,
6 = Bremse,
7 = Arretierung,
8 = Antrieb,
9 = Trommeldeckel,
10 = Trommelverschluss,
11 = Trommelboden,
12 = Ventil,
13 = Schauglas,
14 = Mengenmesser,
15 = Manometer.

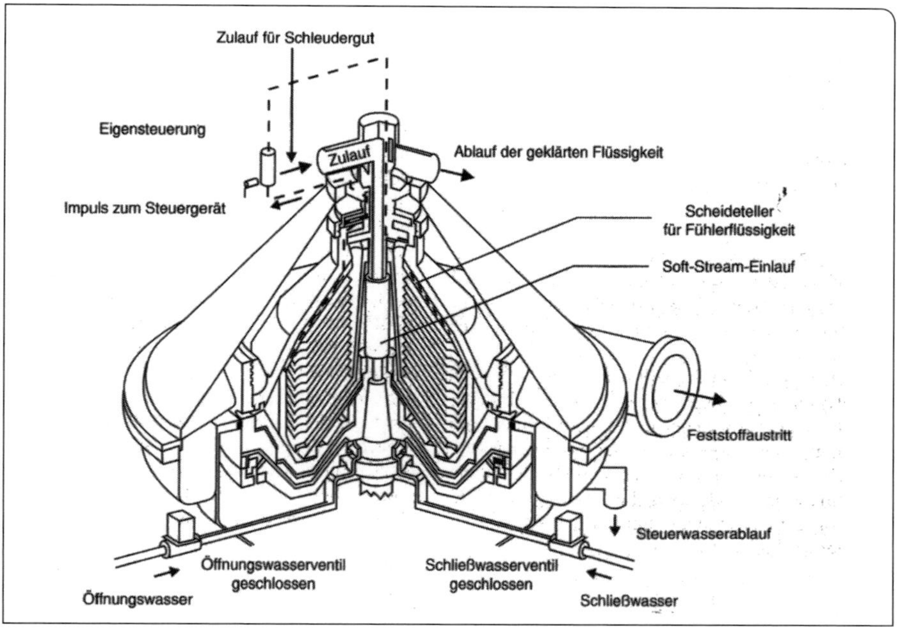

Abb. 73. Querschnitt durch einen selbstentleerenden Klär-Separator.

mit abgetrenntem Feststoff (Reinigung ca. 30–60 min).

- Zu klärende Flüssigkeit fließt strömungsgünstig von innen nach außen durch die meist 3–6 Kammern.
- Klärleistung, speziell für feine Trubstoffe, aufgrund der langen Verweildauer der Flüssigkeit im Kraftfeld relativ gut.
- Können mit Falldruck beschickt werden (0,1 bar).
- Kammerzentrifugen werden mit Flüssigkeit gefüllt und erst dann gestartet.
- Bei Nachlassen der Klärleistung → Reinigung (sonst Zufahren).

6.1.4.3 Selbstentleerende Zentrifugen (Tellerzentrifuge)

Im Gegensatz zu Kammerzentrifugen können selbstentleerende Zentrifugen nahezu kontinuierlich arbeiten und den abgetrennten Feststoff ohne Anhalten der Trommel auswerfen. Dies bringt erhebliche wirtschaftliche Vorteile, da der Betrieb rund um die Uhr erfolgen kann. Zudem entfällt das aufwändige manuelle Reinigen der Kammern.

Aufbau und Funktion: Die zu klärende Flüssigkeit fließt bei den meisten Zentrifugen zentral durch ein feststehendes Einlaufrohr von oben in die Trommel. Alfa Laval bietet einen zentralen Flüssigkeitseinlauf von unten an. Im Inneren wird die zu klärende Flüssigkeit unterhalb des Tellerpaketes durch Rippen auf Umdrehungsgeschwindigkeit beschleunigt und verteilt sich dann nach außen. Über Steigkanäle steigt die Flüssigkeit von unten in die Tellerpakete und verteilt sich dort gleichmäßig auf den Tellerzwischenräumen. Das

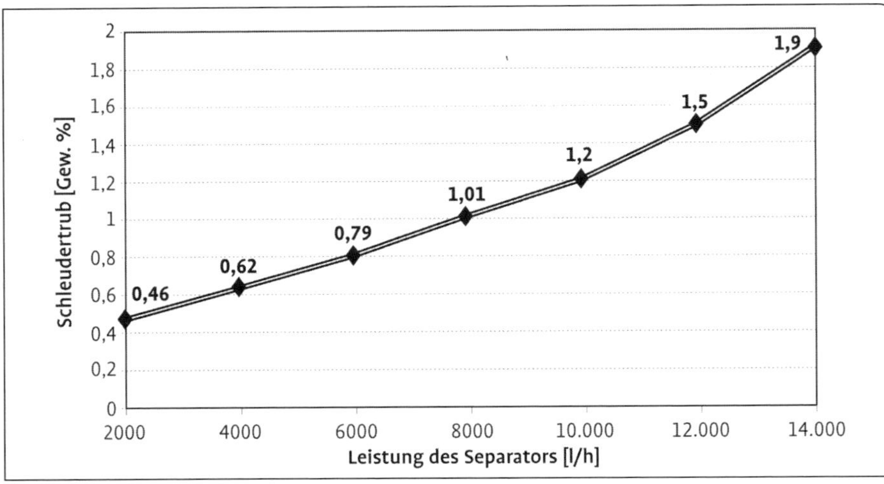

Abb. 74. Abhängigkeit der Klärleistung eines Separators vom Volumendurchsatz (Seckler J, Schäfer T et al., 1997).

Herz der Zentrifuge ist ein Paket aus vielen konischen Tellern, die eine sehr große Klärfläche bei geringem Volumen haben. Hier erfolgt die eigentliche Abtrennung. Feststoffe, die durch die Zentrifugalkraft erfasst und abgetrennt werden, wandern entlang der Tellerunterseite zur Außenseite der Trommel in den Schlammraum. Die geklärte Flüssigkeit fließt entlang der Teller nach oben ab.

Der Schlammraum muss, sobald er einen bestimmten Füllstand erreicht hat, von Zeit zu Zeit entleert werden. Dies geschieht durch das Öffnen des beweglichen Kolbenschiebers. Dieser Vorgang wird in der Regel hydraulisch mit Wasser als Steuermedium durchgeführt. Dadurch werden zahlreiche Öffnungen am äußeren Umfang der Trommel freigegeben, durch die der abgetrennte Feststoff nach außen schießt.

6.1.4.4 Leistung und Durchsatz

Durch die Variation des Mengendurchsatzes kann die Verweildauer der zu klärenden Flüssigkeit beeinflusst werden. Je langsamer gefahren wird, desto besser ist die Klärwirkung.

Um die Leistungsfähigkeit eines Separators auszudrücken, tauchen immer wieder folgende Begriffe auf: Schluckleistung und Effektivleistung.

Schluckleistung (auch Nennleistung):
- Maximale Menge an Flüssigkeit die aufgrund der Bauart durch die Maschine gepumpt werden kann.
- Wird zum Vergleich von unterschiedlichen Zentrifugen herangezogen.
- Bei der maximalen Schluckleistung klärt die Zentrifuge nur unterdurchschnittlich.

Effektivleistung:
- Vom Hersteller angegebenen Durchschnittsleistung (variiert je nach Trub).
- Je nach Durchsatzleistung ergibt sich eine unterschiedlich starke Abreicherung an Trubstoffen, da die Verweildauer der Trubteilchen im Schwerkraftfeld variiert.

6.1.4.5 Automatische Entleerung

Grundsätzlich sind bei selbstentleerenden Zentrifugen zwei Arten der Entleerung zu unterscheiden, die Total- und die Teilentleerung.

Bei der **Totalentleerung** wird die Trommel vollständig entleert. Deshalb wird unmittelbar vor der Entleerung das Zulaufventil für die zu klärende Flüssigkeit geschlossen.

Die Schließkammer wird mittels Ringkolben und Düse durch die Zugabe von Öffnungswasser geleert. Der Kolbenschieber bleibt in Öffnungsposition, bis der gesamte Trommelinhalt ausgestoßen wurde. Anschließend wird Schließwasser hinzugefügt. Der Kolbenschieber wird so zum Schließen gebracht.

Bei **Teilentleerung** wird die Produktzufuhr nicht unterbrochen. Es wird nur ein kleiner Teil des Trommelinhaltes entleert. Dies erfolgt daher bei geöffnetem Produkt-Zulaufventil. Hierzu wird der Kolbenschieber nur für sehr kurze Zeit geöffnet (~0,1 sec).

6.1.4.6 Steuerungssysteme

Moderne Zentrifugen besitzen heute vollautomatische Steuerungen. Eine der wichtigsten Funktionen ist die Regelung der Entleerung des Trommelinhaltes. Da in Kellereien häufig ein sehr heterogenes Produkt zentrifugiert wird, ist die Entleerung nicht regelbar. Je nach Volumendurchsatz, Feststoffanteil und gewünschtem Klärgrad ergeben sich unterschiedliche Einstellungen. Für die Entleerung gibt es folgende unterschiedliche Einstellungen:

- Kombinierte Teil- und Totalentleerungen,
- kombinierte Teil- und große Teilentleerungen,
- ausschließlich Teilentleerungen,
- ausschließlich Totalentleerungen.

Die Regelung der Zentrifuge kann unterschiedlich erfolgen. Neben der manuellen Betriebsart gibt es verschiedene automatische Modi. Hierzu zählt man die Steuerung über Zeitintervalle, Trübung oder die sogenannte Eigensteuerung. Alle diese Regelsysteme lösen nach Erreichen eines voreingestellten Grenzwertes eine Trommelentleerung automatisch aus.

- **Zeitabhängige Steuerung** ohne Berücksichtigung des Zustands (nur sinnvoll bei sehr homogenem, gleich bleibendem Feststoffanteil im Schleudergut).
- Im Gegensatz hierzu stehen die zustandsabhängigen Regelungen
- **Überwachung der (Rest)-Trübung** der geklärten Flüssigkeit mittels Fotoelektrik bzw. Trübungsmessgerät, die bei Überschreiten eines definierten Trübungswertes den Entleerungsvorgang auslöst.
- **Eigensteuerung durch Abtasten des Feststoffraumes.** Über einen Scheideteller gelangt eine kleine Produktmenge in einen Nebenstrom. Diese wird durch einen separaten Teller geführt und der Produktstrom wird erfasst. Sobald der abgetrennte Feststoff den Eingang zu diesem separaten Scheideteller verstopft, wird ein Signal ausgelöst und der Schlammraum automatisch entleert (Teil- oder Totalentleerung). Diese Eigensteuerung gewährleistet eine optimale Arbeitsweise mit an das Trubvolumen angepassten Entleerungszyklen.

6.1.4.7 Hermetische Zentrifuge bzw. Hydrohermetik

Unabhängig ob es sich um eine Kammer- oder eine selbst entleerende Tellerzentrifuge handelt, kann die Abdichtung des Zentrifugenkopfes hydrohermetisch oder hermetisch ausgeführt sein.

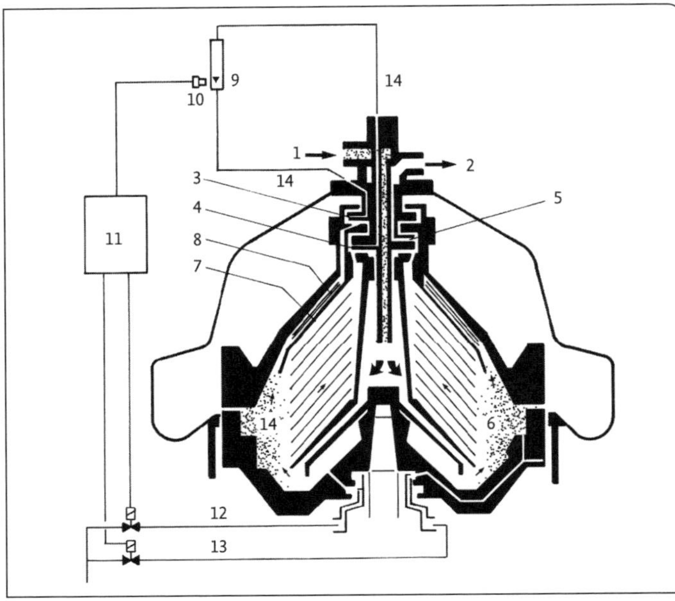

Abb. 75. Beispiel für die Eigensteuerung von Westfalia (Fühlerflüssigkeit) (Troost G, 1988).
1 = Zulauf,
2 = Ablauf,
3 = Steuergreifer,
4 = Steuergreifer 2,
5 = Greifer,
6 = Trubraum,
7 = Scheideteller,
8 = Kälteteller,
9 = Durchflusswächter,
10 = Magnetschalter,
11 = Steuergerät,
12 = Schließwasser,
13 = Steuerwasser,
14 = Weg des Flüssigkeitsstromes.

Definition Hydrohermetik:
- Spezielle Wasserkammer (Labyrinthdichtung) die den Zutritt von Luft und die Entgasung des Produktes verhindert.
- Die Hydrohermetik arbeitet verschleißfrei.Der zulässige Systemdruck liegt bei maximal 5 bar.

Definition hermetische Zentrifuge:
- Hierbei wird der Zentrifugenkopf durch mehrere Manschetten abgedichtet.
- Daher sind hermetische Zentrifugen auch für Getränke mit Überdruck bis 10 bar geeignet.
- Manschetten müssen zur Vermeidung von Verschleiß gekühlt werden (Produktfahrt mit Produkt, An- und Ablauf mit Wasser)

Moderne Zentrifugen können durch die Abdichtung mit geringen Sauerstoffaufnahmen arbeiten. Jedoch erfolgt beim Entleeren der Trommel immer eine Sauerstoffaufnahme. Vollständige Trommelentleerungen bringen immer den größten den Sauerstoffschub.

6.1.4.8 Überblick selbst entleerende Zentrifugen

Eigenschaften selbst entleerender Tellerseparatoren noch einmal im Überblick:

- Tellerseparator wird immer trocken angefahren.
- Tellerzentrifugen besitzen eine Ringspalttrommel, die während des Betriebes geöffnet werden kann und so den abgeschleuderten Trub ausschleudert.
- Teilentleerung:
  Zulaufventil bleibt geöffnet,
  Kolbenschieber öffnet sich nur sehr kurz,
  nur Teil der Feststoffe wird ausgeschleudert,

verbleibende Trubstoffe verhindern Durchschlagen der Flüssigkeit, Dauer meist nur 0,1 bis 1 sec.
- Totalentleerung:
  Zulauf wird gestoppt,
  Verdrängen der Restflüssigkeit,
  gesamte Trommel wird entleert ,
  Dauer ca. 5–10 sec ,
  dann erst wieder Trommelbefüllen, wenn Trommeldrehzahl wieder angestiegen ist,
  eventuell weitere Spülentschlammung vornehmen, wenn klebrige Trube anstehen.

6.1.5 Flotation (batch- oder kontinuierlich)

Die Flotation ist ein Trennverfahren, bei dem sich Trubteilchen, die im Most suspendiert sind, an Gasblasen anlagern und nach oben steigen. Seit den 90er Jahren des vergangenen Jahrhunderts hat sich die Flotation für die Vorklärung der Moste rasch verbreitet.

Der Siegeszug der Flotation beruht auf der Tatsache, dass die Flotation
- nur wenig Zeit in Anspruch nimmt,
- überaus gute Klärgrade ermöglicht,
- relativ günstig in der Anschaffung ist,
- niedrige Betriebskosten verursacht.

Prinzip: Die Flotation trennt den Trub nicht aufgrund von Dichteunterschieden ab – wie dies bei der Sedimentation und Zentrifugation der Fall ist. Vielmehr handelt es sich um ein Trennverfahren, bei dem sich im Most befindliche Partikel an aufsteigende Gasblasen anheften und von diesen an die Oberfläche transportiert werden (engl.: to float = (auf)-schwimmen). An der Oberfläche verharrt der Trub für eine gewisse Zeit (statische Flotation) oder wird durch eine Einrichtung (rotierender Schaber) entfernt (kontinuierliche Flotation). Der geklärte, blanke Most wird im Gegensatz zur Sedimentation immer von unten abgezogen.

Charakterisierung der Mostklärung durch Flotation:
- Effektive Klärung mit sehr geringem Aufwand.
- Klärung kann direkt nach dem Pressen innerhalb kurzer Zeit erfolgen.
- Erzielbare Klärgrade sind sehr hoch (geringer Resttrübung). Voraussetzung: Pektin muss bei Beginn der Flotation

Entscheidend – Erzeugung der Gasblasen

Die Gasblasen entstehen, indem man den Most mit Luft oder Stickstoff-Gas bei rund 6 bar Überdruck imprägniert. Die Menge der gelösten Gase ist proportional zum (Über)-Druck. Zum Beispiel kann sich bei 20 °C und normalem Luftdruck in Wasser zirka 14,5 mg/L Stickstoff-Gas lösen (N_2). Bei 1 bar Überdruck löst sich bis zum Doppelten, bei 2 bar Überdruck das Dreifache und so weiter (Henry-Gesetz).

Nach der Druckentspannung entgast der Most sofort wieder. Es bleibt nur so viel Gas gelöst, wie unter Normaldruck möglich ist (Gleichgewicht). Durch diese Entgasung der bei Überdruck gelösten Gase bilden sich extrem viele Bläschen, die eine sehr große Oberfläche besitzen. Die Grenzflächenspannung der Bläschen führt dazu, dass sich die Trubpartikel an die Bläschenoberfläche anlagern und nach oben transportiert werden.

Im Gegensatz zur Sedimentation und Zentrifugation können mit Flotation auch feinste Trubpartikel und solche ohne Dichtedifferenz zum Most entfernt werden. Dies liegt am Trennprinzip über die Anziehung der Grenzflächenspannung und nicht durch Anwendung von Zentrifugal- oder Schwerkraft.

unbedingt abgebaut sein, da sonst die Gasbläschen mit den Trubpartikeln nicht ungehindert aufsteigen können.
- Geringer Energieaufwand, da keine Kühlung notwendig.
- Hohe Übersättigung mit **gelöstem** Gas wird über Wirbel- oder Venturimischer bei ~6 bar erreicht. Nur Gase, die in der Flüssigkeit echt gelöst sind, können nach der Entspannung Bläschen bilden!
- Der Zusatz von hochbloomiger Gelatine (Flotationsgelatine) stabilisiert den flotierten Trub und verbindet die Trubteilchen. Die Verwendung von hochbloomiger Gelatine ist empfehlenswert, da diese schon bei relativ hohen Temperaturen erstarrt und ein festeres Gel bildet. Meist ist eine Temperierung des Gelatinebehälters bei kühlen Temperaturen notwendig.

6.1.5.1 Nichtkontinuierliche oder Batch-Flotation

In Klein- und Mittelbetrieben wird überwiegend die nichtkontinuierliche oder Batch-Flotation eingesetzt. Bei diesem Verfahren wird die Flotation entweder von Tank zu Tank oder direkt im Kreislauf mit nur einem Tank durchgeführt.

Flotationsgeräte bestehen üblicher Weise aus einer Pumpe mit nachgeschaltetem Flotationsaufsatz. Die Luft bzw. das Stickstoffgas wird dem Most schon vor der Pumpe zudosiert. Es gibt Systeme mit Verdränger- bzw. mit Zentrifugalpumpen. Verdrängerpumpen, wie z. B. die Exzenterschneckenpumpe, sind für das Flotieren aus mehreren Gründen ideal:
- Liefern spielend den notwendigen Überdruck von 6 bar.
- Nahezu konstante Mengenleistung unabhängig von Zulauf und Gegendruck.
- Luft im Ansaugtrakt führt nicht zu Problemen.

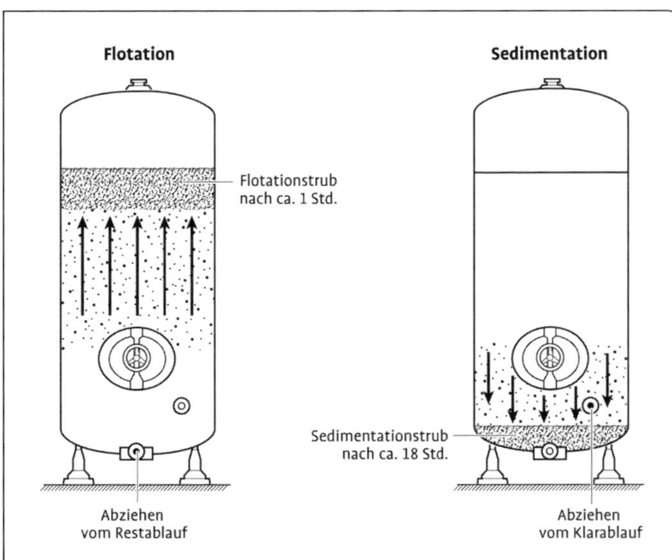

Abb. 76. Gegenüberstellung des Klärprinzips von Flotation und Sedimentation.

Hingegen sind die etwas kostengünstigeren Zentrifugalpumpen zum Teil nicht in der Lage, den hohen Druck zu liefern (es können dann 2 Pumpen seriell geschaltet werden). Sie reagieren zum Teil empfindlich auf Luft in der Saugleitung. Der Anwender muss öfter nachregeln.

Nach der Pumpe folgt dann ein statischer Mischer, der für hohe Turbulenz im Produktstrom sorgt. Durch diese Turbulenz wird das schnelle Lösen des Flotationsgases beim gegebenen Überdruck ermöglicht. Erst nach dem vollständigen Lösen des Flotationsgases kann entspannt werden. Die Schlauchleitung zum Tank nach dem Entspannen sollte möglichst kurz sein, damit die kleinen Gasbläschen unmittelbar aufsteigen und sich nicht auf dem Weg zum Tank zu größeren Blasen verbinden.

Weiterführende Information findet man in der Literatur (Weiand J und Breier N, 2010; Seckler J, Jung R et al., 2000).

6.1.5.2 Kontinuierliche Flotation

Das Grundprinzip der kontinuierlichen Flotation ist identisch mit der nichtkontinuierlichen. Most wird mit Luft oder Stickstoffgas bei ca. 6 bar Überdruck gesättigt und danach entspannt. Allerdings wird der Most in einen speziellen Behälter (=Reaktor) entspannt. Der Einlauf in diesen Reaktor-Behälter ist zentral (s. Abb. 78). Mit den Gasblasen steigt der Trub nach oben und wird durch eine geeignete Einrichtung permanent abgetragen. Der klare Most sammelt sich im Reaktor unterhalb des Einlaufs. Der geklärte Most fließt mittels Überlauf aus dem Reaktor und wird dort von einer Pumpe erfasst. Auf diese Weise kann die Flotation kontinuierlich erfolgen.

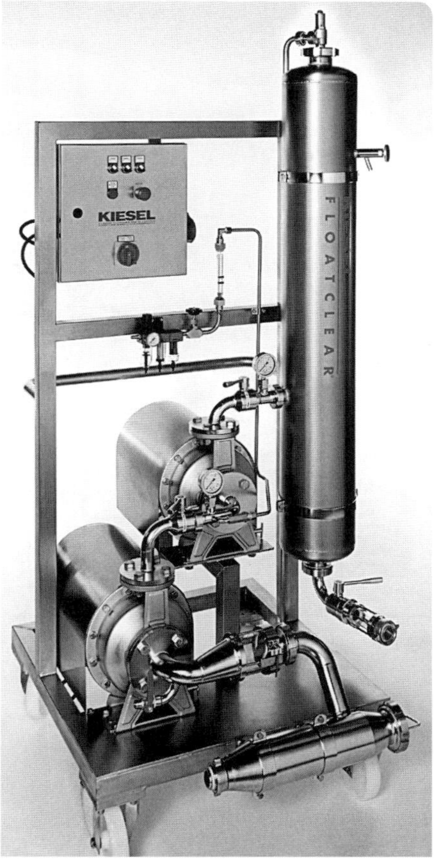

Abb. 77. Flotationsanlage mit zweistufiger Zentrifugalpumpe (Bild: Kiesel).

6.1.6 Flotation im Zentrifugen- oder Dekanter-Ablauf

Eine Kombination von zentrifugaler, dichtegesteuerter Trubabtrennung mit der Flotation kann durchaus sinnvoll sein. Die Flotation kann im Gegensatz zur dichtegesteuerten Trennung auch kolloidalen Feintrub entfernen. Innerhalb einer Zentrifuge bzw. eines Dekanters lastet durch die Rotation ein sehr hoher Druck auf der Flüssigkeit. Zur Vermeidung von Entgasung wer-

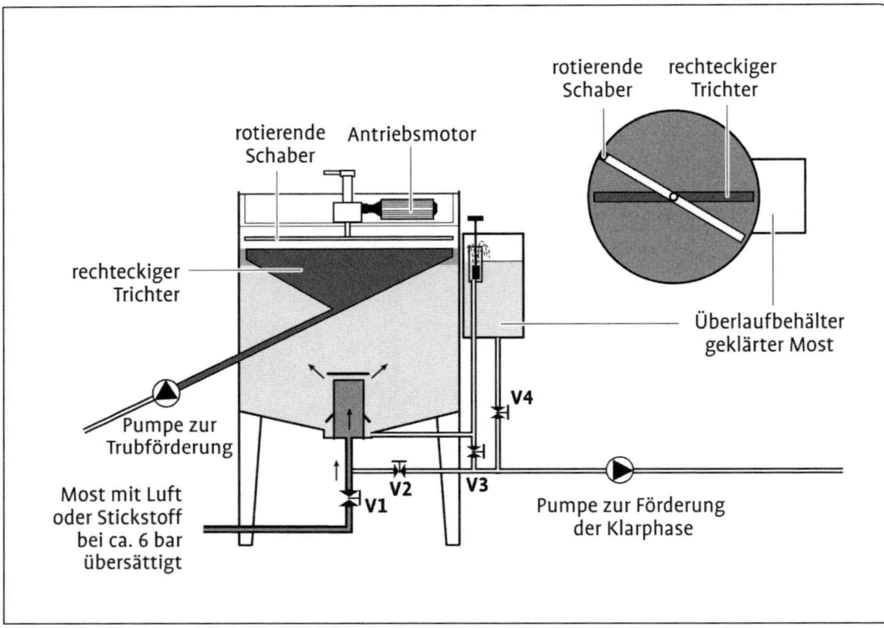

Abb. 78. Schema einer kontinuierlichen Flotationsanlage.

den daher solche Maschinen immer mit Gegendruck betrieben (bis 7 bar). Die Kombination von Zentrifuge oder Dekantern (Horizontalzentrifuge) mit einer Flotation zur Mostklärung bietet sich demzufolge an. Dies erfolgt durch die Montage einer Flotationseinheit im Auslass. Vor dem Entspannen der geklärten Flüssigkeit wird ein Flotationsgas (Luft oder Stickstoff) in den Most geleitet. Zeitgleich kann auch flüssige Gelatine zur Verbesserung der Flockenbildung sowie Trubkompaktierung dosiert werden (GEA Westfalia Separator Group, 2011).

6.2 Anreicherung

Der Begriff „Anreicherung" von Most bzw. Wein umschreibt wenig präzise, um was es geht. Fachleute wissen, dass die Erhöhung des natürlichen Alkoholgehaltes gemeint ist. Ursprünglich wurde dies ausschließlich durch Zusatz von Saccharose (Rübenzucker) erreicht. In Frankreich und auch in der anglikanischen Sprachwelt hat sich der Begriff „chaptalisieren" durchgesetzt. Dieser wunderschöne Begriff stammt vom ehrenwerten Herrn Chaptal, der unter anderem Landwirtschaftsminister unter Napoleon Bonaparte war. Er erkannte den Zusammenhang zwischen Zuckerzusatz und Alkoholerhöhung Anfang des 19. Jahrhunderts. Bekanntermaßen setzte sich die Methode durch und ist traditionell ein fester Bestandteil der Kellerwirtschaft in vielen Weinbauregionen der Welt.

Die gesetzlichen Grenzen der Anreicherung ändern sich im Lauf der Zeit ständig. Sie müssen zeitnah vor der Anreicherung geprüft werden. Daher wird auf deren Darstellung hier verzichtet.

Kurze Definition der einzelnen Maßeinheiten:

°Oechsle (°Oe)
Differenz des Gewichts von 1 Liter Wasser (20 °C) zu einem Liter Most (20 °C)
Berechnung aus Dichte [D20/20] gemäß der Formel: [(D20/20−1)·1000]
Beispiel: Most mit der Dichte [D20/20] = 1,089 kg/L = 89°Oechsle

°Klosterneuburg (°KMW = Klosterneuburger-Most-Waage)
Gibt geschätzten Zuckergehalt des Mostes in Prozent (g/100 g = Masseprozent) an, wobei für die Berechnung ein durchschnittlicher zuckerfreier Extrakt unterstellt wird (in Berechnung berücksichtigt).
20°KMW = 20 g an vergärbarem Zucker in 100 g Most oder = 200 g/kg (pro kg nicht Liter!)
1°KMW entspricht 4,86°Oechsle

°Balling
Veraltete Maßeinheit und nur noch in Südafrika in Gebrauch
= Masseprozent Saccharose (g/100 g) kalibriert bei 17,5 °C
von der Brix-Maßeinheit abgelöst, die auf 20 °C kalibriert ist

°Brix (auch Brix oder %Brix)
Gebräuchliche Maßeinheit für die relative Dichte in der Obst-Industrie
= Masseprozent Saccharose (g/100 g) kalibriert bei 20 °C
D. h. eine Flüssigkeit hat 10 Grad Brix, wenn sie die gleiche Dichte hat wie eine Lösung von 10 g Saccharose in 100 g/Saccharose-Wasser-Gemisch [10 %m/m]
Saccharose wird als günstige und überall verfügbare Referenz verwendet, auch wenn die zu untersuchende Flüssigkeit keine Saccharose enthalten muss!
1°Brix entspricht ungefähr 4°Oechsle

°Baumé (auch °Bé)
Eine der ersten Maßeinheiten zum Messen von gelöster Trockensubstanz (ab 1786 verwendet zum Messen der Salzkonzentration im Abwasser von Minen).
Liefert (zufällig) angenähert den potentiellen Alkoholgehalt von Most nach der vollständigen alkoholischen Gärung in %Volumen
Most mit 12°Baumé hat nach der Gärung ~12 %Vol. Alkohol

6.2.1 Schätzen des potentiellen Alkoholgehaltes

Die Mengen an gelöster Trockensubstanz (Extrakt) in Most korreliert mehr oder weniger mit dem Zuckergehalt. Der Extrakt eines Mostes besteht zwar überwiegend aus Zucker, aber eben nicht nur. Er setzt sich aus Zucker, Säure, Mineralstoffen, phenolischen Verbindungen, Eiweißen etc., kurz aus allen gelösten Substanzen zusammen.

Man spricht hierbei in der Regel vom Mostgewicht. Die Menge an gelöster Trockensubstanz wird je nach Land unterschiedlich ausgedrückt.

In Deutschland, Schweiz und Luxemburg wird die Maßeinheit Grad Oechsle (°Oe) verwendet. In Österreich und in angrenzenden Ländern wird häufig die Klosterneuburger Mostwaage verwendet. Im anglikanischen Sprachraum findet man häufig die Einheit Brix und vereinzelt auch °Baumé.

In der Regel wird das Mostgewicht mit einem Aräometer (Senkspindel) oder einem Refraktometer bestimmt.

Aus dem Mostgewicht (egal in welcher Maßeinheit man dies ausdrückt) ist eine Berechnung des Alkoholgehaltes nach der vollständigen Vergärung nur angenähert möglich. Das Dichteverhältnis (spezifisches Gewicht oder Mostgewicht) ist abhängig von der gelösten Trockensubstanz (Extrakt).

Beispiel: Zwei Moste mit je 80 °Oe Mostgewicht haben nicht zwingend den gleichen Zuckergehalt. Das Mostgewicht hängt von der Zusammensetzung an gelösten Extraktstoffen ab. Wenn in Most A sehr hohe Säure- und Mineralstoffmengen gelöst sind, dann muss bei gleichem Mostgewicht im Most A der Zuckergehalt niedriger sein als in Most B. Bei gleicher Dichte muss die Menge an Zucker geringer sein, wenn andere Inhaltsstoffe in höheren Konzentrationen vorkommen. Die Alkoholausbeute der Gärung wird für Most B scheinbar höher ausfallen. Dies ist jedoch nur ein Artefakt, da der Zuckergehalt höher war.

Sowohl mit der Tabelle oder über die Faustformel kann man angenähert den potentiellen Alkoholgehalt überschlagen und die Anreicherung berechnen. Exakter ist eine quantitative Zuckeranalyse. Dennoch ist der spätere Alkoholgehalt nicht genau vorherzusehen, da die Ausbeute der alkoholischen Gärung nicht klar ist.
Die Berechnung der Anreicherung kann nach folgendem Schema erfolgen:

***Tab. 3.** Beziehung zwischen Mostgewicht von Traubenmost, Zuckergehalt und daraus resultierendem Alkoholgehalt im Wein; verändert nach (Ribereau-Gayon P, Dubourdieu D et al., 2006)*

°Oechsle	°Brix	°KMW	Zucker [g/L]	potentieller Alkohol [g/L]	potentieller Alkohol [% vol.]
50	12,50	10,3	103	48,0	6,08
55	13,75	11,3	116	54,1	6,86
60	15,00	12,3	130	60,4	7,65
65	16,25	13,4	143	66,5	8,43
70	17,50	14,4	156	72,8	9,22
75	18,75	15,4	170	78,9	10,00
80	20,00	16,5	183	85,1	10,79
85	21,25	17,5	196	91,3	11,57
90	22,50	18,5	209	97,5	12,35
95	23,75	19,5	223	103,7	13,14
100	25,00	20,6	236	111,0	13,92
105	26,25	21,6	249	116,1	14,71
110	27,50	22,6	263	122,3	15,49
115	28,75	23,7	276	128,5	16,28
120	30,00	24,7	289	134,7	17,06
125	31,25	25,7	303	141,0	17,73

***Das Abschätzen** des Zuckergehaltes aus dem Mostgewicht kann auch über die nachfolgende Formel erfolgen:*

Geschätzter Wert	Faustformel	Beispiel
~ Gesamtextrakt (g/L)	°Oe * 2,5	80°Oe * 2,5 = 200 g/L
~ Zuckergehalt (g/L)	°Oe * 2,5 minus zufr. Extrakt*	80°Oe * 2,5–20 (zuf. Extrakt) = 180 g/L
~ potentieller Alkoholgehalt (g/L)	(°Oe * 2,5 minus zufr. Extrakt*) * 0,47	(80°Oe * 2,5–20) * 0,47** = 84,6 g/L

* = zuckerfreier Extrakt muss geschätzt werden (i. d. R. kann mit 20 g/L gerechnet werden)
** = Ausbeute an Alkohol aus Zucker mit 47 % gerechnet

- Schätzen des natürlichen, potentiellen Alkoholgehaltes aus dem Mostgewicht oder Zuckeranalyse.
- Berechnen der Anreicherungsspanne (Differenz zwischen gewünschtem und natürlichem Alkoholgehalt unter Berücksichtigung der gesetzlichen Rahmenbedingungen).
- Berechnung des Zusatzes an Saccharose, RTK oder des Wasserentzugs.

6.2.2 Saccharose-Anreicherung (Chaptalisierung)

Die Anreicherung mit Saccharose ist Gegenstand jedes Fachbuches für Kellerwirtschaft. Daher kann dieses Kapitel relativ knapp ausfallen.

Die Grundlage der Anreicherung mit Saccharose (‚Haushaltszucker') liegt in der chemischen Struktur der Saccharose selbst. Saccharose, egal ob aus Rüben oder Zuckerrohr gewonnen, ist chemisch gesehen ein Disaccharid, d. h. ein Doppelzucker. Ein Molekül Saccharose besteht aus zwei verbundenen Monosacchariden. Diese beiden Einzelzucker bestehen aus genau 50 % Fruchtzucker (Fructose) und 50 % Traubenzucker (Glucose). Nach dem Zusatz von Saccharose zum Most oder Wein wird diese in die beiden Einzelzucker unter Aufnahme von einem Mol Wasser gespalten. Die Spaltung kann sehr lange dauern, wenn keine Enzyme im Most/Wein z. B. nach Erhitzung vorhanden sind (Hydrolyse). Diese Spaltung kann aber auch enzymatisch ablaufen und erfolgt dann je nach Temperatur, Enzymmenge etc. sehr rasch. Man spricht von einer Invertierung, die Enzyme werden als Invertasen bezeichnet, der entstandene Zucker als Invertzucker.

Aus der Saccharose entstehen demnach nach der Spaltung (Inversion) zu gleichen Anteilen Fructose und Glucose. Dies entspricht exakt der natürlichen Zuckerzusammensetzung von Trauben bzw. Traubenmost. In gesunden Trauben finden sich natürlicherweise zu gleichen Teilen Fructose und Glucose (1:1).

Die Berechnung der Anreicherung mit Saccharose kann mit geeigneten Tabellen oder mit Zuckerungsfaktoren erfolgen. Für Anreicherung von Most wird meist mit dem Zuckerungsfaktor 2,4 gearbeitet. Das bedeutet, dass man 2,4 g/L Zucker zum Most zugeben muss, damit der Wein nach der Vergärung um 1 g/L Alkohol ansteigt. Für bereits vergorenen Wein oder bei Gärungen mit hoher Alkoholausbeute wird meist der Zuckerungsfaktor 2,1 verwendet. Man muss dabei noch berücksichtigen, dass je Kilogramm Zuckerzusatz das Volumen des Mostes/Weines um 0,62 Liter vermehrt wird.

In letzter Zeit wird vielfach beobachtet, dass diese Anreicherungsfaktoren zu hoch sein können. Durch moderne Hefen und Gärmethoden können die Alkoholausbeuten heute zum Teil merklich höher sein.

6.2.3 Anreicherung durch teilweisen Wasserentzug (Umkehrosmose, Vakuumdestillation)

Die Erhöhung der Zuckerkonzentration in g/L kann neben dem Zuckerzusatz auch durch das Entfernen von Wasser aus dem Most erfolgen. Praxisüblich sind die Verfahren Umkehrosmose und Vakuumdestillation. Die Umkehrosmose trennt bei einem Arbeitsdruck von rund 80 bar Wasser vom Most ab. Bei der Vakuumdestillation wird Wasser abdestilliert. Die Anreicherung durch teilweisen Wasserentzug ist auf eine maximale Erhöhung des Alkoholgehaltes um 2 % Vol. (= 16 g/L Alkohol) und gleichzeitig die maximale Volumenminderung auf 20 % begrenzt. Beide Grenzen müssen eingehalten werden.

Die Berechnung der zu entziehenden Wassermenge (l) errechnet sich nach folgender Formel:

$$\frac{\text{Zielalkohol (g/l)} - \text{nat. Alkohol (g/l)}}{\text{Zielalkohol (g/l)}} \times \text{Mostmenge (l)}$$

oder vereinfacht

$$= \frac{\text{Alkoholerhöhung (g/l)}}{\text{Zielalkohol (g/l)}} \times \text{Mostmenge (l)}$$

6.2.4 Rektifiziertes Traubenmostkonzentrat (RTK)

Die Rektifikation (eine Art der Gegenstromdestillation), ist ein destillatives Verfahren zum Fraktionieren der Einzelkomponenten eines Mostes. Die Rektifikation erfolgt in langen Kolonnen und erfolgt kontinuierlich und mehrstufig. Man kann sie sich vorstellen als eine Verkettung von mehreren Einzeldestillationen.

Rektifiziertes Traubenmostkonzentrat (RTK) muss bei 20 °C mindestens 61,7 Gewichtsprozent Zucker haben (~299 °Oe). Das entspricht ca. 800 g/L Zucker.

RTK wird aus Traubenmost gewonnen, wobei durch Ionenaustausch, Kaseinbehandlung, Kohle, Kalziumkarbonat und Elektrodialyse praktisch alle Nichtzucker-Stoffe entfernt werden. Somit stellt rektifiziertes Traubenmostkonzentrat (RTK) ein Traubenmostkonzentrat vor, bei dem weitgehend alle Stoffe entfernt wurden, die nicht Zucker und Wasser sind.

Die Berechnung der Anreicherung mit RTK erfolgt über das Verschnittkreuz.

Beispiel:

- 1250 Liter Most mit 70 °Oe der Weinbauzone A (QbA) werden maximal angereichert
- Verwendet wird RTK mit 68,9 °Brix (951 g/L Zucker = 447 g/L pot. Alkoholgehalt)

1. Umrechnung der °Oe in potentiellen Alkohol (siehe S. 103)

Most: (70 °Oe * 2,5–20) * 0,47 = 72,9 g/L pot. Alkohol

RTK: 951 g/L Zucker * 0,47 = 447 g/L pot. Alkohol

2. Mischungskreuz

72,9 g/L ↘ ↗ 350,1 Teile Most
96,9 g/L Alkohol **Um 24 g/L**
447 g/L ↗ ↘ 24 Teile RTK

350,1 Teile ≙ 1250 Ltr. Most
24 Teile ≙ x Ltr. RTK
x = 85,7 Ltr. RTK
Most + RTK zusammen 1335,7 Liter

6.2.5 Cryoextraktion

Bei der Cryoextraktion oder auch Cryoselektion (griechisch kryos = Eiskälte) wird Wasser aus Trauben, Most oder Wein ausgefroren.

Wird das Verfahren bei Trauben angewendet, gefriert zuerst der Wasseranteil in den Trauben und die übrigen Extraktstoffe bleiben in konzentrierter Form zurück. Danach wird gepresst und der konzentrierte Saft fließt ab (ähnlich Eiswein). Das gleiche Verfahren kann auch bei Most und Wein durchgeführt werden.

Aufgrund des sehr großen Energieaufwands und rechtlicher Einschränkungen ist die Cryoextraktion nicht sehr verbreitet. Da es schwierig ist, die Menge an gefrorenem Wasser zu erfassen, erfolgt die Kontrolle über Dichtemessung.

7 Gärtechnik

Die Wandlung des Traubensaftes in Wein durch die alkoholische Gärung ist einer der bedeutendsten Vorgänge der gesamten Weinbereitung. Durch die Tätigkeit von Milliarden von Hefen erfolgen neben der Spaltung von Zucker in Alkohol, CO_2 und Nebenprodukte weitere zahllose Stoffumsetzungen. Hierbei ist besonders wichtig, dass Wein als Genussmittel, gerade wegen der nur in geringen Mengen vorhandenen aber ungeheuer bedeutenden Aromen, beliebt und geschätzt wird. Die Eigenschaft der Hefen zur Bildung von charakteristischen Aromastoffen und die Gärsicherheit führten dazu, dass die spontane Vergärung von Wein zunehmend von den Gärungen mit Reinzuchthefen verdrängt wurde.

Die Eigenschaft von Wein wird zum Teil von den Hefen beeinflusst. In der Summe der Faktoren liefert die Hefe zwar einen wichtigen, aber oft überschätzten Beitrag. Letztendlich bestimmen eine Vielzahl von weiteren Faktoren über Stil und Intensität des Weines. Im Folgenden werden einige wichtige Einflussgrößen exemplarisch genannt, die auf die Ausprägung des späteren Weines einen größeren Einfluss als „nur" die Hefe haben dürften:

Traubenzustand: Erntemenge (t/ha), Lesezeitpunkt, Gesundheitszustand.

Traubenverarbeitung: Temperatur, Ganztraubenpressung oder lange Maischestandzeit, kippen/heben oder intensives Pumpen.

Mostbehandlung: Temperatur, schweflige Säure, Resttrubgehalt nach unterschiedlicher Vorklärung (mit/ohne Sauerstoffkontakt).

Es muss des Weiteren einleuchten, dass neben den oben genannten Faktoren auch die **Gärführung** durch den Winzer einen gewaltigen Einfluss auf den Charakter des Weines hat. Sicherlich kann durch die Wahl der Hefe ein bestimmter Weinstil nachhaltig unterstützt und auch beeinflusst werden. Es ist aber unsinnig zu glauben, dass die Hefen den größten und wichtigsten Beitrag zur Weinstilistik leisten. Die ist nur bei einigen speziellen Rebsorten wie Sauvignon blanc mit teilweise sehr sensiblen Aromen (Thiole) zu erwarten.

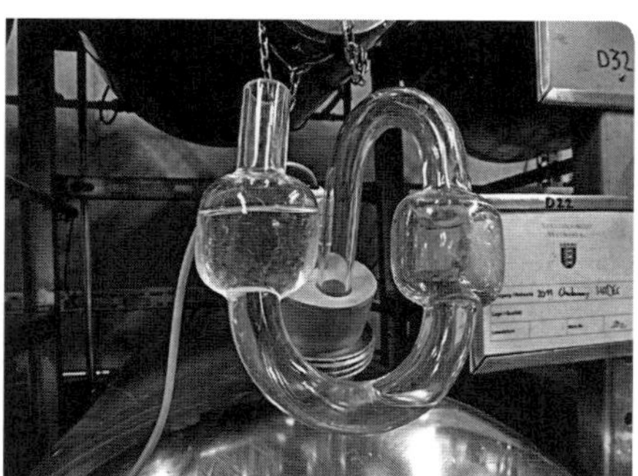

Abb. 79. Gärröhrchen bzw. Gäraufsatz.

7.1 Gärkontrolle

Jede Gärung sollte von Beginn bis Ende regelmäßig überwacht und kontrolliert werden.

7.1.1 Optische Gärkontrolle (Gärröhrchen)

Eine simple und dennoch effektive Methode zur Kontrolle der Gärung kann optisch erfolgen. Ein mit Wasser gefülltes

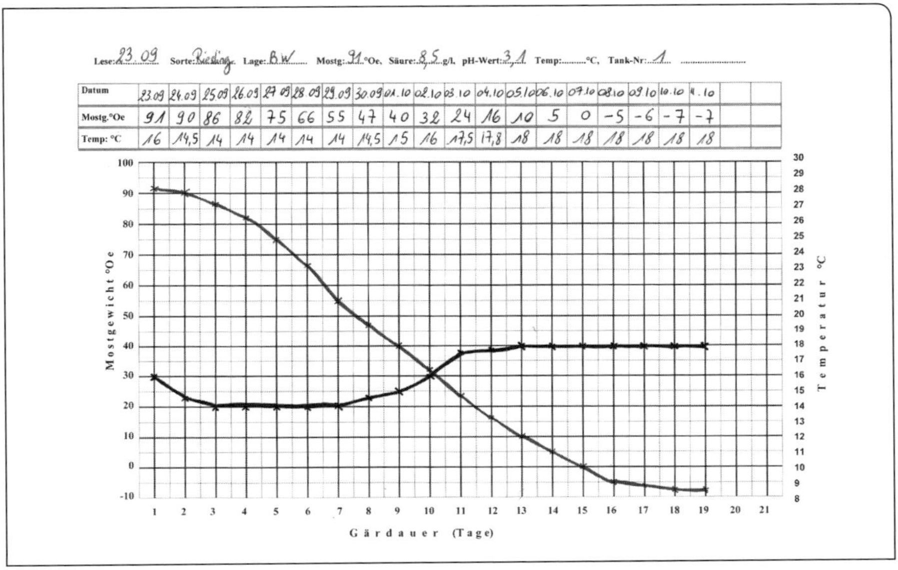

Abb. 80. Die Gärkarte am Tank zeigt den Dichteverlust und die Temperatur.

Gärröhrchen erlaubt den Druckausgleich in beide Richtungen und vermeidet so Über- oder Unterdruck. Die Kontrolle der alkoholischen Gärung kann hiermit recht gut erfolgen. Dies gilt eingeschränkt für den biologischen Säureabbau. Über das Gärröhrchen kann Beginn, Intensität, Unterbrechung und Ende der Gärung verfolgt werden.

7.1.2 Gärkontrolle über Analyse der Dichtezehrung

Die Überwachung der alkoholischen Gärung sollte täglich erfolgen! Jeder Tank sollte sowohl sensorisch als auch analytisch geprüft werden. Sensorisch kann man sehr schnell viele Fehlentwicklungen wie zum Beispiel Böckser erfassen und sofort reagieren (u. a. Zugabe von DAP). Analytisch sollten das Mostgewicht und die Temperatur erfasst und dokumentiert werden.

Idealer Weise wird das Ergebnis auf einer Karte am Tank festgehalten und jeden Tag fortgeschrieben (Abb. 80). Der Önologe kann mit dieser Kurve sehr leicht den Verlauf der Gärung einschätzen und gegebenenfalls korrigieren.

Darüber, wie ein optimaler Gärverlauf aussieht, kann man streiten. Jedoch ist unstrittig, dass zu schnelle Gärungen sowie zu langsame Gärungen Risiken bergen. Im Fall einer zu **stürmischen Angärung** erwärmt sich das Gebinde erheblich und die Gärung kann nur mit massivem Kühlaufwand – sofern so viel Kühlleistung überhaupt zur Verfügung steht – wieder gebremst werden. Der notwendige Kälteschock wird oft mit späteren Problemen in der Endvergärung in Verbindung gebracht. Zu langsame Gärungen führen vielfach auch zu Gärunterbrechungen oder zu ungewolltem biologischem Säureabbau während der alkoholischen Gärung.

Abb. 81. Manuelle Gärkontrolle mit dem Aräometer – erfolgt üblicherweise täglich und bietet Gelegenheit zur sensorischen Kontrolle des Weines.

Es stehen unterschiedliche Möglichkeiten zur Bestimmung der Gärgeschwindigkeit zur Verfügung. Üblich ist es, die Kontrolle des Gärverlaufes über die Dichte vorzunehmen. Die Dichte des Mostes ist durch die gelösten Extraktstoffe und insbesondere den Zuckergehalt im Vergleich zum späteren Wein erhöht. Die Dichte sinkt im Verlauf der Gärung. Dieser Dichterückgang erklärt sich durch den Verlust des Kohlenstoffdioxids (CO_2) sowie durch die geringe Dichte des gebildeten Alkohols (0,79 kg/L). Ein vollständig vergorener Wein hat eine geringere Dichte als Wasser. Das Ende der Gärung kann daher mit klassischen Mostspindeln, die meist nur bis 0 °Oe reichen, nicht richtig verfolgt werden.

Aräometer (Senkspindel)

Weit verbreitet ist die Analyse der Dichte oder des spezifischen Gewichts mit dem Aräometer (Senkwaage, Senkspindel, Spindel oder Hydrometer). Hierbei wird die Senkspindel in einen Standzylinder mit dem Most oder gärenden Wein gegeben. Hat die Flüssigkeit eine hohe Dichte, taucht die Spindel nur wenig ein. Bei geringer Dichte der Flüssigkeit taucht die Spindel sehr viel tiefer ein.

Biegeschwinger

Eine weitere elegante Methode zur Dichtemessung sind Biegeschwinger. Es gibt mittlerweile Handgeräte die mit sehr geringem Probevolumen die Dichte sehr exakt und bereits temperaturkorrigiert bestimmen können.

Die manuelle Gärkontrolle mit Aräometer oder Biegeschwinger ist die Basis für das Anpassen der Temperatur im Gärtank. Nur durch tägliches Messen ist der Überblick über die tatsächliche Gäraktivität gegeben. In der Arbeitsspitze Herbst ist die Zeit für das Messen kostbar. Dann muss die Temperatur-Einstellung manuell angepasst werden. Hier ist die Arbeitserleichterung in Form von Automatisierung eventuell sinnvoll (siehe 7.4.2).

Abb. 82. Handbiegeschwinger zur schnellen automatischen Bestimmung der Dichte von Flüssigkeiten.

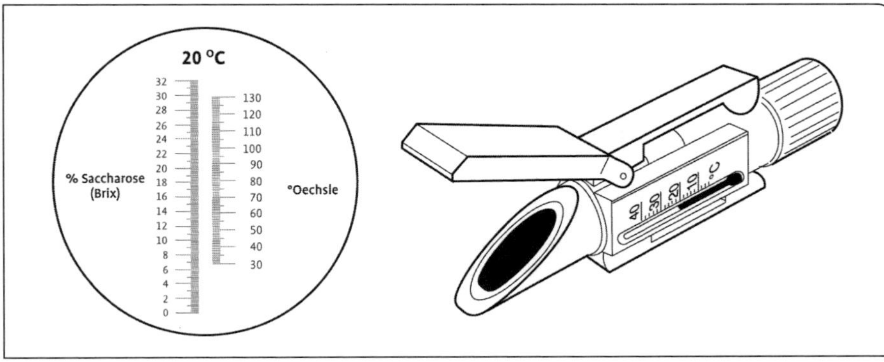

Abb. 83. Optischer Handrefraktometer. Links: Innenansicht: Unterschiedlichen Skalen möglich.

Refraktometer – nicht geeignet für die Gärkontrolle
Ein Refraktometer kann zwar hervorragend für die Bestimmung der Dichte von Most benutzt werden, eignet sich aber nicht für die Gärkontrolle. Das Messprinzip, die Ermittlung des Brechungsindex, wird durch die Anwesenheit von Alkohol gestört. Zudem steigt der Alkoholgehalt im Verlauf der Gärung ständig an.

7.2 Temperaturangepasste Gärung (gezügelte Gärung)

Die Geschwindigkeit einer Gärung lässt sich vor allem durch die Temperatur beeinflussen. Allgemein gilt, dass die Gärgeschwindigkeit durch Abkühlung verlangsamt wird, Temperaturerhöhung beschleunigt sie. Eine durch Kälte verlangsamte Gärung wird auch als gezügelte Gärung bezeichnet.

Der übliche Temperaturbereich für Weißweingärungen liegt zwischen 10 und 20 °C. Rotweine werden meist sehr viel wärmer als Weißweine vergoren. Man muss jedoch zwischen Rotmostgärung nach der Maischeerhitzung und der Maischegärung unterscheiden. Rotmoste werden häufig in einem Temperaturbereich von 18–25 °C vergoren. Maischegärungen hingegen starten häufig mit Temperaturen unter 20 °C und erreichen im Verlauf der Gärung Spitzentemperaturen von bis zu 35 °C.

Die Vorteile der gekühlten bzw. gezügelten Gärung kommen vor allem bei aromatischen Weißweinen zum Tragen. Durch die geringere Temperatur wird der Stoffwechsel der Hefen reduziert und die Gärung streckt sich über längere Zeit hin. Dadurch wird weniger CO_2 pro Zeiteinheit gebildet und die Aromen werden weniger stark aus dem Wein gespült. Des Weiteren

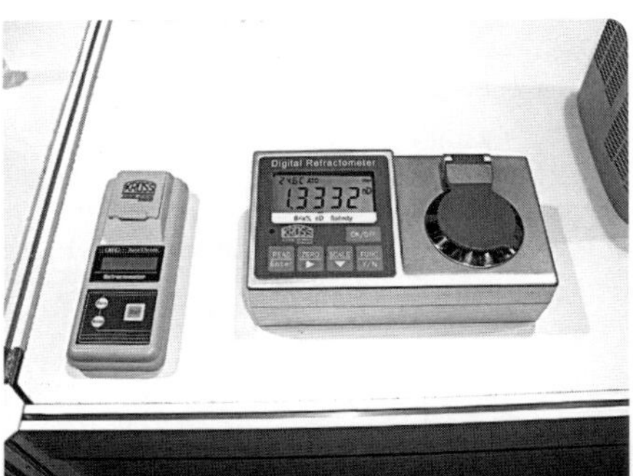

Abb. 84. Digitaler Refraktometer – ebenfalls wegen des Alkohols nicht für die Gärkontrolle geeignet.

ist bei einer niedrigeren Temperatur die Flüchtigkeit von Aromakomponenten geringer und deren Verlust reduziert.

7.3 Anpassung der Gärtemperatur

Um die Geschwindigkeit der Gärung zu beeinflussen, stehen viele technische Möglichkeiten zur Verfügung. Folgende technische Systeme gibt es:

- Mobile Kleinaustauscher zur Verwendung in Kleingebinden.
- Berieselung mit Kalt- oder Warmwasser.
- Tanks mit montierten Wärmetauschern.

Die Technik der Temperatureinstellung muss nach Betriebs- bzw. Gebindegröße sowie der Aufgabenstellung ausgewählt werden.

7.3.1 Raumtemperierung

Eine technisch relativ einfache aber suboptimale Möglichkeit, die Temperatur von Tanks zu kontrollieren, ist über die Raumtemperatur gegeben. Diese Art der Temperaturkontrolle erfolgt nur sehr langsam und ist zudem uneffektiv, um größere Energiemengen zu übertragen. Der größte Nachteil ist aber sicherlich der, dass immer alle Tanks gleichzeitig erfasst werden. Dies kann bei der Lagerung von frischen fruchtigen Weißweinen zum Beispiel in einem Kühllager durchaus vorteilhaft sein. Eine andere Anwendung, bei der Raumkühlung durchaus funktionieren kann, ist die Temperierung des Rotweinkellers für den biologischen Säureabbau zwischen 18 und 20 °C.

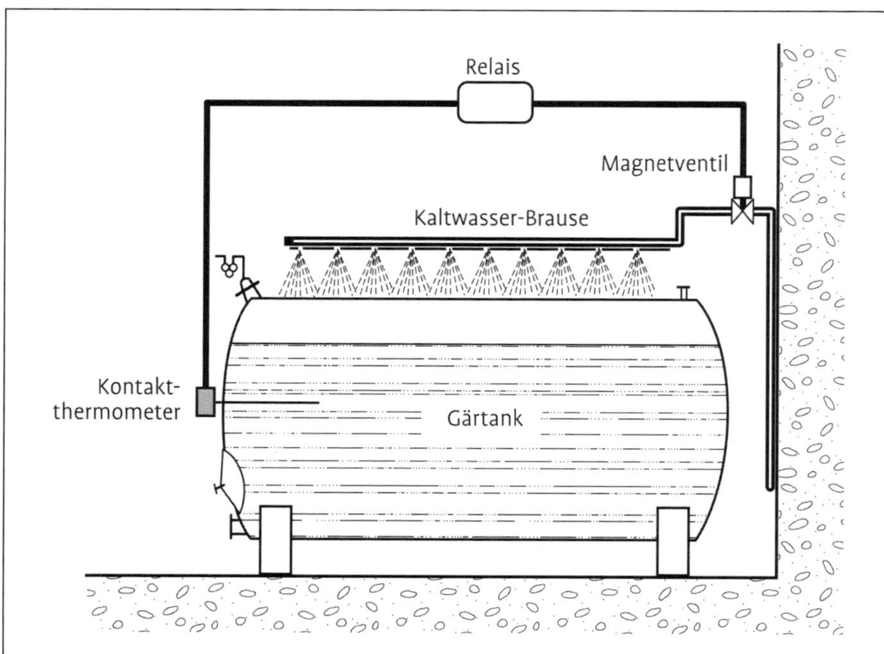

Abb. 85. Tankkühlung durch Berieselung.

Eine Anpassung der Gärtemperatur über die Raumtemperatur ist jedoch sehr ungünstig. Zum einen ist der Energiebedarf bei jedem Gebinde anders und tritt zudem zeitversetzt auf.

Die Gärtemperatur sollte daher über Wärmetauscher direkt am Tank erfolgen.

7.3.2 Mobile Kleinaustauscher

Es gibt mehrere Arten von diesen Austauschern, die für kleinere Gebinde und sogar Holzfässer geeignet sind.

Der Hauptvorteil dieser kleinen Wärmetauscher besteht in der Flexibilität. Man kann sie an fast jedes Gebinde anschließen und muss nicht umfassend bauen oder investieren. Diese kleinen Austauscher helfen dabei, bestimmte Partien mit Kälte oder Wärme zu behandeln.

Das Angebot der Austauscher erstreckt sich hierbei von einfachen Röhren, gewickelten Spiralen bis hin zu aufwändigen flexiblen Spiralschläuchen.

Wärmetauscherspiralen, gewickelt aus 3/4" oder 1/2" VA-Rohr, haben eine große Oberfläche und damit gute Austauscheigenschaften (siehe Abb. 87).

Sie könne in Tanks eingebaut werden, haben aber den Nachteil, dass sie schwer zu reinigen sind.

Eine weitere Bauart sind flexible Wellrohrschläuche aus Edelstahl. Sie bieten dadurch auch in räumlich kleinen Gebinden eine große Oberfläche. Sie können über schmale Spundöffnungen von oben eingeführt werden. Ein- und Auslauf liegen dicht beieinander. Eine Sonderform ist der Wärmetauscher, der über Kugelhahn oder Zapflochklappe ins Gebinde eingeführt wird.

7.3.3 Berieselung mit Wasser

Die Temperatureinstellung über Berieselung von Tanks kann sowohl mit Kalt- als auch Warmwasser erfolgen. Diese Technik ist jedoch veraltet. Zum einen ist die Energieübertragung limitiert und zum anderen sind der Wasserverbrauch und die Energiekosten hoch (eventuell gibt es Ausnahmen bei Brunnenwasser).

Zudem gibt es vielfach hygienische Probleme. Die Tanks und die restliche Peripherie können verkalken und verschleimen. Gegen das Verschleimen helfen chemische Zusätze, die zum Berieselungswasser dosiert werden müssen.

Die Technik der Temperaturanpassung durch Berieselung kann wie folgt charakterisiert werden:

- Aufgrund der Wärmeübertragung nur bei Edelstahl verwendbar.
- Gärtemperaturen meist nicht unter 20 °C einstellbar (wenn das Wasser 15 °C hat).
- Nur bei Einkammertanks sinnvoll realisierbar.
- Für einen effektiven Wärmeübergang muss ein dünner Wasserfilm auf der Tankaußenseite entstehen.
- Durch die Erwärmung des Wasser und dessen Verdunstung wird Energie entzogen (1 Liter Wasser entzieht der Umgebung beim Verdunsten 2520 kJ = 600 kcal).
- Die meisten Keller haben eine zu hohe Luftfeuchtigkeit, um dieses Potential auszuschöpfen.
- Oft ist das Wasser nur unwesentlich kälter als die gewünschte Kühltemperatur (kaum Effizienz).
- Oft verschleimen die Tanks von aussen.
- Pro Liter Most braucht man ca. 0,5–1,3 Liter Wasser zur Gärkühlung.

7.3.4 Tanks mit Wärmeaustauschern

Daher ist es heute üblich, die Tanks mit Wärmeaustauschern auszurüsten. Es kann unterschieden werden in

- innenliegende Tauscherplatten,
- auf an der Tankwand außen verschweißte Austauscher.

Üblicherweise werden diese Systeme Pillowplates genannt.

Die **innen liegenden Pillowplates** können nachträglich in Tanks montiert werden. Damit die Pillowplates nachträglich in den Tank gelangen können, müssen diese durch den Dom-Deckel oder das Mannloch passen. Daher sind die Pillowplates meist recht schmal und dafür relativ lang. Im Tank müssen sie mechanisch stabil und dennoch flexibel befestigt werden. Eine gewisse Flexibilität ist nötig, um Spannungen durch Temperaturunterschiede oder Tankverformungen durch unterschiedliche Füllstände auszugleichen.

Abb. 86. Unterschiedliche Baugrößen von Pillow-Plates.

Der Energieaustausch erfolgt innerhalb der Flüssigkeit und beide Seiten der Austauscheroberfläche werden genutzt. Der Einbau im Tankinneren ist deshalb energetisch günstig, auch weil im Tankzentrum meist die wärmste oder kälteste Stelle des Gebindes vorzufinden ist.

Der Einbau hat aber auch Nachteile. Zum einen wird die Reinigung erschwert und zum anderen ist durch den Anschluss des Kühl/Heizmediums innerhalb des Tanks die Gefahr von Kontaminationen bei Leckagen bzw. Undichtigkeit gegeben.

Auf der Tankwand **außen montierte Pillowplates** müssen direkt bei der Herstellung des Tanks verschweißt werden und können nicht (oder nur sehr aufwändig) nachgerüstet werden. Sie kühlen die Gebinde nur von der Außenseite und sind daher energetisch nicht so effektiv wie innen montierte. Dafür sind sie sehr robust, hygienisch und bei Leckagen ist das Produkt nicht gefährdet.

Die aktive Anpassung der Temperatur über den gesamten Zeitraum der Weinherstellung ist mittlerweile üblich. Moderne Betriebe verfügen über die Möglichkeit, bei jedem Tank individuell die Temperatur zu regulieren. Das ist optimal aber auch relativ aufwändig.

7.4 Regelsysteme für die Gärungsteuerung

Einfache Temperatursteuerungen mit elektronischen Regelkreisen sind heute weitgehend Standard für die Einstellung der Gärtemperatur. Die Systeme können zum Teil komplex aufgebaut sein (PI bzw. PID-Regler), sind aber dennoch denkbar einfach zu bedienen. Es wird erreicht, dass die eingestellte Temperatur statisch gehalten wird

Abb. 87. a) Pillowplate und b) Spiralschlauch aus Edelstahl im Schaufass montiert.

(sofern die Kühl-Technik die Leistungs-Anforderungen erfüllt). In der Regel besitzen Gärtanks heute fest verbaute Wärmetauscher in Form von außen oder innen montierte Pillow-Plates. Auch Berieselungen mit Kaltwasser findet man noch. Moderne Keller haben neben der Kälte auch einen Kreislauf mit Warmwasser zur Erwärmung der Tanks.

Das Problem der statischen Temperatursteuerung ist, dass diese keinerlei Rückkopplung zur Gärdynamik aufweist. Egal ob die Gärung durchrauscht oder steckt – die eingestellte Temperatur wird gehalten.

Der Önologe muss durch das manuelle Einstellen der Temperatur die Geschwindigkeit der Gärung an die önologischen Ziele anpassen. Extrem kritisch ist die Phase der Angärung. Hier sollte eine manuelle Gärkontrolle zumindest zweimal täglich erfolgen (s. Abb. 80).

Die Dynamik der Gärung zu Beginn ist extrem schlecht einzuschätzen. Die Faktoren, die neben der Temperatur einfließen, sind vielschichtig. Neben dem Klärgrad bzw. Restrubgehalt im Most, Art und Menge der verwendeten Reinzuchthefe sowie deren Aktivierung durch spezielle Nährstoffe und/oder Sauerstoffgaben, haben noch viele andere Faktoren wie z. B. Tankgröße, -form und –material einen Einfluss.

7.4.1 Einfache Temperatursteuerung

Zu Beginn der Gärung hat man in aller Regel eine geringere Temperatur als am Ende. Die Temperatur muss ständig angepasst und eingestellt werden, damit die gewünschte Gärdynamik eintritt. Eine zu warme Temperatur zu Beginn der Gärung kann schon in wenigen Stunden die Gärung so stark beschleunigen, dass die Gärgeschwindigkeit nur noch sehr schwer zu reduzieren ist (je nach Kühlleistung)!

Verläuft die Gärung nicht in der gewünschten Geschwindigkeit, muss man

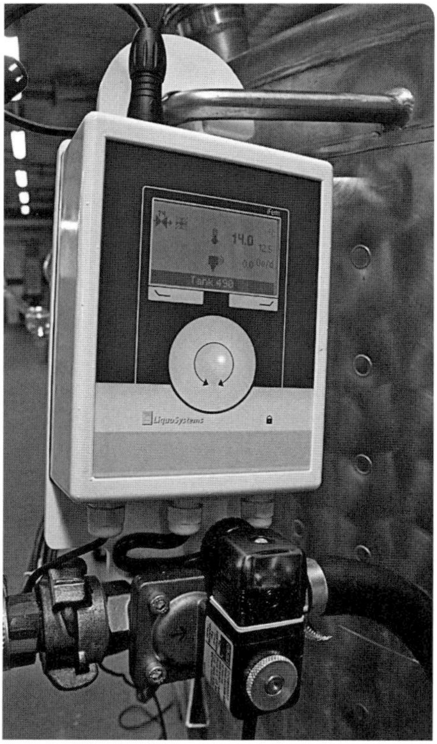

Abb. 88. Mobiles Regelgerät iFerm Solo mit Temperaturfühler und Magnetventil für einen Tank (LiquoSystems GmbH).

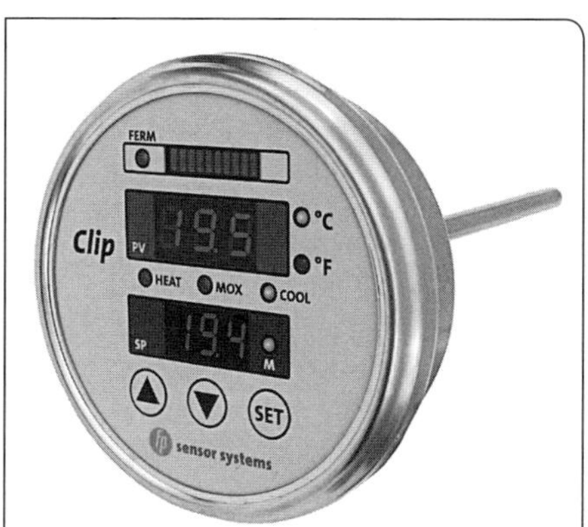

Abb. 89. Einzeltankregler FermFix (fp sensor systems GmbH).

mehr oder weniger häufig nachregeln! Dies kann in der arbeitsintensiven Herbstzeit sehr anstrengend sein. Oft wird jedoch zu selten gemessen und der richtige Zeitpunkt für die Temperaturanpassung verpasst. Hierin liegt ein Hauptvorteil der vollautomatischen Systeme, da diese die Gärintensität in kurzen Intervallen messen und sofort reagieren können.

Einfache Systeme haben jedoch nur eine automatische Temperaturregelung, ohne dass diese auf die reale Gärgeschwindigkeit reagiert. Aufgrund der schlechteren Bedingungen für die Hefen ab etwa der Mitte der Gärung, muss aber die Gärtemperatur rechtzeitig wieder angehoben werden. Nur so kann eine unerwünschte Gärunterbrechung vermieden werden. Diese Temperaturerhöhung muss bei den einfachen Steuerungen manuell erfolgen. Um diese Aufgabe zu automatisieren, gibt es Systeme mit Erfassung der Gärgeschwindigkeit.

Einfache Temperatursteuerungen sind um eine Regellogik erweiterte Thermostate, die eine voreingestellte Temperatur durch Kühlung oder Heizung einstellen. Je nach Betriebsgröße gibt es ganz unterschiedliche Angebote:

- Mobile Regelgeräte mit Temperaturfühler und Magnetventil für jeweils einen Tank.
- Regelgeräte am Tank oder im Schaltschrank montiert ohne PC-Unterstützung (alternativ auch mit PC-Anbindung möglich).
- Komplexe Systeme mit Bussteuerung.

7.4.2 Gärung mit automatischer Regelung der Dichtezehrung

Der Vorteil vollautomatischer Gärsteuerungen besteht darin, dass diese mit kurzen Messintervallen den echten Gärverlauf zeitnah erfassen. Die Regelung erfolgt auf Basis der tatsächlichen Gärgeschwindigkeit. Dies geschieht viel schneller und präziser als dies mit Hilfe einer manuellen Messung möglich wäre.

Solche Systeme zur automatischen Gärüberwachung sind seit einigen Jahren marktreif. Es ist ein wachsendes Angebot zu verzeichnen.

Der Markt trennt sich in zwei grundlegende Ansätze: Zum einen wird direkt die **Dichte** erfasst und zum anderen wird die **Menge an Gärgas** (Kohlendioxid) gemessen und daraus die Gärintensität berechnet. Beide Systeme regeln aufgrund der erfassten Daten die Gärtemperatur in der Art, dass die Gärung eine zuvor eingestellte Abbaurate erreicht (z. B. 5 °Oe pro Tag).

Die Vorteile der dichtegesteuerten Gärsysteme liegen auf der Hand.
- Temperatur-Regelung erfolgt dichteabhängig.
- Exakte Einstellung der Gärintensität (gewünschte Zuckerabbaurate) ohne manuellen Eingriff.
- Gezieltes Abstoppen wird erleichtert, da beim Erreichen von bestimmten Grenzwerten ein Alarm gemeldet wird.
- Erkennen von Gärstörungen (Alarm wird ausgelöst).

Wie stark eine dichtegesteuerte Regelung die Gärtemperatur variiert, ist in Abb. 90 ersichtlich.

Die **direkte Dichtemessung** ist (wäre) im Grunde genommen ideal. Die Analyse der Dichte (eigentlich das Dichteverhältnis D20/20) liefert die gleiche Information wie die Mostspindel. Es ist hierbei völlig egal, ob die Dichte in einem Tank mit 500–5.000 – oder 50.000 Liter Inhalt gemessen wird – Dichte ist Dichte unabhängig vom Tankvolumen. Sie wird **direkt** in die Gärsteuerung eingerechnet. Leider ist die online-Messung der Dichte im gärenden Medium weder trivial noch billig. Schließlich muss eine ganze Anzahl von Sensoren installiert werden.

Seit einigen Jahren werden aber vermehrt Regelsysteme auf Basis der **Messung der Gärgase** angeboten. Die Berechnung der Gäraktivität ist hierbei **indirekt** und es können Fehler passieren. Indirekt bedeutet hierbei, dass die gemessenen Gärgase erfasst werden und aus den vorgegebenen Daten der Zuckerabbau berechnet

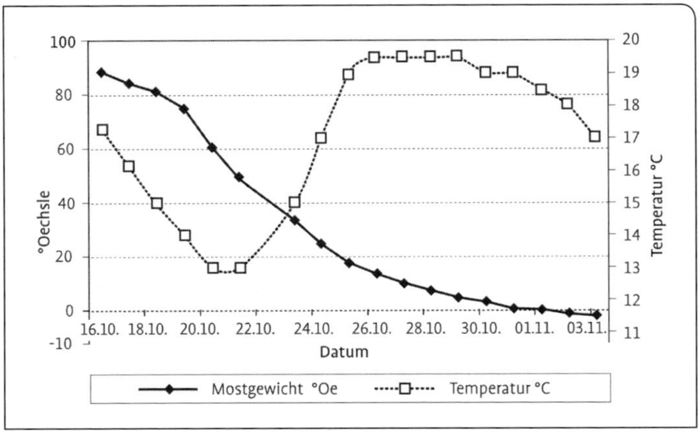

Abb. 90. Gärkurve einer dichtegesteuerten Vergärung. Deutlich ist die starke Abkühlung zu Beginn der Gärung. Dann lässt die Steuerung das Erwärmen des Gebindes zu. Manuell hätte man hier viel zu regeln!

Tab. 4. Übersicht zur Menge an Gärgas die während der alkoholischen Gärung entweicht (Schmidt O, 2010)

Most Liter (Beispiel 80°Oe)	Gesamtmenge Gärgas Liter	Gärgas Liter pro Tag/Stunde (bei 10 Tagen Gärung)	Gärgas Liter pro Tag/Stunde (bei 20 Tagen Gärung)
1	44,8	4,48/0,186	2,24/0,093
500	22.400 (500 *44,8)	2.240/93,3	1.120/46,66
1.200	53.760 (1.200 *44,8)	5.376/224	2.688/112
3.000	134.400 (3.000 *44,8)	13.440/560	6.720/280
10.000	448.000 (10.000 *44,8)	44.800/1.867	22.400/933,3
50.000	2.240.000 (50.000 *44,8)	224.000/9.333	112.000/4.666,6

wird. Der Zuckerabbau korreliert sehr gut mit dem Dichteverlauf.

Die Grundlage der Steuerung über Gärgas-Messung soll im Folgenden gezeigt werden. Ein Most mit 80°Oe eignet sich für die Veranschaulichung sehr gut. Er enthält ungefähr 180 g/L Zucker, was ziemlich genau 1 Mol pro Liter an Hexose entspricht. Durch die alkoholische Gärung wird jedes Mol Zucker in je 2 Mol Alkohol und 2 Mol CO_2 gespalten. Ein Mol an CO_2-Gas nimmt bei Normaldruck und 20 °C einen Rauminhalt von ca. 22,4 Liter ein. Demzufolge werden beim Most mit 80°Oe – sofern der gesamte Zucker vergärt – ca. 44,8 Liter Gärgas frei. Die Gärsteuerung erfasst die Menge an CO_2 und rechnet diese in Regelparameter um.

Die Steuerung muss vor der Inbetriebnahme mit einigen Daten gefüttert werden: Neben dem Mostgewicht (das mit der Zuckermenge eng korreliert) ist eine exakte Angabe des Mostvolumens notwendig. Das Produkt aus Zucker in g/Liter und Mostvolumen in Liter ergibt die Gesamtmenge an Zucker pro Tank. Die Gesamtmenge an Zucker steht in linearem Zusammenhang mit der zu erwartenden Menge an Gärgas. Der Most mit 80°Oe würde dann je nach Mostmenge und Gärintensität in etwa die in Tab. 4 genannten Volumina an Gärgas freisetzen.

Die Menge an Gärgas ist enorm und kann durchaus für die Messung der Gäraktivität herangezogen werden! Aber: Die Messung kann sehr rasch fehlerhaft werden und es kann unter Umständen zu extremen Abweichungen kommen!

Folgende Fehler können unter anderen (!) auftreten:

- Falsches Mostgewicht /Mostvolumen (CO_2-Menge stimmt nicht mehr).
- Problematische Neuberechnung/Anpassung durch Arbeiten am Tank:
  - Anreicherung in Gärung – ändert Zucker und Volumen,

- Beifüllen/Entnahmen aus Tank während Gärung,
- nicht kalkulierbare CO_2-Verluste durch z. B. Anreicherung, Belüftung, DAP-Additionen während der Gärung.
- Evtl. auftretende Undichtigkeiten führen zum CO_2-Verlust:
  - die Steuerung wird den Tank anwärmen, da die Gärung scheinbar zu wenig CO_2 produziert (langsame Gärung),
  - Anzeige von falschen Daten (z. B. Restzucker wird höher angezeigt als tatsächlich, da CO_2 nicht erfasst wurde).
- Sensor für die CO_2-Messung muss an die Tankgröße und die Gärdynamik angepasst sein:
  - ein zu kleiner Sensor kann keine großen CO_2-Mengen messen = ein falsches Signal wird generiert,
  - ein zu großer Sensor erkennt die geringe Menge an CO_2 nicht und liefert ein falsches Signal.
- Ggf. Eintritt von Schaum in den Sensor (Falschmessung).

Der CO_2-Sensor muss demzufolge an die Gebindegröße und die Gärgeschwindigkeit angepasst sein. Der Anwender muss hierbei überprüfen, ob das Messgerät für die Gärung geeignet ist. Ein kleiner CO_2-Sensor kann auch auf einem großen Tank montiert sein, wenn man eine extrem langsame (Kalt)-Gärung durchführen möchte. Umgekehrt braucht man einen relativ großen Sensor auch auf einem kleinen Tank, wenn man z. B. eine Rotweingärung mit hoher Gärintensität überwachen möchte.

Ein vorgegebener Temperaturkorridor ist für die, automatische Gärsteuerung sehr wichtig! Dieser Temperaturkorridor legt die minimale und maximale Temperatur fest. Dies bedeutet, dass die Gärsteuerung die Gärtemperatur nur **innerhalb** zweier Grenzwerte selbständig regelt und die Gärgeschwindigkeit an die Vorgaben anpasst.

Aber: im Falle eines Falles, falls die Gärung zu langsam erscheint, würde das Regelsystem die Temperatur grenzenlos nach oben setzen um die eingestellte Gärintensität zu erreichen. Solche falschen Messungen können schnell auftreten, wenn z. B. die Messung der CO_2 nicht richtig funktioniert (Undichtigkeit), das Mostvolumen falsch eingegeben oder falsche Zuckerangaben gemacht wurden.

Im schlimmsten Fall würde die Gärung enorm schnell bei hoher Temperatur ablaufen – aber die Regelelektronik bekommt dies nicht mit. Die Konsequenzen einer solchen Fehlfunktion sind weniger dramatisch, wenn der obere Temperaturkorridor auf eine realistische maximale Gärtemperatur eingestellt war, die zur entsprechenden Weinart passt. Der Tank gärt zwar immer noch zu schnell, aber die Elektronik lässt den Tank nicht über z. B. 18 °C warm werden. Das sollte/muss bei der nächsten manuellen Kontrolle des Gebindes auffallen.

Umgekehrt verhindert der **untere Temperaturkorridor**, dass Tanks mit starker Kühlleistung sehr schnell und stark herunter gekühlt werden (Kälteschock). Gärungen unter 8 °C können so vermieden werden. Auch hier können Fehleingaben beim Volumen, Zuckergehalt oder der gewünschten Abbaurate das System dazu bringen, die Gärung extrem abzukühlen, um die eingestellte Gärintensität zu erreichen. **Vertrauen ist gut – Kontrolle ist besser!**

7.4.2.1 Gärsteuerung mit CO_2-Messung

Mittlerweile gibt es eine Fülle an Lösungen, die entweder einzeln an einen Tank angeschlossen werden oder im Verbund mit PC und Software ein komplexes Regelsystem bilden.

Für Einzeltanks wird das System iFerm Solo angeboten (Abb. 91). In der einfachen Variante handelt es sich um die einfache Temperatursteuerung. Das iFerm Solo ist ausgestattet mit Temperaturfühler (für die Tauchschafthülse) und Magnetventil. Über eine Bus-Schnittstelle kann jetzt zusätzlich der optionale CO_2-Volumenstromsensor (TopFlow) an das Gerät angeschlossen werden. Der TopFlow-Sensor misst die Menge an CO_2 mit einem durch das austretende Gärgas angetriebenen Minipropeller (Abb. 92). Die Drehzahl steht in Relation zum Gasvolumen pro Zeit und wird induktiv gemessen. Über dieses Signal lässt sich die Gärleistung berechnen. Anschließend wird die Gärtemperatur durch das Gerät gesteuert.

Abb. 91. iFerm Solo – eine transportable Gärsteuerung für einen Tank – hier in Verbindung mit dem CO_2-Sensor Topflow (dichtegesteuerte Vergärung).

In größeren Betrieben wird jedoch üblicherweise eine umfassende PC-Steuerung eingesetzt. Die aktuelle LiquoSystems-Software FermAssist löst zurzeit die seit langem am Markt befindliche Software Vinograph ab. Die neue Software bietet mehr Möglichkeiten und ist jetzt busfähig. Das bedeutet, dass man im Prinzip nur noch eine einzige Datenleitung im gesamten Keller benötigt. Über Schnittstellen (Verteilerdosen) kann man viele Tanks anschließen. Jeder Tank benötigt einen Stromanschluss (24 Volt) an der Verteilerdose sowie das Bus-Kabel. Alle Informationen wie z. B. Ist-Temperatur, Zustand Magnetventil etc. werden durch das Buskabel gesendet. Die Bustechnik erlaubt ebenfalls mit geringem Aufwand den CO_2- Volumenstromsensor (TopFlow) zu integrieren.

Bei klassischen Kabelsystemen (ohne Datenbus) braucht man für jeden Tank mehrere Kabel, die aufwändig in einen zentralen Schaltschrank verlegt werden müssen.

Die **Wein-Fruchtsaft-Technologie (WFT)** Handelsgesellschaft m.b.H ist ein weiterer Anbieter von komplexen Gärsteuerungen (http://www.weintechnologie.com). Auch hier findet sich ein umfangreiches, bewährtes Angebot an Möglichkeiten zur Gärüberwachung, die unter dem Begriff VinPilot angeboten werden. Neben Einzelsteuerungen (VinPilot Compact) werden klassische Schaltschranklösungen und die zeitgemäße BUS-Steuerung VinPilot-Profi angeboten. Neben den normalen Gärüberwachungen mit und ohne CO_2-Messung kann die VinPilot-Profi Software auch noch andere Aufgaben übernehmen.

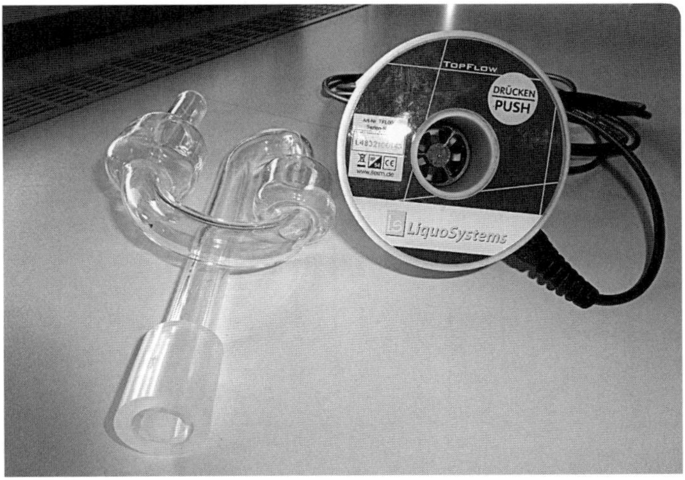

Abb. 92. Nah-Ansicht eines TopFlow CO_2-Sensors; Das Messrad wird von dem ausströmenden Gärgas angetrieben.

Hier sind zum Beispiel die Steuerung von Rotweingärungen (Taucher, Überfluter), Kellerklima (Temperatur, Luftfeuchte), Mikro- oder Makrooxigenierung zu nennen. Die VinPilot Software bietet also umfangreiche Möglichkeiten und ist in Österreich auch zum Führen des Kellerbuches zugelassen.

WFT und CO_2-Messung

WFT geht bei der CO_2-Messung einen eigenen Weg. Anstatt an jedem Tank eine CO_2-Sonde zu installieren, wird mit nur einer zentralen CO_2-Messstation für mehrere Tanks gearbeitet. Durch eine vorher im Keller installierte Leitung aus Kunststoffrohr werden die Gärgase zum zentralen CO_2-Sensor geleitet. Pro Tank ist ein Schaltventil installiert, das über die BUS-Steuerung gesteuert wird. So wird ca. alle 10 Minuten die entweichende CO_2-Menge pro Tank erfasst. Die Gärintensität in der nicht gemessenen Zeitspanne wird extrapoliert. Durch die geringen Schwankungen der Gärintensität innerhalb 10 Minuten ist dies unproblematisch (siehe Abb. 93).

Durch diesen Aufbau ist nur eine (hochwertige) Messstation für mehrere Tanks erforderlich. Neue Tanks können über den BUS sehr einfach integriert werden, jedoch muss für die CO_2-Steuerung die CO_2-Gärgasleitung entsprechend im Keller montiert/erweitert werden.

Das **Fermcon Piccolo** (Abb. 94) von Hörner electronics ist ein sehr schlankes Gerät (http://www.hoerner-electronics.net). Das Gerät ist zunächst nur eine standalone-Einheit, zu Deutsch es braucht keinen PC, um zu funktionieren – ist aber im Moment auch nicht optional mit einer PC-Steuerung koppelbar. Das Gerät wird gasdicht auf den Gärspund aufgesetzt, mit Strom versorgt und das/die Magnetventil(e) an Strom und Kühlwasser angeschlossen. Dann kann das Gerät mit den notwendigen Informationen Mostgewicht, Mostvolumen und gewünschte Abbaurate in °Oe/Tag gefüttert werden. Das Ganze dauert -nach der Eingewöhnung – oft nicht länger als 10–15 Minuten pro Tank. Trotz des schlichten Aufbaus funktionierte das Gerät bei uns in Praxistests sehr gut.

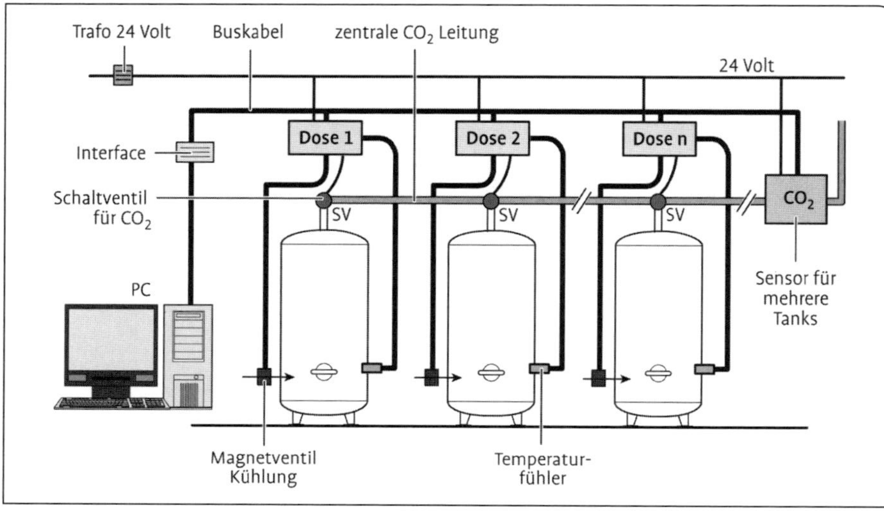

Abb. 93. Schema einer CO_2-gesteuerten Gärsteuerung mit einem zentralen CO_2-Sensor und Datenübermittlung über Daten-BUS.

Natürlich sind hier die Möglichkeiten der Überwachung und Dokumentation reduziert und nicht direkt vergleichbar mit den großen aufwändigen PC-Systemen. Das Gerät faszinierte durch seine Schlichtheit bei guter Funktion. Es zeigt die aktuell gemessene Abbaurate in °Oe/Tag auf dem Display mittels einer klar ablesbaren, rot leuchtenden Anzeige an. Speziell diese klare Anzeige der errechneten, aktuellen Gärintensität ermöglicht es dem Önologen, quasi im Vorbeigehen die Gärung zu kontrollieren und ggf. die Gärkurve zu erstellen. Es ist ein kleines und leicht zu bedienendes Gerät, um von Tank zu Tank zu springen und die kritische Phase der Angärung zu regeln. Es besitzt auch einen Ausgang für ein Heizventil. Im Moment sind beim Fermcon Piccolo keine Temperaturkorridore einstellbar. Es hat keinen externen Temperaturfühler.

Wünschenswert wäre es, das Fermcon Piccolo mit anderen Gärsteuerungen zu kombinieren. Dies ist jedoch von der Produktpolitik der einzelnen Hersteller abhängig.

7.4.2.2 Gärsteuerung mit Dichtemessung

Die Dichtesonde der Firma LiquoSystems GmbH (http://www.liquosystems.de) bietet eine direkte Dichtemessung im gärenden Produkt. Die Sonde wird an einem Kabel von oben in den Tank gehängt und misst dort über Drucksensoren den Flüssigkeitsdruck in unterschiedlichen Höhen. Die gemessene Druckdifferenz zwischen oben und unten erlaubt eine Berechnung der Dichte.

Der Vorteil der besseren Gärüberwachung kommt besonders bei Großgebinden mit den erheblichen, durch die Gärung erzeugten Wärmemengen zum Tragen. Die Dichtesonde erkennt eine sprunghaft ansteigende Gärdynamik zu Beginn und regelt sofort die Temperatur.

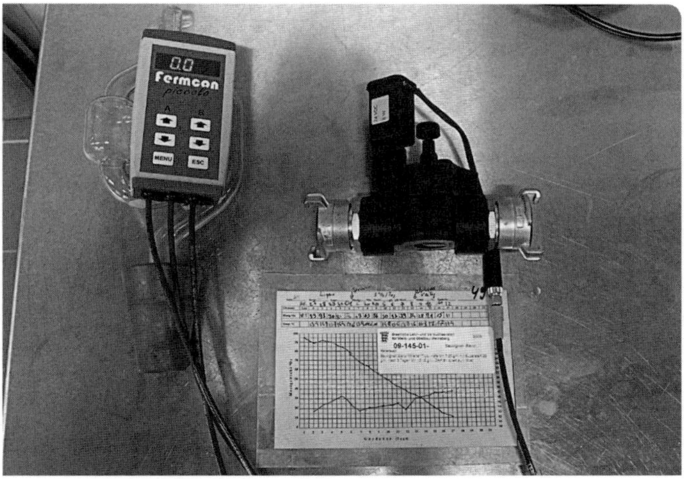

Abb. 94. Fermcon Piccolo (links) mit Bedien- und Anzeigefeld sowie Magnetventil, darunter authentische Gärkurve mit konstanter Dichtezehrung durch Fermcon Piccolo.

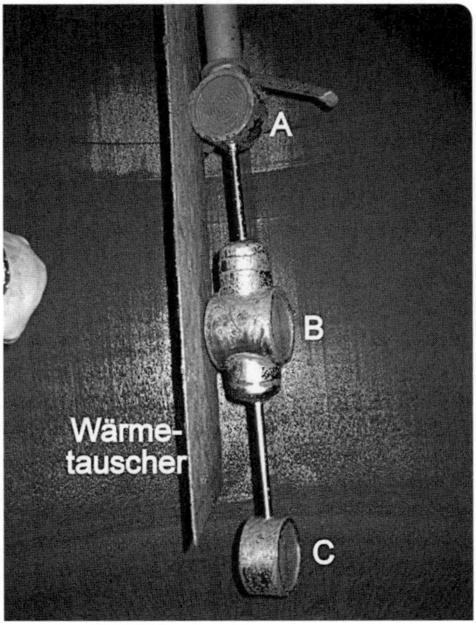

Abb. 95. Dichtesonde von LiquoSystems nach einer Gärung hängt neben dem innen liegenden Wärmetauscher. Gut sichtbar die drei Druckmessdosen in unterschiedlicher Höhe im Tank (A, B, C), über welche die Dichte errechnet wird.

Abb. 96. Detailansicht einer Membran der Dichtesonde von LiquoSystems belegt mit Weinstein.

Die Dichtesonden sind relativ schwer und es ist relativ aufwändig einen Tankwechsel vorzunehmen. Nach jeder Gärung sind die Membranen zu prüfen, da diese sich unter Umständen mit Weinstein zusetzen können.

Die Dichtesonde muss an eine bestehende LiquoSystems-Tanksteuerung angeschlossen werden.

8 Entsäuerung und Kristallstabilisierung

Die Säureminderung ist in vielen Weinbaugebieten der Welt notwendig. Der Säuregrad beeinflusst die chemische Beständigkeit sowie die Sensorik der Weine. Selbst in heißen Klimazonen ist die Entsäuerung bei manchen Weinen notwendig.

Im Folgenden soll nur kurz auf die Technik der Entsäuerung eingegangen werden. Es ist jedoch wichtig darauf hinzuweisen, dass fast jede Säurekorrektur eine Kristallinstabilität bewirkt. Kristallausscheidungen sind zwar ungefährlich, aber dennoch sehr nachteilig. Reklamationen sind die Folge und es können so hohe Kosten entstehen. So muss jeder Wein letztlich vor der Abfüllung auf die Neigung zur Kristallbildung untersucht werden. Gegebenenfalls ist dann der füllfertige Wein über ein geeignetes Verfahren gegen Kristallausscheidungen zu stabilisieren.

Im Folgenden soll kurz auf die chemische Entsäuerung eingegangen werden.

8.1 Entsäuerung

Es stehen unterschiedliche Verfahren zur Säureminderung zur Verfügung. Die Säure kann auf biologischem Weg gesenkt werden (Bakteriologischer Säureabbau) oder über chemische Zusätze. Die chemische Entsäuerung kann in zwei Verfahren unterteilt werden:

- Einfache Entsäuerung: es wird nur die Weinsäure entfernt
- Doppelsalzentsäuerung: es wird neben der Weinsäure auch Äpfelsäure als Doppelsalz gebunden.

8.1.1 Einfache Entsäuerung mit Kalziumcarbonat ($CaCO_3$)

Bei der einfachen Entsäuerung kann die Gesamtsäure nur um den Weinsäure-Anteil verringert werden. Das Ca-Salz der Äpfelsäure ist in Wein gut löslich. Bei der **einfachen Entsäuerung** wird die Weinsäure mit kohlensaurem Kalk (Kalziumcarbonat oder $CaCO_3$) als **Kalziumtartrat** gefällt. Aus dem Verhältnis der Molmassen von Weinsäure und Kalk ergibt sich, dass zum Ausfällen von 1 g WS 0,67 g $CaCO_3$ bzw. 67 g $CaCO_3$/hl für 1 g WS/l benötigt wird.

Es ergibt sich ein dimensionsloser Faktor:

$$\frac{0{,}67\ g/l\ CaCO_3}{1\ g/l\ Säure} = \mathbf{0{,}67}$$

Der Entsäuerungsumfang wird durch die Weinsäure begrenzt. In der Regel sollte nach der Entsäuerung ca. 1 g/L Weinsäure verbleiben. Daher ergibt sich der maximale Entsäuerungsumfang von Weinsäure in g/L minus 1 g/L Restweinsäure.

Falls man mehr Kalzium zum Most oder Wein zugibt als Weinsäure vorhanden ist, spricht man von Überentsäuerung. Dann verbleiben hohe Mengen an Kalzium gelöst und verursachen einen extrem bitteren, pappigen Geschmack. Das überschüssige Kalzium kann nicht ausfallen, da keine Weinsäure mehr als Partner vorhanden ist.

Auch bei korrekter Entsäuerung erfolgt die Reaktion des Kalziumcarbonates mit dem Most oder Wein nicht spontan. Zunächst entsteht eine übersättigte Lösung

(Pufferung), aus der dann CaT mit der Zeit ausfällt. Daher sollte spätestens ca. 8 Wochen vor Flaschenfüllung die Einfachentsäuerung durchgeführt sein.

Formeln für einfache Entsäuerung

E_{max} = WS – RWS
KK = E × 0,67 × M

E_{max}	= maximale Entsäuerung
E	= Entsäuerung um g/L
WS	= Weinsäure
RWS	= Restweinsäure (meist 1 g/L)
KK	= Kohlensaurer Kalk
M	= Menge an Most oder Wein in Liter

8.1.2 Einfache Entsäuerung mit Kalium-Hydrogen-Carbonat ($KHCO_3$)

Die einfache Entsäuerung kann anstatt mit kohlensaurem Kalk ($CaCO_3$) auch mit Kalium-Hydrogen-Carbonat ($KHCO_3$) erfolgen. Auch hiermit wird nur die Weinsäure gefällt. Die Berechnung erfolgt mit den exakt gleichen Formeln wie beim kohlensauren Kalk.

dimensionsloser Faktor =

$$\frac{0{,}67\ g/l\ KHCO_3}{1\ g/l\ Säure} = \mathbf{0{,}67}$$

Meist wird dieses Verfahren gegen Ende des Weinausbaus kurz vor der Flaschenfüllung angewendet. Der Grund hierfür ist darin zu sehen, dass das hierbei gebildete Salz der Weinsäure, der echte Weinstein (Kalium-Hydrogen-Tartrat =KHT), innerhalb von kurzer Zeit durch geeignete Maßnahmen aus dem Wein entfernt werden kann (Kristallstabilisierung). Das Kaliumsalz der Weinsäure kann durch das Kontaktverfahren bzw. die Kältestabilisierung wesentlich effektiver als das Ca-Salz ausgeschieden werden (siehe 8.3.2.2). Dies ist ein entscheidender Vorteil im direkten Vergleich zur Verwendung von kohlensaurem Kalk.

8.2 Doppelsalzentsäuerung (Acidex)

Sobald eine über den Weinsäuregehalt hinausgehende Säureminderung erforderlich wird, ist dies nur mit Hilfe der **Doppelsalzfällung** möglich. Das Doppelsalz setzt sich aus 2 Mol Kalzium und je 1 Mol Weinsäure und Äpfelsäure zusammen. Dieses Doppelsalz bildet sich nur bei pH-Werten über 4,5 und erfordert daher eine spezielle Technik der Entsäuerung.

Bei der Doppelsalzfällung wird daher eine **berechnete Teilweinmenge** nahezu völlig entsäuert; die hierbei stattfindende pH-Erhöhung über 4,5 bewirkt das Auskristallisieren des „Doppelsalzes“ mit gleichen Äpfel- und Weinsäureanteilen. Nach der **Kristallabtrennung durch Filtration** und Rückverschnitt mit dem unbehandelten Teilwein kann so im Wein eine Säureminderung bewirkt werden, die fast doppelt so weit reicht wie bei der Entsäuerung durch einfache Fällung der Weinsäure.

Eine spezielle Form der Doppelsalzentsäuerung ist die **erweiterte Doppelsalzentsäuerung**. Diese ist notwendig, wenn bei einem Wein die Weinsäurekonzentration so gering ist, dass auch beim Doppelsalzverfahren die Entsäuerungspanne nicht ausreicht. Bei der erweiterten Doppelsalzentsäuerung wird eine exakt berechnete Menge an Weinsäure während der Entsäuerung zugegeben. Durch die Höhe des Weinsäurezusatzes kann man den Umfang der Doppelsalzentsäuerung nahezu beliebig anpassen. Die erweiterte Doppelsalzentsäuerung unterliegt in vielen Ländern genauen gesetzlichen Vorschriften, die vor der Anwendung zu prüfen sind.

Zur weiteren Vertiefung in dieses Thema bietet sich umfangreich Literatur an (Schneider V, 2011; DLR Rheinhessen-Nahe-Hunsrück, 2010; Schneider V, 2010; Amann R und Mehrländer K, 2008; Würdig G und Woller R, 1989).

Formeln: Doppelsalz (Acidex)

Durch Doppelsalzfällung ohne WS-Zusatz maximale Säureverminderung (g/L)

Most $E_{max}: \frac{(WS - RWS) * (tGS - 2)}{(tGS - 2) - WS}$ Wein $E_{max}: \frac{(WS - RWS) * (tGS - 3)}{(tGS - 3) - WS}$

zu entsäuernde Teilmenge (l): $T_M = M_M * \frac{E}{tGS - 2}$ *bzw.* $T_W = M_W * \frac{E}{tGS - 3}$

Die Teilweinmenge muß größer sein als die Teilmostmenge, da Wein durch Weinsteinausfall weniger Weinsäure enthält als ein Most.

Kalkmenge für DS-Entsäuerung (g): **$KK = 0{,}7 * M_M * E$ bzw. $KK = 0{,}7 * M_W * E$**

Formeln: erweiterte Doppelsalzentsäuerung (Malitex)

Eine E_{max} besteht nicht – daher keine Berechnung

DS-Entsäuerung mit WS-Zusatz: erforderlicher WS-Zusatz

Wein $W_Z = M * (E - WS + RWS - \frac{E * WS}{tGS - 3})$

Teilweinmenge ist zu berechnen wie bei Acidex : $T_W = M_W * \frac{E}{tGS - 3}$

Der für die DS-Entsäuerung mit WS-Zusatz benötigte kohlensaure Kalk wird nach folgender Formel berechnet (g) (Most und Wein): $KK = 0{,}7 * (M * E + W_Z)$

Anmerkung: Auf die Darstellung der erweiterten Doppelsalzentsäuerung mit homogenem Gemisch aus $CaCO_3$ und Weinsäure (Malicid) wurde hier verzichtet.

Legende zu den Formeln

T_W = Teilweinmenge in Liter
E_{max} = maximale Entsäuerung
tGS = titrierbare Gesamtsäure g/L
WS = Weinsäure
RWS = Restweinsäure (meist 1 g/L)
T_M = Teilmostmenge in Liter
E = gewünschte Säureverminderung in g/L (ber. als WS)
M_M = Gesamtmostmenge in Liter
M_W = Gesamtweinmenge in Liter
M = M_{Most} oder M_{Wein} in Liter
KK = kohlensaurer Kalk (Spezialkalk für DS-Entsäuerung)
W_Z = Weinsäure-Zusatz zur erweiterten DS-Entsäuerung (Angabe in Gramm)

8.3 Kristallstabilisierung

Obwohl Wein eine Vielzahl an Säuren enthält, ist im Grunde nur eine einzige Säure in der Lage, mengenmäßig relevante Mengen an unlöslichen Salzen zu bilden. Es handelt sich hierbei um die Weinsäure. Die Salze der Weinsäure werden als Tartrate bezeichnet. Hierbei sind vor allem das saure Kalium-Salz (Kalium-Hydrogen-Tartrat = KHT) sowie das Kalzium-Salz (Kalzium-Tartrat = CaT) von Bedeutung. Kalium-Hydrogen-Tartrat wird auch als der „echte Weinstein" bezeichnet, während Kalzium-Tartrat, außer der chemisch korrekten Bezeichnung, leider keinen anderen Eigennamen außer „Weinstein" besitzt.

Für die praktische Kristallstabilisierung ist es von sehr großer Bedeutung, zwischen echtem Weinstein (KHT) und Kalzium-Tartrat (CaT) zu unterscheiden. Der Name „echter Weinstein" entstand vermutlich, weil dieses Salz normalerweise mengenmäßig überwiegt. Kalzium-Tartrat resultiert meist aus Entsäuerungen mit kohlensaurem Kalk ($CaCO_3$).

Echter Weinstein (KHT) kann in den meisten Fällen durch Kühlung auf Temperaturen unter 0 °C über einen längeren Zeitraum ausgefällt werden. Dies liegt an der ausgesprochen starken Temperaturabhängigkeit der Löslichkeit des Kalium-Hydrogen-Tartrats. Kalzium-Tartrat (CaT) hingegen lässt sich durch Kühlung nicht zuverlässig ausfällen. Vielmehr verläuft die Kristallbildung in der Kälte noch schleppender. Üblicherweise muss bei erhöhten Kalzium-Tartrat-Gehalten die Auskristallisation über einen Zeitraum von 4–6 Wochen abgewartet werden.

In Abbildung 98 ist das Löslichkeitsverhalten von Kalium-Hydrogen-Tartrat und Kalzium-Tartrat bei unterschiedlichen Temperaturen aufgezeigt. Es wird deutlich, dass die Änderung der Löslichkeit bei unterschiedlichen Temperaturen beim Kalium-Hydrogen-Tartrat (KHT) viel stärker ausgeprägt ist, als dies beim Kalzium-Tartrat (CaT) der Fall ist.

In Abb. 99 wird die Löslichkeit von Kalium-Hydrogen-Tartrat in Abhängigkeit von Temperatur und Alkoholgehalt dargestellt. Es ist klar ersichtlich, dass zunehmender Alkoholgehalt und abnehmende Temperatur die Löslichkeit von echtem Weinstein herabsetzen. Beide Faktoren sind für den massiven Weinsteinausfall im Jungwein nach der Gärung verantwortlich.

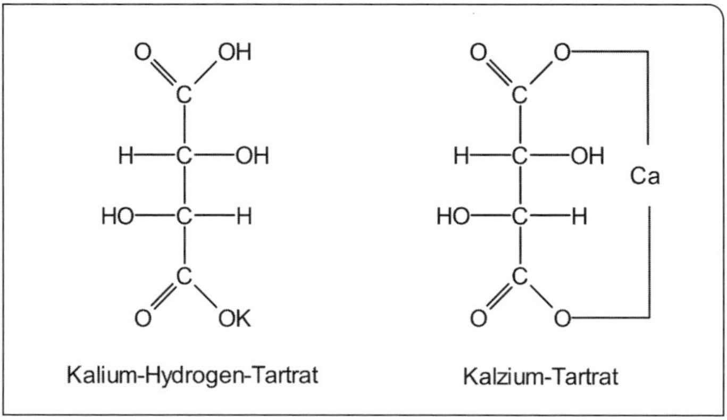

Abb. 97. Strukturformeln der Weinsäure, Kalium-Hydrogen-Tartrat (KHT) und Kalzium-Tartrat (CaT).

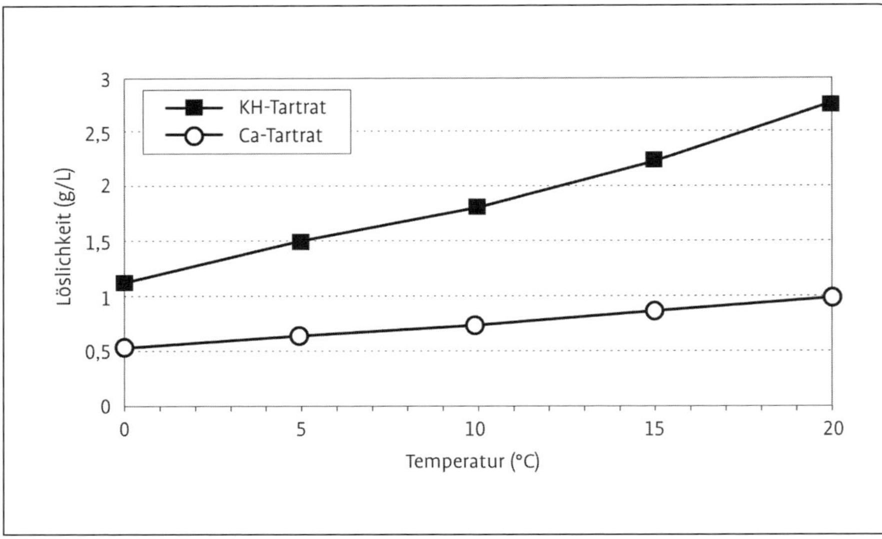

Abb. 98 Abhängigkeit der Löslichkeit von Kalium-Hydrogen-Tartrat und Kalzium-Tartrat von der Temperatur (Berg HW und Keefer RM, 1959).

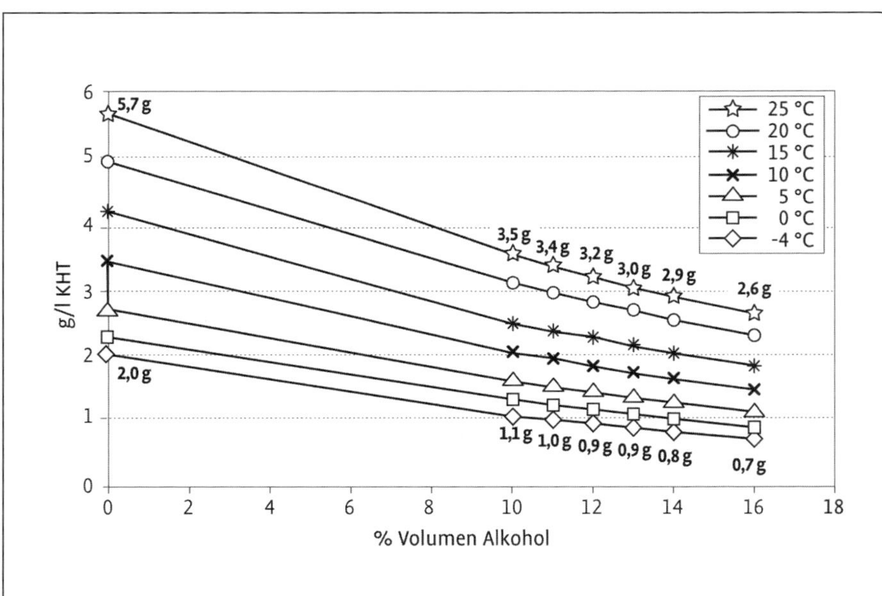

Abb. 99. Löslichkeit von Kalium-Hydrogen-Tartrat in Abhängigkeit von Alkohol und bei Temperaturen von −4 bis 25 °C (erstellt nach: Tanner H und Brunner HR, 1987).

Faktoren der Kristallbildung
Weinsteinausscheidungen sind primär abhängig von der Menge an Kalium, Kalzium und Weinsäure. Daraus ergibt sich in erster Näherung der Grad der Sättigung bzw. Übersättigung. Des Weiteren sind von großer Bedeutung:
- Temperatur
- Alkoholgehalt
- pH-Wert,
- Trübung des Weines,
- Kolloidgehalt.

Vor allem die kolloidalen Inhaltsstoffe im Wein spielen eine große Rolle bei der häufig sehr verzögerten, schleppenden Ausscheidung von Weinstein.

Verzögerung des Weinsteinausfalls
Viele Winzer kennen Weinstein nur in der kristallinen, haptisch greifbaren Form als Salz der Weinsäure. Aber sowohl die Kalium- als auch die Kalzium-Salze der Weinsäure sind in gewissen Grenzen im Wein löslich. Problematisch ist in diesem Zusammenhang, dass die schwerlöslichen K- bzw. Ca-Verbindungen der Weinsäure meist **lange Zeit in übersättigter Lösung vorliegen** können. Das bedeutet, es ist für eine gewisse Zeit im Wein mehr Weinstein

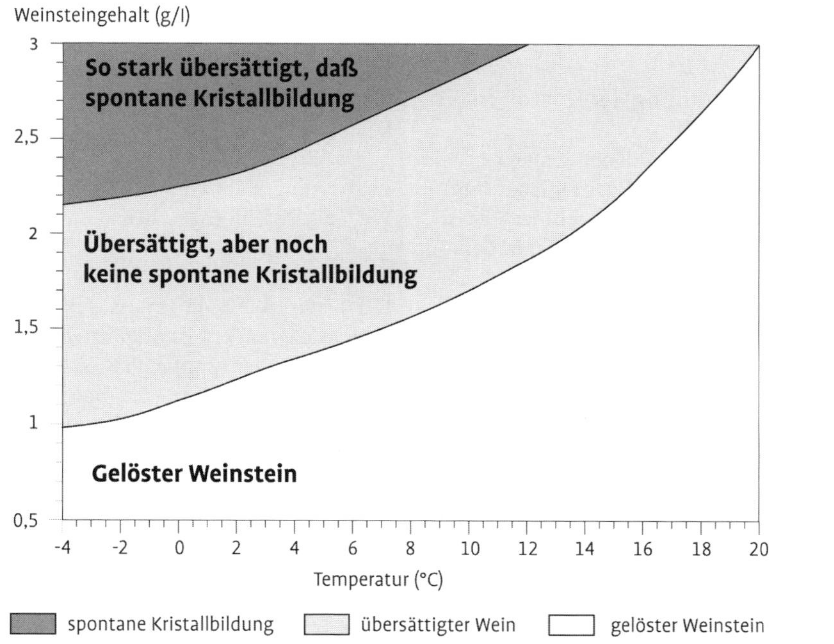

Abb. 100. Löslichkeit von echtem Weinstein (KHT) sowie den Bereichen mit Übersättigung an KHT (verzögerte Kristallisation) und extremer Übersättigung (spontane Kristallbildung) (Jakob L, Hamatschek J et al., 1997).

gelöst, als dieser auf Dauer in Lösung halten kann. Das Ausfallen des Weinsteines ist nur eine Frage der Zeit. Je geringer die Übersättigung, desto länger dauert es, bis der Weinstein ausfällt und je stärker die Übersättigung, desto schneller fällt der Weinstein aus. Der Zusammenhang zwischen dem Grad der Übersättigung und der Neigung zur Kristallbildung ist in Abb. 100 ersichtlich.

Das spontane Bilden, Wachsen und das anschließende Ausscheiden der Kristalle wird durch Hemmstoffe wie Proteine, Gerbstoffe, Polysaccharide und einen hohen Kolloidgehalt verzögert. Diese Hemmstoffe werden zum Beispiel durch scharfe Filtrationen in ihrem Gehalt so stark vermindert, dass es nach einer Filtration oft innerhalb kurzer Zeit zum Weinsteinausfall kommt.

8.3.1 Bestimmung der Kristall(in)stabilität

Bevor man Wein abfüllt sollte man feststellen, ob dieser während der Flaschenlagerung Kristalle ausscheiden würde. Hierzu gibt es unterschiedliche Methoden. Generell ist zwischen den beiden Salzen der Weinsäure zu unterscheiden. Für den Endverbraucher ist es am Ende vollkommen egal, ob er Kalium-Hydrogen-Tartrat (KHT) oder Kalzium-Tartrat (CaT) in der Flasche findet. Kristalle sind ein häufiger Grund für Beanstandungen.

8.3.1.1 Kalium-Hydrogen-Tartrat (KHT)

Die Vorhersage bzw. die Analyse der Kalium-Hydrogen-Tartrat-Instabilität ist im Vergleich zu Kalzium-Tartrat relativ verlässlich möglich. **Es gibt mehrere Methoden die zur Feststellung der Kristall-Stabilität bzw. der Instabilität herangezogen werden können.**

Folgende Methoden können zur Beurteilung der Kristallstabilität verwendet werden:
1. Kältetest
2. Minikontaktverfahren
3. KHT-Sättigungstemperatur

Zu 1. Kältetest

Eine Probe des klar filtrierten füllfertigen Weines wird bei ca. -3 °C bis +3 °C über 4 Tage (trockene Weine) oder 7 Tage (restsüße Weine und Weine aus Trauben mit Botrytisbefall) gelagert, täglich geschüttelt und anschließend auf Kristalle untersucht. Durch Zusatz von ca. 1–2 % Vol. Alkohol vor dem Test kann die Neigung zum Ausscheiden der Kristalle verstärkt werden. Die Erhöhung des Alkoholgehaltes sollte bei der Prüfung auf Kristallstabilität bei Sektgrundweinen unbedingt erfolgen (wenn man nur den Kältetest durchführen möchte), da durch die Versektung der Alkoholgehalt um 1,5 % Vol. zunimmt.

Das Ergebnis ist eine rein qualitative Auswertung: Fällt Weinstein aus, gilt der Wein als instabil (Abb. 101).

Auswertung

Der Test ist nur bedingt aussagekräftig. Die Reproduzierbarkeit ist ungünstig, da der Test nur auf der spontanen Kristallisation basiert und ein enormer Zeitbedarf besteht. Des Weiteren ist nur ein Ausfallen von echtem Weinstein zu erwarten (KHT). Kalzium-Tartrat (CaT) wird von diesem Test nicht erfasst.

Zu 2: Minikontaktverfahren

Eine Probe des füllfertigen Weines wird auf -2 °C gekühlt, dann die elektrische Leitfähigkeit gemessen (LF 1). Danach werden 4 g/L Kontaktweinstein (KHT) zugegeben und permanent gerührt. Durch den zugegebenen, feinst gemahlenen Kontaktwein-

Abb. 101. Ausfall von Weinstein nach dem Kältetest in Weiß- und Roséwein.

stein kann in der Kälte der im Wein übersättigte Weinstein spontan auskristallisieren. Durch das Auskristallisieren des Weinsteins sinkt die Leitfähigkeit. Die Reaktion ist beendet, wenn die Leitfähigkeit ein stabiles Niveau erreicht hat und nicht weiter sinkt. Nach dem Absetzen der Kristalle kann die Leitfähigkeit gemessen werden (LF 2). Die Höhe der Differenz der Leitfähigkeit gibt Auskunft über die Mengen an gelöstem Kalium-Hydrogen-Tartrat im Wein.

LF-Differenz (Δ LF) = LF 1 minus LF 2

Diese Bestimmung dauert meist 2–4 Stunden.

Auswertung

- LF-Differenz < 30 µS-Wein ist kristallstabil.
- LF-Differenz > 30 µS-Wein ist instabil und neigt zur Kristallisation.

Stabile Weine haben eine nur kleine Differenz der Leitfähigkeit, da sie keinen Weinstein ausscheiden. Instabile Weine zeigen eine große Differenz, da bei ihnen viel Weinstein ausfällt.

Das Minikontaktverfahren kann sehr einfach von Hand erfolgen oder über automatische Geräte wie zum Beispiel Checkstab (http://www.checkstab.com).

Die Abnahme der Leitfähigkeit wird bei Checkstab in drei Kategorien unterteilt: Diese Bereiche geben an, ob ein Wein stabil, bedingt instabil oder instabil ist. Dabei wird zwischen Weißwein und Rotwein differenziert. Für Rosé gelten die gleichen Grenzwerte wie für Rotwein. Jeder Anwender aber ist in der Lage, diese Grenzwerte in der Software gemäß den eigenen Erfahrungswerten frei zu definieren.

Neben der absoluten Abnahme der Leitfähigkeit ist auch Kurvenverlauf wichtig für die Interpretation (siehe Abb. 102)

Tab. 5. *Einteilung der Abnahme der Leitfähigkeit bei Checkstab nach dem Kontaktverfahren über 4 Minuten in unterschiedliche Stabilitätsgrade*

	Weißwein	Weißherbst, Rotwein
stabil	< 30 µS	< 50 µS
bedingt instabil	31–60 µS	51–70 µS
instabil	>60 µS	>70 µS

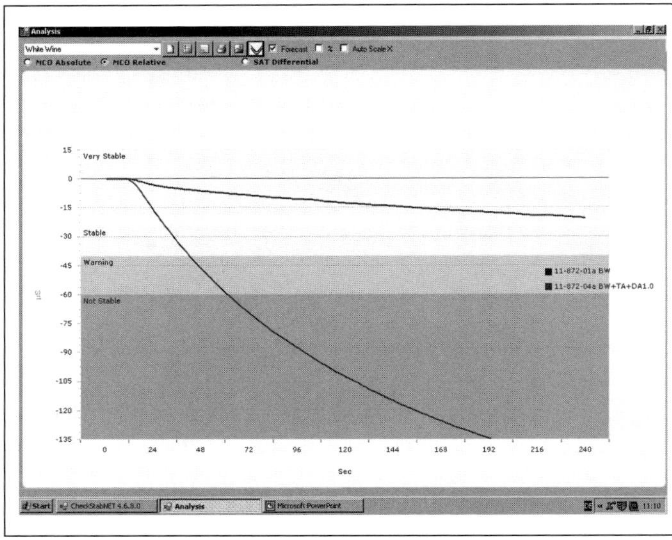

Abb. 102. Grafisches Analysenergebnis einer Checkstab-Analyse von einem Wein vor der Kristallstabilisierung (untere Linie) und nach der Stabilisierung (obere Linie).

Bewertung des KHT-Minikontaktverfahrens

Das Minikontaktverfahren eignet sich gut zur schnellen Einschätzung der Kristallstabilität für Kalium-Hydrogen-Tartrat. Man kann sehr schnell eine Neigung zur Kristallbildung erkennen und entsprechend Maßnahmen zur Stabilisierung einleiten oder eben darauf verzichten (je nach Ergebnis). Ein Nachteil der Methode ist der Bedarf an Technik. Neben dem an sich noch günstigen Gerät zur Messung der elektrischen Leitfähigkeit benötigt man ein teures Solebad, damit die Analyse mit einer Temperatur unter 0 °C erfolgen kann. Vollautomatische Geräte rechnen sich vermutlich nur für Großbetriebe oder Weinlabore.

Zu 3: KHT-Sättigungstemperatur ($T_{sätt}$)

Die Sättigungstemperatur ($T_{sätt}$) ist die Temperatur, bei der der gelöste Weinstein im Wein gerade eine gesättigte Lösung bildet.

Tab. 6. *Einteilung der Sättigungstemperaturen für KHT von unterschiedlichen Weinarten*

Salz	Kristallstabilität	$T_{sätt}$ - Weißwein	$T_{sätt}$ - Rotwein	$T_{sätt}$ - Sektgrundwein
KHT	**stabil**	≤ 12C°	≤ 15 °C	≤ 10 °C
	bedingt stabil bei längerer Unterschreitung der Lagertemperatur unter die $T_{sätt}$ kann es zu Kristallbildung kommen	12°–16 °C	15°–19 °C	
	instabil	> 16 °C	> 19 °C	

- Erwärmt man den Wein von seiner Sättigungstemperatur ausgehend, könnte darin mehr Weinstein gelöst werden (der Wein ist bei höherer Temperatur nicht mehr gesättigt, denn je wärmer der Wein ist, desto mehr Weinstein ist löslich).
- Würde man ihn von seiner Sättigungstemperatur ausgehend abkühlen, wäre der Wein mit Weinstein übersättigt. Je größer die Übersättigung, desto eher und schneller fällt der Weinstein aus.

Die Analyse der Sättigungstemperatur kann im Gegensatz zum Minikontaktverfahren bei Zimmertemperatur erfolgen. Man kann in relativ kurzer Zeit und mit geringem Aufwand beurteilen, ob ein Wein eine zusätzliche Stabilisierung vor der Abfüllung benötigt oder nicht.

Die Bestimmung der Sättigungstemperatur für KHT und CaT erfolgt nach dem gleichen Schema- jedoch gibt es Unterschiede in der Analysentemperatur, dem Kontaktkristall und der Berechnung (Würdig G, Müller T et al., 1980; Würdig G, Müller T et al., 1985):

- Klare Weinprobe wird vor der Messung temperiert.
- Messtemperatur von ca. 20 bis 25 °C für KHT.
- Sobald Temperatur stabil ist, Leitfähigkeit in µS messen (L1).
- Zusatz von KHT-Kontaktweinstein (4 g/L) unter Rühren.
- Sofern der Wein bei der Messtemperatur nicht mit KHT gesättigt ist, wird der zugesetzte Kontaktweinstein bis zur Sättigung in Lösung gehen.
- Nach ca. 20 min Rühren beenden.
- Nach dem Sedimentieren der Kristalle erneut Leitfähigkeit in µS messen (L2).
- Berechnung der $T_{sätt}$ nach folgender Formel.

$T_{sätt}$ für KHT = $T^{*} - [(L_2 - L_1)/29{,}3]$

T = aktuelle Temperatur des Weines während der Messung
L1 = Leitfähigkeit in µS/cm vor Kontaktweinsteinzugabe (KHT)
L2 = Leitfähigkeit in µS/cm nach Kontaktweinsteinzugabe (KHT)

*) zur Bestimmung der $T_{sätt}$ für KHT bei ca. 20 °C messen

Zur Verdeutlichung der Berechnung sind die Daten der Analyse auf KHT-Sättigungstemperatur eines Rotweines in Tab. 7 aufgeführt.

Interpretation: Der Rotwein hat eine KHT-Sättigungstemperatur von 14,1 °C. Das heißt, dass dieser Wein mit echtem Weinstein bei 14,1 °C gesättigt ist. Gemäß den Werten in Tab. 6 kann ermittelt werden, ob

Tab. 7. *Leitfähigkeitsmessung zur Analyse der KHT-Sättigungstemperatur*

Grundwein		Wein nach Zusatz von 4 g/L KHT	
Temperatur °C	L1	Temperatur °C	L2
25 °C	1910 µS/cm	25 °C	2230 µS/cm

$T_{sätt}$ für KHT = 25 °C – [(2230 µS- 1910 µS)/29,3$\frac{\mu S}{°C}$] = 25 °C – 10,9 °C = 14,1 °C die erzielte Sättigungstemperatur als hinreichend stabil angesehen werden kann.

Der Rotwein kann als stabil gelten, da er einen Wert kleiner 15 °C aufweist. Das bedeutet, dass dieser Rotwein bei Lagertemperaturen, die nicht tiefer als ca. 5–6 °C unter der Sättigungstemperatur liegen, keine Kristalle ausscheiden wird. Unterkühlt man diesen Rotwein dauerhaft unter diesen Wert, so kann es auch bei diesem Rotwein durchaus noch zu Kristallausscheidungen kommen.

Aussagekraft der KHT-Sättigungstemperatur

Bei den meisten Weinen kann mit der Sättigungstemperatur zufriedenstellend gearbeitet werden. Sobald die Werte im stabil anzunehmenden Bereich liegen, gilt der Wein bei Lagerung im Kühlschrank als stabil. Weine mit schwacher Übersättigung können zum Beispiel sehr gut mit Metaweinsäure stabilisiert werden. Dies gilt sowohl für echten Weinstein (KHT) als auch für Kalzium-Tartrat (CaT).

Weine mit großer Übersättigung an Weinstein (= hohe Sättigungstemperatur) erfordern in der Regel das Entfernen der Reaktionspartner, um stabilisiert werden zu können (z. B. Kontaktverfahren oder Elektrodialyse).

8.3.1.2 Kalzium-Tartrat (CaT)

Die sehr komplexen Zusammenhänge der Kalzium-Tartrat-Kristallbildung machen eine Vorhersage bzw. eine Stabilitäts-Aussage im Gegensatz zum echten Weinstein (KHT) relativ schwierig und ungenau. Der natürliche Ausfall von Kalzium-Tartrat kann mehrere Wochen dauern. Nicht selten werden daher noch Wochen nach der Flaschenfüllung Kristallausscheidungen festgestellt.

Kalzium-Tartrat hat eine gänzlich andere Kinetik der Kristallbildung als echter Weinstein (KHT), der durch Abkühlung schon in der Lage ist, Kristalle zu bilden. Bei Kalzium-Tartrat kann man durch Kaltlagerung in der Regel keine Stabilisierung erreichen.

Die Kalzium-Tartrat-Kristallbildung ist ein endothermer Vorgang. Das bedeutet, dass die Kristallbildung externe Energie in Form von Wärme braucht. In der Kälte wird es daher nur bei sehr hohen Übersättigungen zu spontanen Kristallbildungen kommen. Wird der Wein erwärmt, steht zwar die Wärme für die Kristallbildung zur Verfügung. Aber, die Lösung ist dann eventuell nicht mehr oder nur gering übersättigt und das Kalzium-Tartrat bleibt in Lösung. Daher wird eine Lagertemperatur zwischen 10–15 °C zur Ausscheidung von Kalzium-Tartrat als mehr oder weniger optimal angesehen.

ABER: Ein Kontaktverfahren mit CaT-Kristallen funktioniert auch bei niedriger Temperatur, da keine Kristallisationskeime gebildet werden müssen und die übersättigte Menge an Kalzium-Tartrat ausfällt.

In der Regel stellt man eine Kalzium-Tartrat-Instabilität nur nach Entsäuerungen mit kohlensaurem Kalk ($CaCO_3$) fest. Hierbei spielt es keine Rolle, ob eine einfache oder eine Doppelsalz-Entsäuerung durchgeführt wurde. Eine Kalzium-Tartrat-Instabilität ist insbesondere nach Überentsäuerung mit den charakteristischen, sehr hohen Kalzium-Konzentrationen im Wein zu beobachten. Instabile Weine haben Kalzium-Gehalte über 130 mg/L.

Einen ersten Überblick zur Kalzium-Tartrat-Stabilität kann man sich durch die Analyse der **CaT-Sättigungstemperatur** verschaffen. Stabile Weine sollten eine Sättigungstemperatur unter 20 °C haben.

Liegt die Sättigungstemperatur darüber, muss mit Kristallausscheidungen gerechnet werden. Da dies jedoch nur eine empirisch ermittelte Größe ist, ist die Aussagekraft dieses Parameters nicht allzu verlässlich. Die CaT-Sättigungstemperatur erlaubt aber durchaus eine erste Einschätzung, ob ein Problem vorliegen könnte und ob weitere Analysen durchgeführt werden sollten.

Die Bestimmung der Sättigungstemperatur für KHT und CaT erfolgt nach dem gleichen Schema. Jedoch gibt es Unterschiede in der a) Analysentemperatur (ca. 30 °C), b) dem Kontaktkristall (CaT) und der c) Berechnung (4 µS/°C) (Müller T, Würdig G et al., 1990):

- Klare Weinprobe wird vor der Messung temperiert.
- Messtemperatur von ca. 30 °C bei CaT.
- Sobald Temperatur stabil ist, Leitfähigkeit in µS messen (L1).
- Zusatz von CaT-Kontaktweinstein (4 g/L) unter Rühren.
- Nach ca.20 min Rühren beenden.
- Nach dem Sedimentieren der Kristalle erneut Leitfähigkeit in µS messen (L2).
- Berechnung der $T_{sätt}$ nach folgender Formel.

$T_{sätt}$ für CaT = $T^{**} - [(L_2 - L_1)/4]$

T = aktuelle Temperatur des Weines während der Messung
L1 = Leitfähigkeit in µS/cm vor Kontaktweinsteinzugabe (KHT)
L2 = Leitfähigkeit in µS/cm nach Kontaktweinsteinzugabe (KHT)

**) zur Bestimmung der $T_{sätt}$ für CaT bei ca. 30 °C messen

Neben der CaT-Sättigungstemperatur gilt es nun, den Kalzium-Gehalt der Weine zu untersuchen. Hierbei gilt folgende Regel zur Beurteilung:

Weine mit einem Weinsäuregehalt
- unter 1 g/L sollten maximal 130 mg/L Kalzium haben,
- von 1,5 g/L und mehr sollten unter 100 mg/L Kalzium aufweisen.

Überhöhte Kalziumgehalte können durch Elektrodialyse oder Zusatz von DL-Tartrat reduziert werden. (Maurer R, 1977; Schneider V, 2001).

8.3.2 Praxis der Kristallstabilisierung

Grundlegend gilt für jede Stabilisierung, dass der Wein **blank filtriert, fertig verschnitten und füllfertig** sein sollte. Es ist dem Autor klar, dass diese Bedingungen in der Praxis mitunter schwer umzusetzen sind. Aber es ist durchaus normal, dass der Verschnitt eines stabilen Grundweines mit einer ebenfalls stabilen Süßreserve danach instabil ist.

Grundsätzlich kann man in drei Gruppen von Maßnahmen unterscheiden:

1. Verhinderung von Kristallausscheidungen durch Schutzkolloide:
- Metaweinsäure
- Carboxy-Methyl-Cellulose (CMC)
- Metaweinsäure + Gummi Arabicum
- (Mannoproteine)

2. Beschleunigung der Kristallausscheidung
- Kälteverfahren
- Kombination Kälte- mit Kontaktverfahren
- Temporäre (Über)-Konzentration mit Nanofiltration/Umkehrosmose

3. Entfernung oder Verminderung der Kristallisationspartner
- Elektrodialyse
- DL-Weinsäure
- Ionenaustauscher

8.3.2.1 Verhinderung von Kristallausscheidungen durch Schutzkolloide

Metaweinsäure ist ein Polyester der Weinsäure, das die Kristallisation des Weinsteines hemmt. Zugelassen sind max. 100 mg/L oder 10 g/hl. Bei der Zugabe erfolgt eine geringe Eintrübung, die nach kurzer Zeit wieder verschwindet. Da Metaweinsäure mit Eiweißen reagiert, sollten die zu stabilisierenden Weine eiweißstabil sein.

Die Metaweinsäure zerfällt wieder in Weinsäure. Dieser Zerfall ist temperaturabhängig: Je höher die Lagertemperatur, desto schneller.

Die Zeitdauer der Stabilität gegenüber Weinsteinausfall mit Metaweinsäure wird in etwa wie folgt angegeben:

- Bs zu 2 Jahre bei Lagertemperaturen von 10–12 °C.
- Ca. 1 Jahr bei Lagertemperaturen von 15–18 °C.
- Nur 3 Monate bei Lagertemperaturen von > 20 °C.

Metaweinsäure wirkt – solange sie noch nicht zerfallen ist – sehr gut gegen echten Weinstein (KHT) und zeigt auch eine gewisse Wirkung auf Kalzium-Tartrat (CaT).

> Die Zugabe von Metaweinsäure macht vor allem Sinn bei Weinen mit (hoffentlich) kurzer Lagerdauer und nur geringer Übersättigung an Weinstein.

Carboxy-Methyl-Cellulose (CMC) ist seit August 2009 als neues Önologisches Verfahren zur Weinsteinstabilisierung zugelassen (max. Einsatzmenge: 10 g/hl Natrium-Carboxymethylcellulose). Die Anwendung von CMC im Wein ist im Gegensatz zu Metaweinsäure sogar in Japan zugelassen. Als nicht originärer Weininhaltsstoff ist die Zulassung von CMC für „Bioweine“ nicht vorgesehen.

Neben Pulvern und Granulaten wird Carboxymethylcellulose sehr häufig als viskose Flüssigkeit mit Konzentrationen von 5–10 % angeboten. Die Anwendung der flüssigen Formulierung ist sehr vorteilhaft. Das problematische Suspendieren im Wein mit der erheblichen Gefahr der Klumpenbildung entfällt. Eine direkte Zugabe sowie eine gute und schnelle Verteilung sind hierdurch möglich. Auch bei den flüssigen Präparaten erleichtert ein vorheriges Aufrühren in der 10fachen Weinmenge die Verteilung im Gebinde.

In Versuchen hat sich gezeigt, dass Carboxymethylcellulose eine dauerhafte und sehr gute Wirkung auf echten Weinstein (KHT) hat. Leider muss man aber gleichzeitig erwähnen, dass Carboxymethylcellulose **keine** stabilisierende Wirkung auf Kalzium-Tartrat (CaT) hat. Somit kann man Carboxymethylcellulose nur empfehlen, wenn man ganz sicher ist, dass keine erhöhten Mengen an gelöstem Kalzium-Tartrat vorliegen.

> Weiterführende Literatur: Schmidt O und Diesler E, 2010; Köhler HJ, 2009; Wucherpfennig K, Otto K et al., 1988; Wucherpfennig K, Otto K et al., 1985.

Eine Verlangsamung des Zerfalls der Metaweinsäure soll durch den Zusatz von Gummi arabicum erreicht werden. Gummi arabicum selbst hat keine Wirkung in Hinsicht auf die Kristallstabilisierung.

Auch Mannoproteine sind zur Kristallstabilisierung zugelassen. Jedoch liegen bislang noch keine aussagekräftigen Untersuchungen vor. Es zeigte sich jedoch, dass der Stabilisierungseffekt sehr gering ist. Zudem sind Mannoproteine relativ teuer.

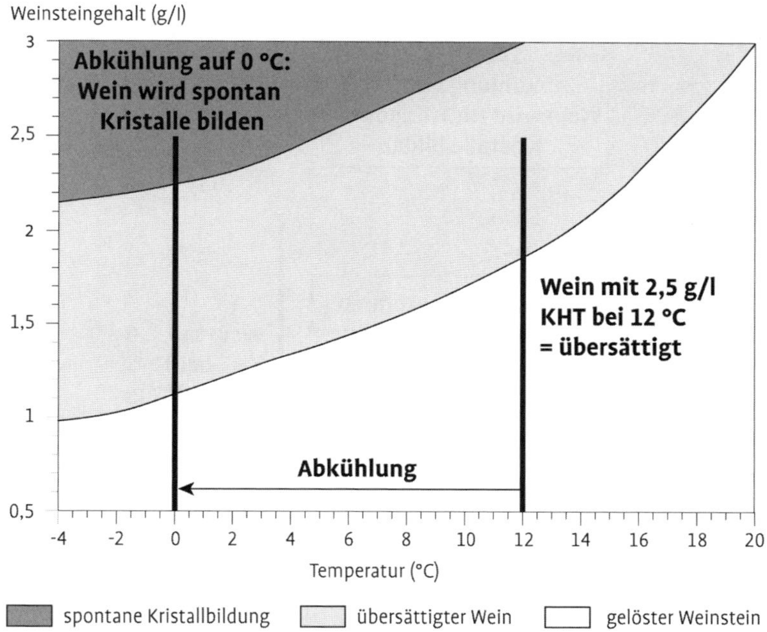

Abb. 103. Schematische Darstellung der Veränderung der Löslichkeit von 2,5 g/L (KHT) bei Kaltlagerung ohne Kontaktverfahren und die Auswirkung auf die Neigung zur Kristallbildung.

8.3.2.2 Beschleunigung der Kristallausscheidung

Es gibt verschiedene Methoden, die zur starken Beschleunigung und somit dauerhaften Entfernung der Kristallisationspartner führen können. Man unterscheidet in die folgenden Verfahren:

- Kaltlagerung mit/ohne Kontaktverfahren
- Kristallstabilisierung durch Nanofiltration

Die Kaltlagerung mit oder ohne Kontaktverfahren ist ein sehr gängiges Verfahren und daher in fast allen Weinbaugebieten der Welt die übliche Methode zur Kristallstabilisierung. Die Kristallstabilisierung durch Nanofiltration ist bislang noch nicht weit verbreitet.

Kaltlagerung ohne Kontaktverfahren

Der scharf geklärte Wein wird auf eine Temperatur zwischen -4 °C und 0 °C gekühlt und wenn möglich in einen Isoliertank eingelagert. Der Wein sollte während der Lagerzeit von ca. einer Woche periodisch gerührt werden. Dadurch kann der übersättigte echte Weinstein ausfallen. Oft kann hierbei die Winterkälte ausgenutzt werden. Leichtes Vorspannen mit Stickstoff (Rotwein) oder Kohlenstoffdioxid (Weiß-

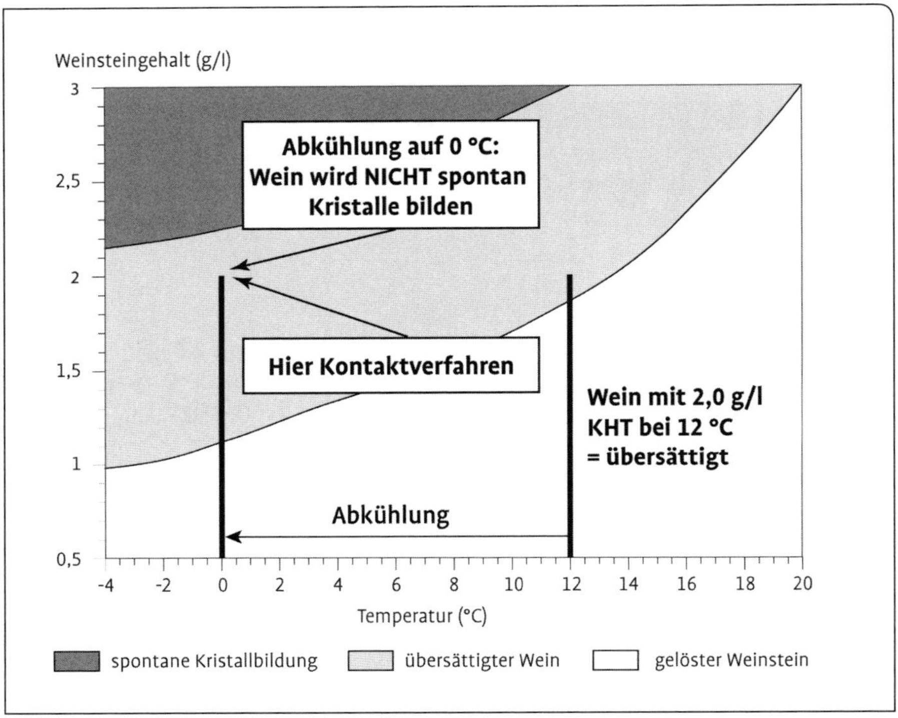

Abb. 104. Schematische Darstellung der Veränderung der Löslichkeit von 2,0 g/L (KHT) bei Abkühlung und die Auswirkung auf die Neigung zur Kristallbildung.

wein) verhindert Oxidationen und verstärktes Aufnehmen von Sauerstoff. Vor dem Erwärmen des Weines auf Normaltemperatur muss jedoch der ausgefallene Weinstein abgetrennt werden, da dieser ansonsten wieder in Lösung gehen kann. Dieser Prozess ist relativ zeit- und energieaufwändig. Leider stellt sich nicht immer die gewünschte Stabilität ein.

Die Begründung, warum die **Kaltlagerung ohne Kontaktverfahren** nicht immer perfekt funktioniert, wird im Folgenden aufgezeigt. Betrachtet man einen Wein, der 2,5 g/L echten Weinstein (KHT) gelöst hat, ist dieser schon bei einer Lagertemperatur von 12 °C übersättigt (Abb. 103). Kühlt man diesen Wein auf 0 °C ab, so wird die Übersättigung so stark, dass sich spontan in kurzer Zeit Kristalle bilden. Durch diese endogen gebildeten Kristalle wird der Weinstein sehr rasch ausfallen.

Betrachtet man hingegen einen Wein, der anstatt 2,5 g/L nur 2,0 g/L Weinstein gelöst hat, so erkennt man, dass hier die Absenkung auf 0 °C nicht zur spontanen Kristallisation führt (Abb. 104). Der Wein ist zwar stark übersättigt, aber die Zeit, bis eine Kristallisation eintritt, ist nicht klar vorhersehbar. In einem solchen Fall ist die Anwendung des Kontaktverfahrens zur raschen und effektiven Entfernung des überschüssigen gelösten Weinsteins ratsam.

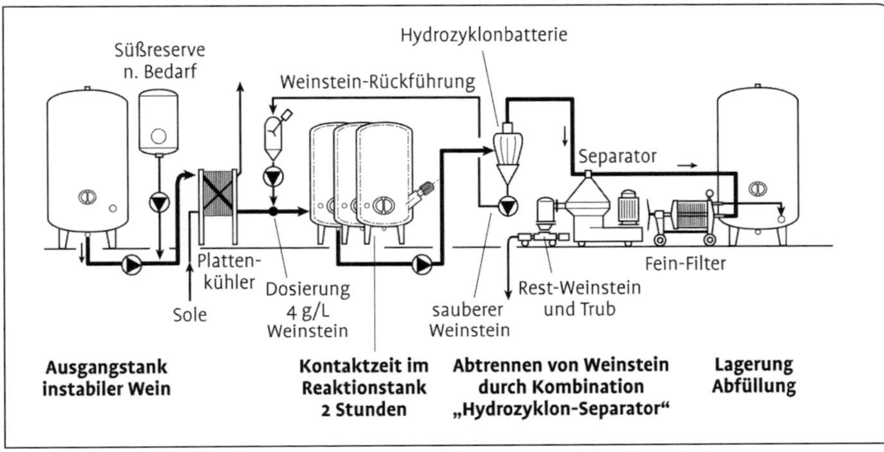

Abb. 105. Fließschema einer Weinstein-Stabilisierung und –Abtrennung nach dem Kontaktverfahren mittels Hydrozyklon und Zentrifuge (Troost, 1988).

Kontaktverfahren

Aus diesem Grund wird das **Kontaktverfahren** praktiziert, das wesentlich schneller, mit geringerem Energieaufwand und sicherer die Kristallstabilität herstellt.

Durchführung Kontaktverfahren: Das **Kontaktverfahren** ist das gängigste Verfahren zur Stabilisierung gegen echten Weinstein (KHT). Dem gekühlten Wein (~0 °C) wird ca. 4 g/L feinst gemahlener (Kontakt)-Weinstein (KHT) unter Rühren zugesetzt. Das Rühren sollte für ca. 2-3 Stunden entweder permanent oder in kurzen Intervallen erfolgen. Durch die starke Anreicherung mit feinsten Weinsteinkristallen, setzt in der Kälte die Kristallisation des übersättigten Weinsteins spontan ein. Der Erfolg dieses Prozesses kann durch Messung der Leitfähigkeit beobachtet werden.

Danach erfolgt die Abtrennung der Kristalle in der Kälte, da es sonst wieder zur Auflösung kommen könnte. Zum Abtrennen des Weinsteins können unterschiedliche Techniken angewendet werden. Vielfach werden Spalt-, Sieb- oder Kesselfilter benutzt, wie sie üblich für die Anschwemmfiltration sind. Auch Filterschichten können benutzt werden. Im Großbetrieb erfolgt häufig eine erste Abtrennung der Kristalle über eine Hydrozyklonbatterie. Der Kontaktweinstein sollte vor der Behandlung eine Körnung von ca. 0,005–0,05 mm aufweisen. Der Weinstein wächst und muss entweder verworfen oder erneut fein gemahlen werden. Diese so gewonnen Kristalle können wieder für ein erneutes Kontaktverfahren verwendet werden. Feinste Kristalle werden nach dem Hydrozyklon durch eine Zentrifuge und/oder Filter entfernt.

Mit dem Kontaktverfahren kann auch übersättigtes **Kalzium-Tartrat (CaT)** ausgefällt werden. Anstatt des Kontaktweinsteines in Form von KHT muss dann feinst gemahlenes Kalzium-Tartrat (CaT) eingesetzt werden, welches jedoch teuer ist und nur in kleinen Mengen bezogen werden kann.

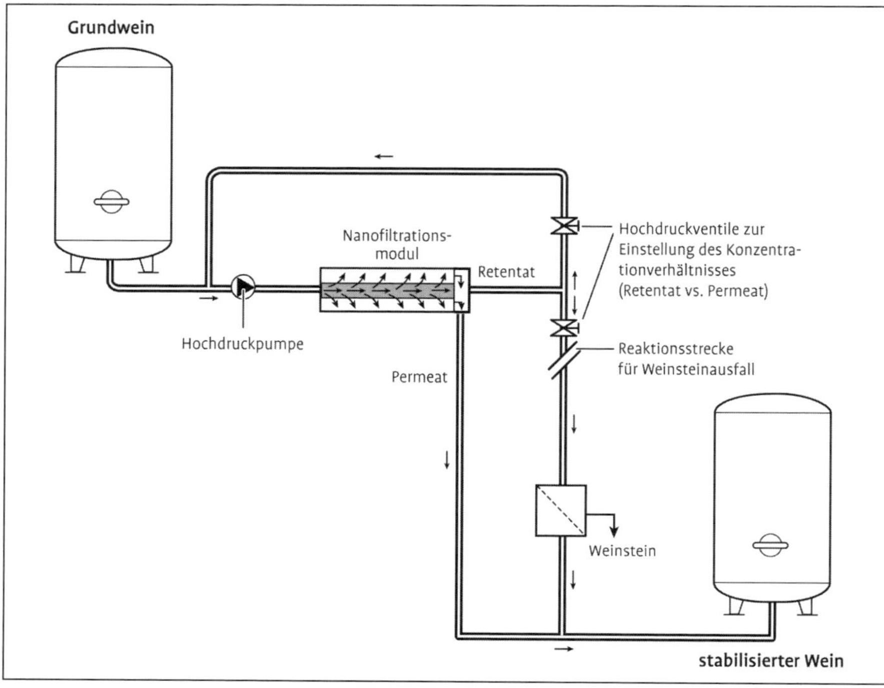

Abb. 106. Prinzip der Kristallstabilisierung mit Nanofiltration.

Weiterführende Literatur: Friedrich G und Müller T, 2001; Dörr W, Bott EW et al., 1985; Postel W und Prasch E, 1977a.

Kristallstabilisierung durch Nanofiltration

Die Kristallstabilisierung durch Nanofiltration ist bislang noch nicht weit verbreitet. Es liegen noch wenige Erfahrungen vor. Aber es wurde Arbeiten gezeigt, dass diese Methode funktioniert (Low LL, 2007; Massot A, Mietton-Peuchot M et al., 2008).

Das Prinzip dieses Verfahrens ist relativ einfach. Durch eine Nanofiltration mit einer Trenngrenze von rund 300 Dalton oder darunter wird der zu stabilisierende Wein fraktioniert. Im Retentat werden viele Weininhaltsstoffe und deshalb auch Kalium, Kalzium und Weinsäure konzentriert. Bei einem zuvor zu bestimmenden Grad der Übersättigung fällt der Weinstein aufgrund der zunehmenden Übersättigung ohne Kühlung oder Zugabe von Kontaktweinstein aus. Die Kristalle müssen dann abgetrennt werden und der Wein wird wieder mit dem Permeat rückverschnitten. Danach ist der Wein kristallstabil (Abb. 106).

8.3.2.3 Entfernung der Reaktionspartner aus Wein

Eine wirklich zuverlässige Kristallstabilisierung kann nur durch die Entfernung der Reaktionspartner erreicht werden. Im Folgenden werden die Methoden beschrieben, die geeignet sind, die Gehalte an Kalium,

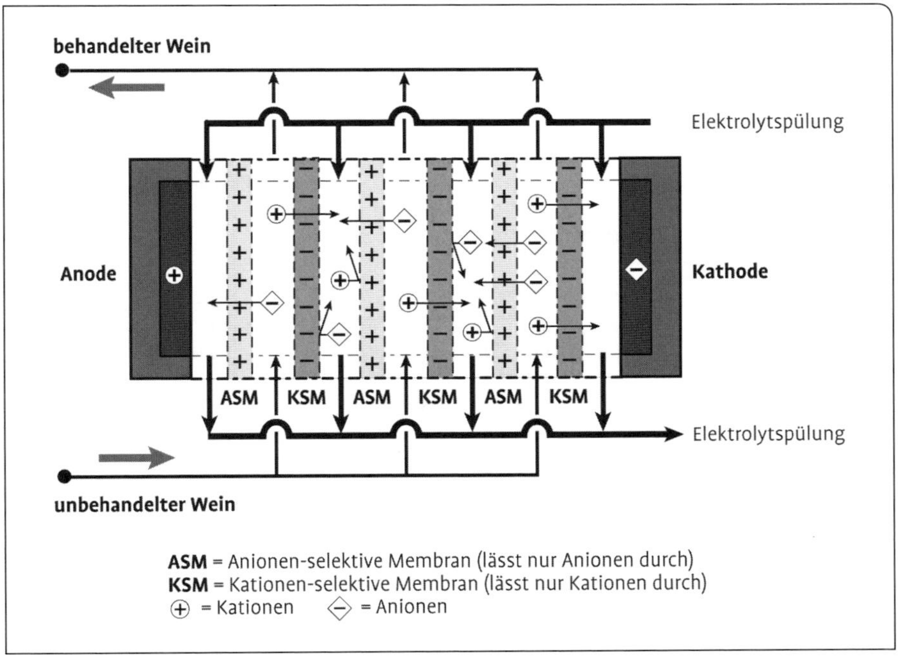

Abb. 107. Grundlegender Aufbau einer Elektrodialyseanlage zur Kristallstabilisierung (verändert nach Troost, 1988).

Kalzium und teilweise auch Weinsäure zu reduzieren.
Hierunter fallen die folgenden Verfahren:
- Elektrodialyse
- Zusatz von DL-Tartrat
- Ionenaustauscher
- Kombination aus Nanofiltration und Ionenaustauscher

Elektrodialyse

Die Elektrodialyse ist zwar ein aufwändiges aber sehr schnelles und sicheres Verfahren, um Kristallstabilität herzustellen. Es werden quantitativ Kalium$^{(+)}$, Kalzium$^{(++)}$ und Weinsäure-Ionen (negative Ladung) aus dem Wein entfernt. Solchermaßen behandelte Weine enthalten nur noch so geringe Mengen an Kalium-Hydrogen-Tartrat (KHT) und Kalzium-Tartrat (CaT), dass keine übersättigten Lösungen mehr entstehen und daher auch keine Kristalle mehr ausscheiden.

(Wollan D, 2010a; Schmidt O, 2006; Postel W und Prasch E, 1977b; Wucherpfennig K, 1974)

Elektrodialyse-Anlagen kann man sich als ein System mit vielen parallelen Kammern vorstellen. Die Trennwände zwischen den flüssigen Phasen bestehen aus zwei unterschiedlichen Membranen, die alternierend verbaut werden (Abb. 107).

Der zu behandelnde Wein ist an beiden Seitenwänden von Membranen umgeben, die selektiv nur Anionen (negative Ladung)

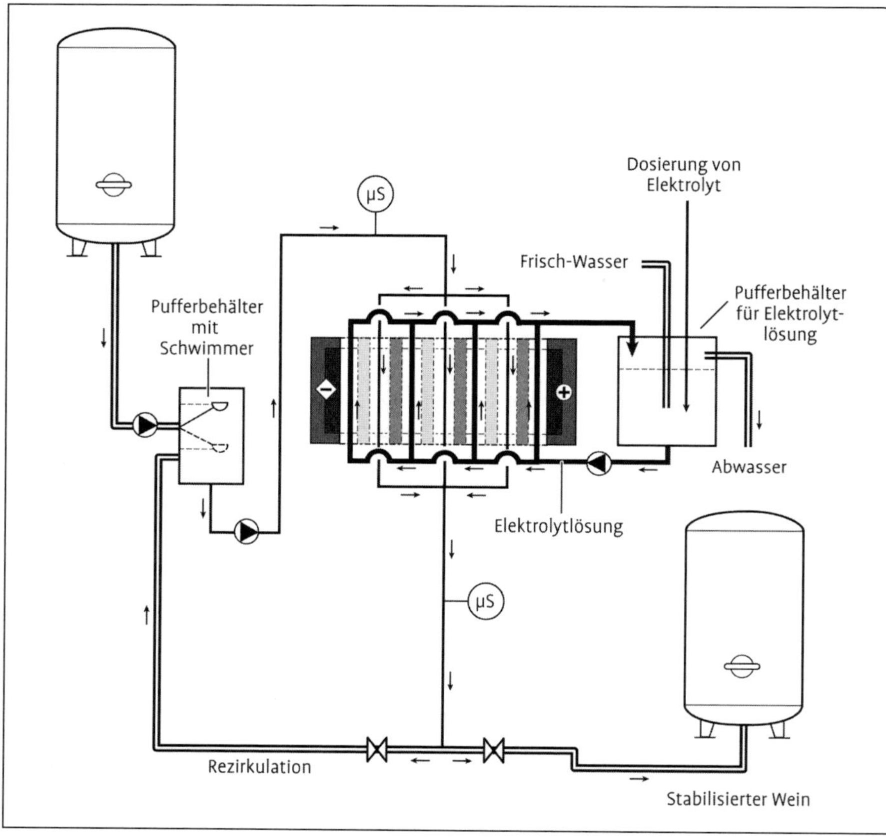

Abb. 108. Ablaufdiagramm einer Elektrodialyseanlage.

oder nur Kationen (positive Ladung) durchlassen können. Die abgetrennten Ionen gelangen in separate Kammern, die mit einer Elektrolytlösung durchspült werden. Diese Elektrolytlösung nimmt die abgetrennten Ionen auf und transportiert diese ab. Die abgetrennten Ionen können die Kammer mit der Elektrolytflüssigkeit nicht verlassen, da die jeweils entgegengesetzte Membran eine Art Sperre darstellt (Abb. 108).

Auf diese Weise werden bei Verwendung von geeigneten Membranen in erster Linie Kalium, Kalzium und Weinsäure aus dem Wein entfernt und es kann nicht mehr zu einer Übersättigung mit nachfolgender Kristallbildung kommen.

Zusatz von DL-Weinsäure zur Entfernung von überschüssigem Kalzium

Durch den Zusatz von DL-Weinsäure kann man gezielt überschüssiges Kalzium aus Wein entfernen. Wichtig ist in diesem Zusammenhang, dass man die Weinsäure gemäß ihrer optischen Aktivität unterscheidet:

- L(+)-Weinsäure (dreht polarisiertes Licht nach rechts) – diese Form kommt natürlich in Trauben vor
- D(-)-Weinsäure (dreht polarisiertes Licht nach links) – diese Form kommt nur in einigen wenigen anderen Pflanzen vor

Stellt man Weinsäure chemisch her, so entsteht ein homogenes Gemisch aus beiden optischen Formen (Racemat). Diese racemische Form wird auch DL-Weinsäure genannt und ist optisch inaktiv. Als weiteres Synonym wird die DL-Weinsäure auch »Traubensäure« genannt, ihre Salze heißen »Uvate«.

Von der Summenformel her sind beide Formen identisch, sie unterscheiden sich jedoch in ihrer räumlichen Struktur (wie ein linker und rechter Handschuh).

Alle Formen der Weinsäure bilden im Most und Wein schwer lösliche Kalzium-Salze. Aber ihre Löslichkeit ist stark unterschiedlich! Die Löslichkeit der Verbindung aus Kalzium mit

- natürlicher L(+)-Weinsäure (Kalzium-Tartrat) liegt bei ca. 315 mg/L,
- racemischem DL-Calciumtartrat (=Ca-Uvat) liegt bei ca. 30 mg/L.

Also kann man durch den Zusatz von DL-Weinsäure aufgrund der rund 10fach geringeren Löslichkeit eine relativ rasche Entfernung überhöhter Kalzium-Gehalte als Ca-Uvat erreichen. Der Kalzium-Gehalt so behandelter Weine sinkt schnell (Maurer R, 1977).

Um den Kalziumgehalt um 1 mg zu senken, sind je nach Wein 3 mg bis 3,5 mg je Liter an DL-Weinsäure notwendig. Auch der vollständige Ausfall des DL-Tartrates kann sich über mehrere Wochen erstrecken.

Ionenaustauscher

Eine berechnete Teilmenge des zu stabilisierenden Weines wird mit einem Ionenaustauscher behandelt. Im vorliegenden Fall kommen Kationenaustauscher zum Einsatz. Ziel der Behandlung ist es die unerwünschten Kationen Kalium^{+} und Kalzium^{++} gegen andere Kationen wie zum Beispiel H^{+} oder Na^{+} auszutauschen. Hierbei kann der Ionenaustausch entweder im Batchverfahren oder mittels Säule erfolgen.

Die direkte Behandlung von Wein mit Ionenaustauschern ist jedoch in der Regel als kritisch anzusehen.

Eine effiziente Möglichkeit mit Ionenaustauschern zu arbeiten ist die Kombination von Nanofiltration und Ionenaustauscher.

Kombination von Nanofiltration und Ionenaustauscher

Die Kombination von Nanofiltration und Ionenaustauscher ist eine weitere Möglichkeit, Wein zu stabilisieren. Durch die Nanofiltration wird der Wein in zwei Fraktionen getrennt. Im Retentat befinden sich alle hochmolekularen Inhaltsstoffe des Weines, im Permeat die niedermolekularen. Das Permeat kann jetzt ohne die Weinmatrix zu verändern mit einem Kationen-Ionenaustauscher behandelt werden, um überhöhte Mengen an Kalium und Kalzium zu entfernen. Nach der Behandlung wir das Permeat wieder zum Retentat zurück gegeben und der Wein ist bei korrekter Durchführung kristallstabil.

Das Prinzip dieser Behandlung ist vergleichbar mit vielen anderen Kombinationen aus Cross-Flow-Filtration mit nachgeschalteter Behandlung des Permeats, wie Entfernung der flüchtigen Säure oder flüchtiger Phenole (siehe Kapitel 12.2).

9 Filtration – Grundlagen

Unter dem Begriff Filtration versteht man allgemein ein mechanisches Trennverfahren. In der Kellerwirtschaft gibt es sehr unterschiedliche Filtrationsanwendungen. Neben Most und Wein müssen in einer Kellerei auch andere Medien wie Luft und Wasser filtriert werden. Das zu filtrierende Produkt läuft durch das Filter und suspendierte oder (kolloidal) gelöste Stoffe werden zurückgehalten. Das Wirkprinzip von Filtrationen kann in zwei physikalische Prinzipien eingeteilt werden. Partikelabscheidung aufgrund

- der Größe (Siebeffekt an der Oberfläche oder in der Tiefe),
- elektrostatischer Anziehung an der Oberfläche des Filtermaterials (Zeta-Potential).

Klärfiltration und/oder Sterilfiltration

Der Zweck der Filtration besteht darin, unerwünschte Stoffe aus Most oder Wein zu entfernen. Primär ist das Ziel einer Filtration die im Most und Wein suspendierten Partikel zu entfernen und die Trübung bzw. die Opaleszenz zu entfernen (Klärfiltration). Ein weiterer wichtiger Schritt ist die Entfernung von Mikroorganismen (Sterilfiltration). Hierbei gilt es vor allem Hefen und Bakterien zurückzuhalten. Um aus einem Most oder Wein alle Hefen (∅ meist zwischen 2- 10 µm) zu entfernen, muss das Filtermedium eine nominelle Porengröße von ≤ 1 µm haben. Um Bakterien sicher aus Saft und Wein entfernen zu können, muss das Filter eine nominelle Porengröße ≤ 0,45 µm aufweisen.

µm = Mikrometer = 10^{-6} m = 0,000001 m = 0,001 mm. Ein µm = ein tausendstel Millimeter.
Beispiel: Der Durchmesser eines menschlichen Haares liegt bei etwa 70 µm = 0,07 mm. Weinhefen haben meist einen Durchmesser von 2–10 µm = 0,002–0,01 mm

Deckschicht

Des Weiteren kann die Filtrationsschärfe von einer sich bildenden Deckschicht bestimmt werden. Diese Decksschicht bildet sich aus zurückgehaltenen Inhaltsstoffen auf der Filteroberfläche. Sie kann unter Umständen deutlich enger sein als das eigentliche Filtermedium. Bei statischen Filtrationen führt sie zur Verblockung des Filters. Bei der dynamischen Filtration (Cross-Flow) verlangsamt sie den Filtratfluss.

Je nach Filtrationstechnik ist es meist nicht möglich, einen Saft oder Wein mit einer einzigen Filtration bis in den Sterilbereich zu klären (Ausnahme: Cross-Flow-Filtration). Vielmehr erfordert die Klärung des Weines häufig eine Kopplung von unterschiedlichen Maßnahmen, um die suspendierten oder kolloidal gelösten Partikel abzutrennen. Oft erfolgt vor der Filtration eine Vorklärung durch Sedimentation. Diese Vorklärung kann erheblich durch gezielte Klärschönungen verbessert werden. Dadurch werden grobe Teile vor der Filtration entfernt und die Filterreife bzw. die Filtrierfähigkeit des Weines erreicht. Das bedeutet, dass Saft oder Wein für manche Filtermedien nur eine bestimmte Menge an Trub enthalten darf. Ist die zu filtrierende

Flüssigkeit zu trüb, verblockt der Filter sofort (Ausnahme: Cross-Flow-Filtration).

Fraktionierung von Wein
Neben der Klärung und Entkeimung kann man durch schärfere Filtrationen den Wein fraktionieren. Hierzu sind dynamische Membranfiltrationen im Einsatz. Je nach Porengröße der Membranen kann man hierbei unterscheiden in Ultrafiltration, Nanofiltration und Umkehrosmose.

Filtration -Systematik/Einteilung
In der Kellerwirtschaft gibt es eine ganze Reihe von unterschiedlichen Filtrationstechniken mit unterschiedlichen Einsatzspektren. Je nach technischer Ausstattung, Betriebsgröße und Anforderungen an die Filtration werden sehr unterschiedliche Filtertechniken eingesetzt. Grundlegend kann man die Filtrationstechnik in die folgenden Prinzipien unterteilen.

Zum einen unterscheidet man die Filtrationstechnik nach der Kinetik der Flüssigkeitsströmung in
- statische Filtration und
- dynamische Filtration.

Zum anderen teilt man Filtrationen nach dem Ort der Trubrückhaltung ein:
- Tiefenfiltration oder
- Oberflächen- bzw. Membranfiltration

9.1 Statische versus dynamische Filtration

Bei Unterscheidung der Filtration nach der Kinetik der Flüssigkeitsströmung teilt man in die statische und die dynamische Filtration ein:

Statische Filtration (Frontal- oder Dead-End-Filtration)
Bei der statischen Filtration wird die gesamte Saft- oder Weinmenge senkrecht durch das Filtermedium hindurch geführt. Man spricht auch von einer „Frontal-oder Dead-End"-Filtration. Alle Partikel die der Filter abtrennt, werden entweder auf der Oberfläche (Membranfiltration) oder in der Tiefe des Filtermediums (Tiefenfiltration) zurückgehalten (siehe Abb. 109).

Zur statischen Filtration gehören alle Tiefenfiltrationen (Anschwemm- und Schichtenfiltration, Tiefenfiltermodule und -kerzen) und Membranfilterkerzen.

Dynamische Filtration (Querstrom- oder Cross-Flow-Filtration)
Bei der dynamischen Filtration wird der zu filtrierende Saft oder Wein parallel bzw. quer über eine Membranoberfläche geführt (es gibt keine dynamische Tiefenfiltration). Daher wird diese Art der Filtration auch als **Querstrom-Filtration (Englisch = cross-flow-filtration)** bezeichnet. Das Filtrat fließt durch die Membran im rechten Winkel zur Hauptströmungsrichtung des Unfiltrats. Durch eine relativ hohe Strömungsgeschwindigkeit des Unfiltrats wird an der Membranoberfläche eine turbulente Strömung erzeugt. Dies bewirkt, dass sich zurückgehaltene Partikel durch hydraulische Effekte und Scherkräfte wieder ablösen. Eine Deckschichtbildung (Schicht aus zurückgehaltenen Partikeln und Kolloiden) kann aber dennoch nicht vollständig vermieden werden (Sekundarmembran). Der Filtratstrom fällt daher zu Beginn stark ab. Danach erreicht der Filtratfluß ein langsam sinkendes Plateau (siehe Abb. 109). Je nach Art und Menge der zurückgehaltenen Trubteile ergibt sich ein unterschiedlicher Aufbau der Deckschicht. Im Gegensatz zu statischer Filtration ist der Rückgang der Filtrationsleistung sehr langsam, da permanent ein Teil der Deckschicht entfernt wird. Wichtig in diesem Zusammenhang ist, dass keine Filterhilfsmittel notwendig sind.

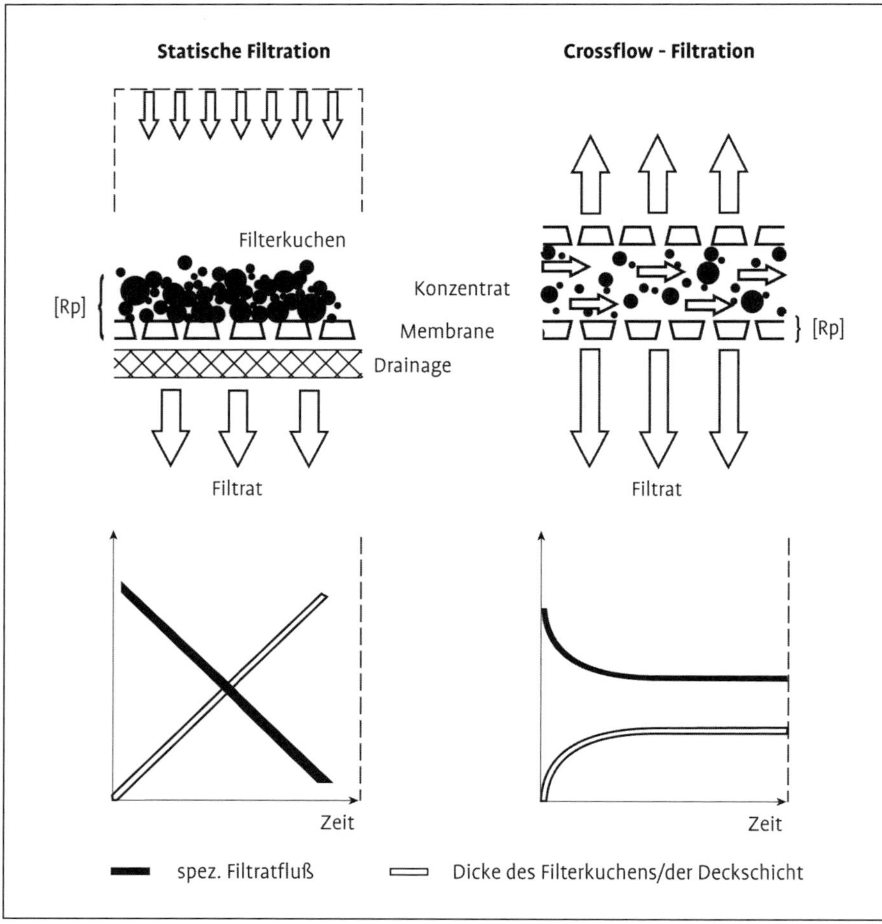

Abb. 109. Gegenüberstellung der statischen und der Cross-Flow-Filtration.

Zu der dynamischen Filtration gehören alle Filtrationsarten, die nach dem Querstrom- bzw. Cross-Flow-Prinzip arbeiten.

- Mikrofiltration
- Ultrafiltration
- Nanofiltration
- Umkehrosmose

9.2 Tiefenfiltration versus Membranfiltration

Im Folgenden wird auf die grundlegende Charakteristik von Tiefenfiltration und Membranfiltration eingegangen und die Verfahren voneinander abgegrenzt.

Tiefenfiltration

Die Rückhaltung der Partikel erfolgt in der Tiefe des Filtermediums über eine

Kombination aus Rückhaltung aufgrund der Partikelgröße sowie durch elektrische Anziehung (Zeta-Potential). Bei der Tiefenfiltration ist daher keine „absolute“ Rückhaltung gewährleistet. Tiefenfilter haben ein hohes Trubaufnahmevermögen (Abb. 110). Der Trub wird in der gesamten Tiefe des Filtermediums erfasst und zurückgehalten (dreidimensionales Labyrinth). Der Filtrationseffekt entsteht demnach kumulativ durch

- die Siebwirkung (Oberfläche) bzw. der Tiefenwirkung,
- bei elektrostatisch aktiven Medien auf Adsorption durch das Zeta-Potenzial.

Im Gegensatz zur Membranfiltration kann es bei einer Tiefenfiltration bei Filtrationsunterbrechungen oder/und hohen Differenzdrücken bzw. Druckstößen zum Durchschlagen des Filters kommen (Partikeldurchbruch).

Zur Tiefenfiltration gehören folgende Filtrationsarten:

- Anschwemmfiltration (mit Perlite, Kieselgur, Zellulose)
- Schichtenfiltration
- Tiefenfiltermodule/-kerzen

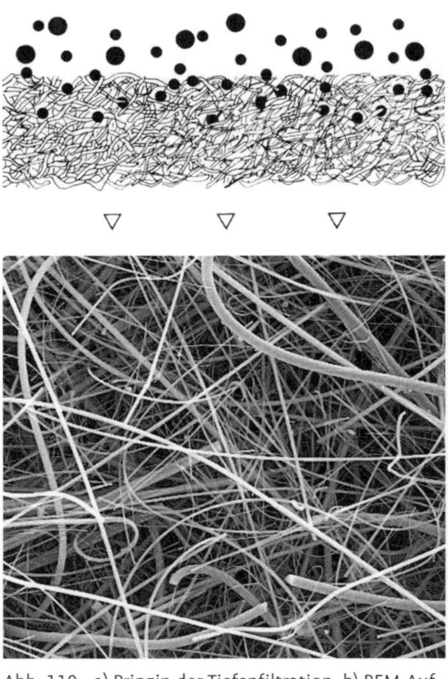

Abb. 110. a) Prinzip der Tiefenfiltration, b) REM-Aufnahme eines Filterflieses.

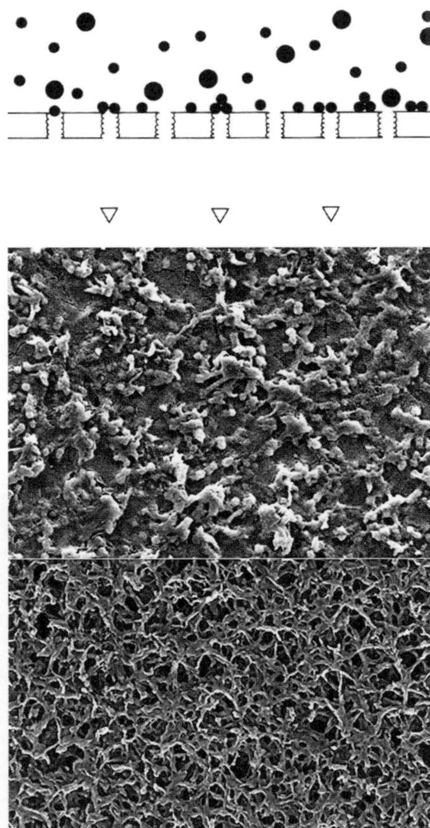

Abb. 111. a) Prinzip der Membranfiltration, b) REM-Aufnahme der Membranoberfläche, oben verblockt, unten neuwertig

Membranfiltration (auch Oberflächenfiltration)

Die Rückhaltung von Mikroorganismen und Partikel erfolgt ausschließlich über einen Siebeffekt aufgrund der (definierten) Porengröße an der Oberfläche einer Membran. Alle Mikroorganismen, Partikel oder Kolloide, die größer als die Poren sind, werden zurückgehalten. Membranfilter haben keine Filtertiefe und verblocken bei Beaufschlagung mit geringen Mengen an Partikeln sehr schnell. Die Filterleistung sinkt erheblich.

Innerhalb der Membranfiltration unterscheidet man zwei Filtrationsarten:

- Statische Membranfilter (meist Filterkerzen) (siehe Kapitel 10.2)
- dynamischen Membranfiltration (siehe Kapitel 11 Cross-Flow-Filtration)

Statische Membranfilter sind nicht geeignet, um größere Mengen an Trub zurückzuhalten. Aber sie trennen sicher und effektiv Hefen und Bakterien ab. Daher sind statische Membranfilter ideal für die **Sterilfiltration** geeignet.

Sie werden meist nach Filtern mit großer Trubrückhaltekapazität eingesetzt, die aufgrund der Bauart keine exakte Abscheiderate (z. B. 0,45 µm) besitzen. Die statischen Membranfilter können Hefen und Bakterien, die vom vorgeschalteten Filter nicht zurück gehalten werden, sicher erfassen. Sie werden daher auch als Polizeifilter bezeichnet. Da die Partikelrückhaltung nur über die Oberfläche geschieht, werden statische Membranfilter plissiert (gefaltet). Dadurch wird bei gleicher Baugröße eine wesentlich größere wirksame Oberfläche erreicht (siehe Abb. 128).

Dynamische Membranfilter (Cross-Flow-Filter) trennen auch über die Membranoberfläche. Aufgrund der turbulenten Strömung quer zur Membranoberfläche werden die Poren aber immer wieder frei gespült.

10 Statische Filtration

Bei der statischen Filtration wird die gesamte Saft- oder Weinmenge senkrecht durch das Filtermedium hindurch geführt. Man spricht auch von einer „Frontal-oder Dead-End“-Filtration. Alle Partikel, die der Filter abtrennt, werden entweder auf der Oberfläche (Membranfiltration) oder in der Tiefe des Filtermediums (Tiefenfiltration) zurückgehalten.

10.1 Tiefenfiltration

Die Tiefenfiltration ist ein sehr erfolgreiches Verfahren um trübe Säfte und Weine zu klären. Das Trubaufnahmevermögen in der Tiefe des Filters ist enorm und wird durch unterschiedliche Materialien und Bauarten der Filter ermöglicht.

Zur statischen Filtration gehören:

- alle Tiefenfiltrationen (Anschwemm- und Schichtenfiltration, Tiefenfiltermodule und -kerzen)
- Membranfilterkerzen

10.1.1 Rückhaltemechanismen von Tiefenfiltern

Die zu klärende Flüssigkeit muss durch ein sehr engmaschiges, dreidimensionales Netzwerk oder auch Labyrinth fließen. In der Regel verengt sich die Porenweite mit zunehmender Tiefe im Filtermedium wie z. B. in Filterschichten oder Tiefenfilterkerzen. Dadurch erreicht man eine erhebliche Steigerung der Trubaufnahmekapazität, da zuerst grobe und dann feine Partikel zurückgehalten werden. Der Anteil der Hohlräume zwischen dem Filtermaterial liegt im Bereich von 70–80 %. Je nach Schichtdicke können so große Mengen an Trub festgehalten werden.

Die Zurückhaltung von Partikeln aus Most und Wein erfolgt bei der Tiefenfiltration nicht ausschließlich über die Größe der Poren im Filtermaterial. Tiefenfilter können durchaus erhebliche Mengen an Partikeln (z. B. Bakterien) oder auch Kolloide zurückhalten, die deutlich kleiner sind als die Poren des Filters. Hierbei handelt es sich um einen sekundären Effekt aufgrund von elektrischer Ladung – dem Zeta-Potential. Das **Zeta-Potential** ist von Bedeutung für die Kellerwirtschaft bei fast allen Schönungs- und Flokulationsvorgängen sowie bei der Partikelrückhaltung in Filtern. Es bildet sich an der Abscherschicht eines bewegten Partikels in einer Suspension.

Je nach Größe und Zusammensetzung werden Trubstoffe und Mikroorganismen unterschiedlich in Filtern erfasst. Hierbei ist die Größe und Textur der Partikel sowie der elektrischen Ladung zu unterscheiden. Man kann die Trubabscheidung in Tiefenfiltern zur Vereinfachung in Gruppen einteilen. Die Rückhaltemechanismen von Tiefenfiltern sind anhand von vier möglichen Trubarten in Abb. 112 ersichtlich.

- a) Große, nicht verformbare Teilchen werden schon auf der Oberfläche des Filtermediums zurückgehalten. Die aktive Filterfläche in der Tiefe des Mediums wird nicht belegt und bleibt ungenutzt. Das Filtermedium ist zu fein für diese Art von Trub. Es ist charakteristisch für Hefen. Die Leistung des Filters sinkt linear.

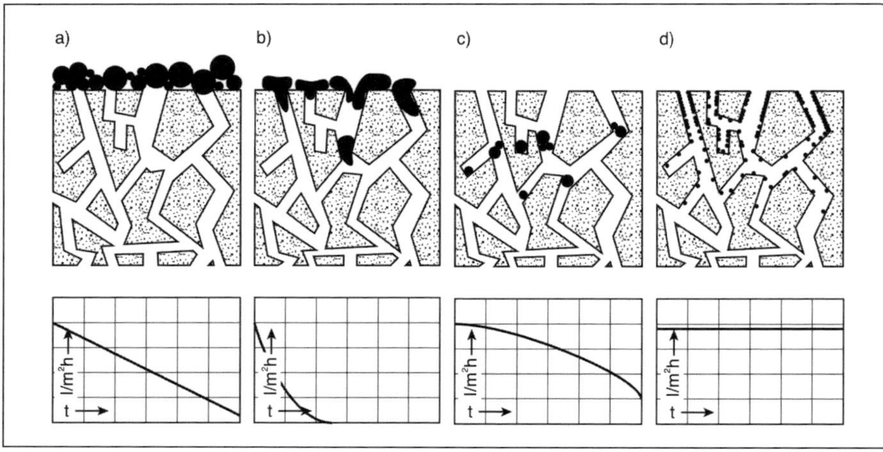

Abb. 112. Retentionsmechanismen von Tiefenfiltern mit den typischen Leistungsdiagrammen (Ribereau-Gayon P, Glories Y et al., 2006).

- b) Deformierbare, eventuell schleimige Teilchen dringen teilweise in das Filtermedium ein und verstopfen dieses sehr schnell. Die Filterleistung bricht extrem rasch ein, da der Filter effektiv verblockt. Dieses Bild ist charakteristisch bei hohen Konzentrationen an Pektin, Glucan oder eventuell bei Rotweinen nach Erhitzung.
- c, d) Eine optimale Filtration ergibt sich bei guter Anpassung des Filtermediums an das zu klärende Produkt. Unter c) sieht man, wie sich die Trubstoffe in der Tiefe des Filtermediums verfangen und allmählich die Oberfläche des Filters belegt wird. Die Leistung sinkt nur sehr langsam ab. Unter d) ist der Fall dargestellt, dass die Adsorption aufgrund der Ausbildung eines Zeta-Potentials in der Tiefe des Mediums erfolgt. Die Partikel sind sehr klein (z. B. Bakterien) und können mechanisch nicht zurückgehalten werden. Die Mengen-Leistung des Filters wird durch diese Art von Trub nicht verringert. Aber, nachdem die wirksame Oberfläche des Filters belegt ist, werden die Trubteilchen, also ggf. Bakterien durchschlagen, ohne dass der Filter Druck angezeigt hätte. Auch nach dem Unterbrechen der Filtration würde sich bis zum erneuten Aufbau des Zeta-Potentials Trub von der Oberfläche ablösen und durchschlagen.

Zeta-Potential

Das Zeta-Potential ist ein elektrisches Feld zwischen zwei Phasen. Dieses elektrische Feld entsteht durch die Reibung von Teilchen mit ungleich verteilter elektrischer Ladung in einer Flüssigkeitsströmung. Die Stärke des Zeta-Potentials ist unter anderem von der Strömungsgeschwindigkeit abhängig. Beim Vorhandensein einer Flüssigkeitsströmung im Filter bildet sich durch die Teilchenreibung das Zeta-Potential am Filtermaterial aus. Die geladenen Teilchen in der zu filtrierenden Flüssigkeit werden angezogen und an der Filteroberfläche fixiert. Für die Strömungsgeschwindigkeit gibt es hierbei ein Optimum:

- beim Überschreiten einer bestimmten Strömungsgeschwindigkeit können sich die Teilchen nicht mehr an der Filteroberfläche anheften und werden durch das Filter geschwemmt (Filter schlägt durch).
- Bei zu geringer oder keiner Flüssigkeitsströmung geht das Zeta-Potential gegen Null und bereits adsorbierte Partikel bzw. Kolloide werden wieder von der Filteroberfläche desorbiert.

Das Unterbrechen einer Filtration führt so zum Ablösen von zuvor gebundenen Teilchen. Beim Fortfahren einer Klärfiltration nach Unterbrechung kann man häufig im Auslauf eine anfängliche Eintrübung erkennen, die dann in kurzer Zeit verschwindet. Das gleiche passiert bei einer Sterilfiltration mit Tiefenfiltern – jedoch ohne dass man dies optisch verfolgen könnte. Nach der Unterbrechung der Steril-Filtration lösen sich unter Umständen Hefen und Bakterien von der Oberfläche des Tiefenfilters. Erst nach dem erneuten Aufbau des elektrischen Feldes – sprich des Zeta-Potentials – werden die Partikel wieder zuverlässig zurückgehalten. Leider kann man die abgelösten Mikroorganismen nicht mit bloßem Auge erkennen. Daher sollte ein Membranfilter mit definierter Porengröße (Polizeifilter) nach dem Steril-Tiefenfilter geschaltet sein.

10.1.2 Verfahren der Tiefenfiltration

Die Tiefenfiltration ist in allen Bereichen der Getränkeherstellung weit verbreitet und sehr leistungsfähig. Es kann in folgende Verfahren unterteilt werden:
- Trubfiltration
- Anschwemmfiltration
- Filterschichten
- Tiefenfiltermodule bzw. -kerzen

Je nach Problemstellung muss der Anwender das jeweilig optimale oder das im Betrieb verfügbare Verfahren auswählen und dann entsprechend anwenden.

10.1.2.1 Trubfiltration

Bei der Weinherstellung fallen viele unterschiedliche Trubstoffe an. Die größte Trubmenge fällt bei der Vorklärung der Moste sowie beim Abstich nach der Gärung an. Des Weiteren gibt es noch gewisse Mengen an Trub zum Beispiel nach Schönung oder Kristallstabilisierung.

Für die Aufarbeitung des Trubes gibt es unterschiedliche Techniken. Meist werden spezielle Filtertechniken wie Vakuumdrehfilter oder Kammerfilterpresse (Hefefilter) verwendet.

Vakuumdrehfilter

Vakuumdrehfilter sind sehr robust und leistungsfähig. Daher sind sie geeignet, große Mengen an Trub unterschiedlicher Natur aufzuarbeiten. Sie können jedoch nur für Mosttrub oder Hefegeläger verwendet werden und eignen sich nicht für die Klärung von Wein.

Funktion

Eine Trommel ist über den gesamten Trommelumfang mit einem engmaschigen Edelstahl-Siebgewebe umgeben. Diese Trommel ist drehbar in einer Wanne montiert. In die Wanne wird zunächst ein Gemisch aus Wasser und Filterhilfsmittel (Perlite, Kieselgur, Zellulose) gegeben. Über eine Vakuumpumpe wird die Trommel unter Unterdruck gesetzt und das Wasser-Filterhilfsstoff-Gemisch angesaugt. Durch die Rotation der Trommel verteilt sich der Filterhilfsstoff gleichmäßig auf der Trommeloberfläche. Man spricht von einer Grundanschwemmung. Diese kann bis zu 10 cm hoch sein. Danach wird die Wanne mit

Abb. 113. Querschnitt durch einen Vakuumdrehfilter.
1 = Filtertrog, 2 = Filtertrommel, 3 = Filtertuch, 4 = Voranschwemmschicht, 5 = Filterkuchen, 6 = Schaberabnahme, 7 = Eingang – Unfiltrat, 8 = Ausgang-Filtrat, 9 = Filtratabscheider, 10 = Filtratpumpe, 11 = Vakuumpumpe

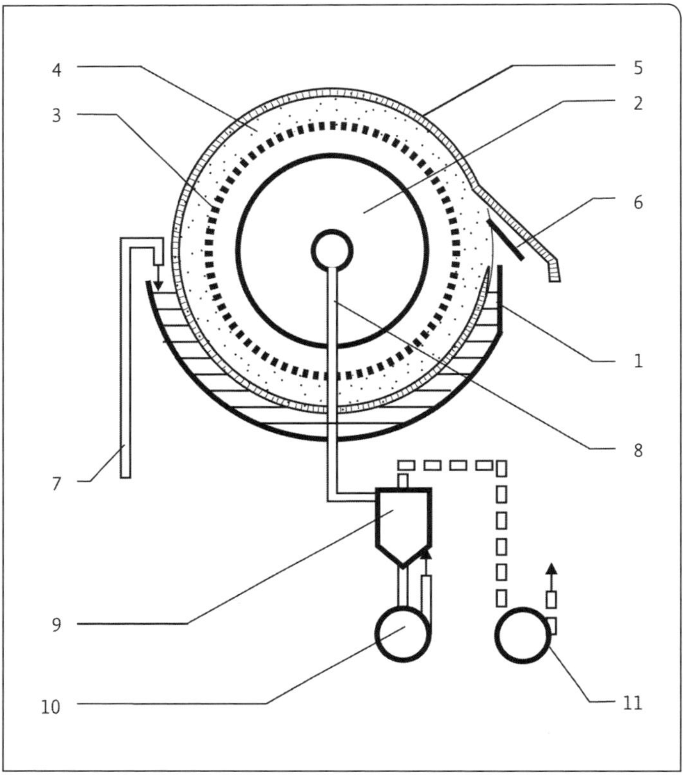

dem zu filtrierenden Produkt gefüllt. Durch das Vakuum wird das Produkt angesaugt und durch das Filterhilfsmittel filtriert. Im Inneren der Trommel kommt nur geklärte Flüssigkeit an.

Die Oberfläche des Filterhilfsmittels verblockt auf diese Weise. Diese verblockte Schicht des Filterhilfsmittels wird kurz vor dem erneuten Eintauchen in den Trub abgeschält. Hierzu ist eine bewegliche Klinge entlang der Trommel montiert, die einen einstellbaren Vorschub besitzt. Die Anpassung der Filtration erfolgt in Abhängigkeit vom Feststoffgehalt und der Filtrierfähigkeit des Produktes durch die Regelung von Trommeldrehzahl, Vorschubgeschwindigkeit des Messers sowie der Höhe des Vakuums.

Zusammenfassung zum Vakuumdrehfilter:

- Nur für Trub oder Hefegeläger aber nicht für Wein geeignet.
- Sehr effektive Klärung – speziell bei großen Trubmengen.
- Zur Trubaufbereitung in Großbetrieben geeignet.
- Sehr große Leistung bei relativ hohem Filterhilfsmittel-Verbrauch.
- Ausgesprochen robust in der Filterleistung, da die verblockte Trubschicht immer durch die Klinge abgeschert wird.

Abb. 114. Ansicht eines Vakuumdrehfilters in Betrieb:
Oben links: Stirnansicht der Trommel und Wanne;
Oben rechts: Trommeloberfläche belegt mit Trub und durch Klinge abgescherte Trubschicht,
Links: Vakuumabscheider.

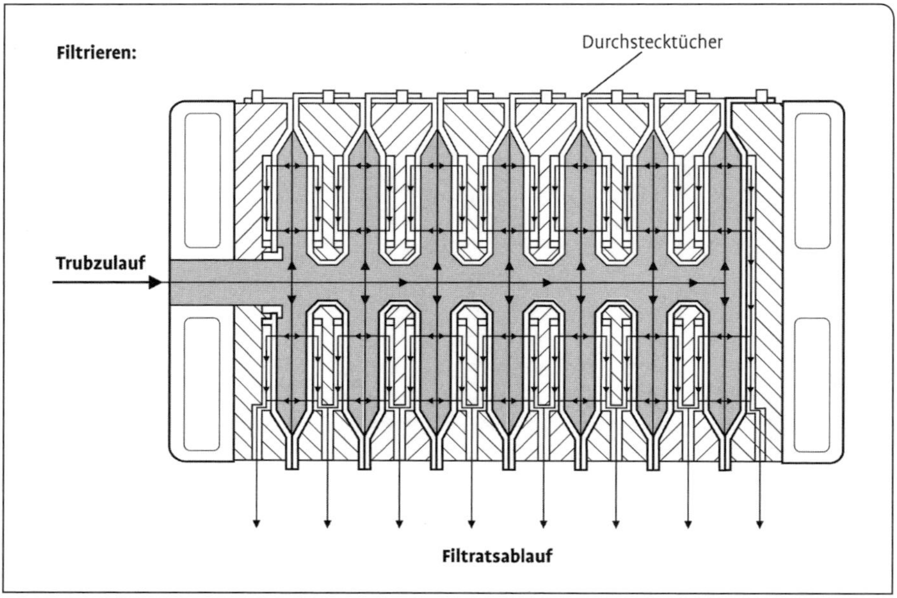

Abb. 115. Schnittzeichnung einer Kammerfilterpresse beim Filtrieren und Entleeren (Strassburger Filter GmbH).

- Potential der Oxidation gegeben (aber weniger als gemeinhin angenommen, da das Produkt unter Vakuum steht und gleichzeitig entgast wird).
- Die Anwendung von Kieselgur wird wegen der gestiegenen Sicherheitsauflagen aufgrund der Silitose-Problematik immer problematischer.

Kammerfilterpresse

Die Kammerfilterpresse ist eine vielseitige Technik zur Klärung von Flüssigkeiten mit hohem Anteil an Feststoffen. Dabei bilden die Feststoffe selbst einen Kuchen durch den die zu klärende Flüssigkeit durchfließt. Zur Vermeidung von Verblockung/Verschleimung wird in der Regel ein Filterhilfsmittel zugegeben.

Neben der Trubaufbereitung ist die Kammerfilterpresse auch hervorragend für die Anschwemmfiltration geeignet. Hierfür braucht man lediglich ein externes Dosiergerät zur kontinuierlichen Zugabe des Filterhilfsmittels damit es nicht zu Verblockungen kommt.

Die Kammerfilterpresse hat quadratische Filterplatten mit meist 40, 60 oder 100 cm Kantenlänge. Im Inneren sind große Hohlräume für die Aufnahme vom Gemisch aus Trub und Filterhilfsstoff (Abb. 115). Die Hohlräume sind mit Filtertüchern aus Kunstfaser ausgekleidet. Bevor das zu filtrierende Produkt auf die Platten gepumpt wird, erfolgt üblicherweise eine Voranschwemmung mit Filterhilfsmittel (Perlite, Kieselgur, Zellulose). Danach wird das zu filtrierende Produkt zentral in die Kammern gepumpt. Das klar ablaufende Filtrat wandert durch den sich bildenden Trubkuchen, dann durch die Filtertücher

Abb. 116. Kammerfilterpresse.

und wird über interne Kanäle zum Ausgang geleitet. Für die Trubfiltration ist eine spezielle Pumpe auf den Filtern montiert, die bis zu 12 bar Druck aufbauen kann. Sobald der Trubraum vollständig gefüllt ist, wird der Filter entlastet, entleert und gereinigt. Danach kann das Ganze wieder von vorne beginnen. Zur Anpassung an unterschiedliche Trub- bzw. Unfiltratmengen kann die Endplatte verschoben werden. So kann man die wirksame genutzte Filteroberfläche sehr gut anpassen. Im Extremfall kann man sogar nur mit einer Filterplatte arbeiten.

Membranfilterpresse

Eine spezielle Bauform der Kammerfilterpresse ist die Membranfilterpresse. Die Trubplatten sind so modifiziert, dass hinter dem Filtertuch eine elastische Membran montiert ist. Diese Membran kann mit Druckluft beaufschlagt werden. Dadurch wird der Raum in der Filterkammer verkleinert und so der Trubkuchen ausgepresst. Die Membranplatten erfordern Druckluftanschluss am Gestell (Abb. 117).

Filtertücher

Das Material und der Aufbau der Filtertücher entscheiden über deren Verhalten bei der Trubverarbeitung und Filtration. Es hat sich hierbei gezeigt, dass speziell der Faden, aus dem die Tücher gewebt werden, einen großen Einfluss auf die Filterleistung hat. Man unterscheidet zwischen „monofilen" und „multifilen" Fäden. Monofile Fäden sind aus einem einzigen durchgängigen Faden hergestellt. Daher sind sie we-

Abb. 117. Filterplatte einer Membranfilterpresse mit Membran unterhalb des Filtertuches.

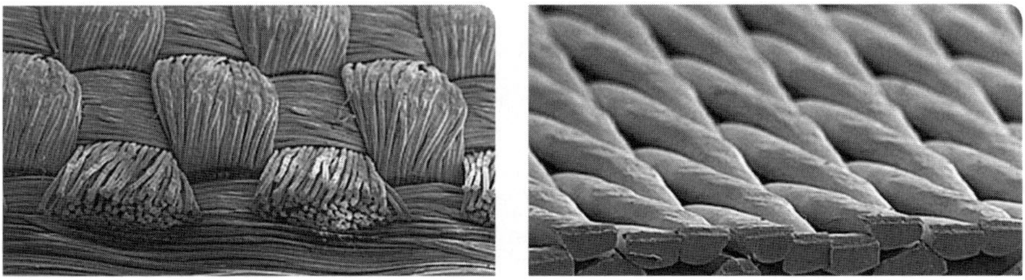

Abb. 118. Gegenüberstellung von a) multifilem Webfaden (aus vielen kleinen Fäden) und b) monofilem Faden (= ein einziger glatter Faden) (Erbslöh Geisenheim).

sentlich durchlässiger und unproblematischer zu reinigen als multifile Tücher. Des Weiteren ist das Ablösen des Trubkuchens beim Entleeren erleichtert. Monofile Gewebe eignen sich daher deutlich besser für die Trubfiltration.

Tücher aus multifilem Gewebe garantieren zwar eine bessere Klärwirkung. Aber der Trub dringt in die Zwischenräume der winzig kleinen Fäden ein, verursacht so einen hohen hydraulischen Widerstand. Sie sind daher sehr schwer zu reinigen.

Zusammenfassung zur Kammerfilterpresse:

- Relativ teurer aber universell einsetzbarer Filter für den groben bis mittleren Klärbereich.
- Filterplatten mit großem Trubrahmen zur Aufnahme einer Trub-Filterhilfsmittel-Mischung.
- Im Trubrahmen sind Filtertücher montiert (ideal aus monofilem Gewebe).
- Trubrahmen füllen sich nach und nach mit dem Gemisch, das durch ständige Dosierung von Filterhilfsstoff durchlässig gehalten wird.
- Wenn die Kapazität der Trubrahmen erschöpft ist (voll), muss der Filter geöffnet, entleert und gereinigt werden.
- Filtration ist relativ langsam aber sehr nachhaltig, da im Bereich von bis zu 12 bar Überdruck gearbeitet wird (Kolben- oder Schlauchpumpe).

10.1.2.2 Anschwemmfiltration

Diese traditionelle Technik wird heute in einem weiten Bereich von der Klärfiltration bis hin zu hefefreier Filtration eingesetzt. Es ist eine Tiefenfiltration, bei der eine flüssigkeitsdurchlässige Schicht durch permanente Dosierung von Filterhilfsmittel wächst. Durch das ständige Dosieren von Filterhilfsstoffen (Perlit, Kieselgur, Zellulose) bleibt die Schicht durchlässig und verblockt nicht.

Das **Prinzip der Anschwemmfiltration** kann wie folgt beschrieben werden:

- Filterhilfsmittel (Perlite, Kieselgur, Zellulose) werden in einer Flüssigkeit suspendiert und anschließend durch die Stützflächen des Anschwemmfilters geführt.
- Die Stützflächen der Anschwemmfilter können unterschiedlich aufgebaut sein: 1. Zellulose (Stützschichten für Schichtenfilter mit Rahmen), 2. mono- oder multifiles Polypropylengewebe (Kammerfilterpresse), 3. Tressengewebe (Siebgeflecht aus Edelstahl), 4. Filterkerzen (Spaltfilter aus Edelstahl). Die Porengröße, Maschenöffnungen oder Schlitze dieser Stützflächen liegt im Bereich 50 bis 100 µm (= 0,05–0,1 mm).

Abb. 119. Ansicht eines Horizontal-Anschwemmfilters.

Erfahrungsgemäß können bei dieser Spaltgröße die groben Partikel der Voranschwemmung zurückgehalten werden.

- Die Stützflächen selber fungieren dabei nicht als Filter, sondern dienen nur als Gerüst für den Filterkuchen, in dem die eigentliche Trubentfernung stattfindet.
- Je länger die Filtration andauert, desto dicker wird die Schicht aus Filterhilfsmittel und darin zurückgehaltenem Trub (Filterkuchen).
- Damit die Trubstoffe des Weines nicht die Poren des Filterkuchens verstopfen, wird dem Unfiltrat in einem bestimmten Verhältnis fortlaufend Filterhilfsmittel zudosiert.
- Die Dosage an Filterhilfsmittel sollte sich am Druckanstieg orientieren, der im Idealfall über längere Zeit konstant ist (optimal 0,2–0,4 bar/Std.)
- Das Ende der Filtration ist mit der Ausschöpfung des Trubraumes erreicht.

Abb. 120. Untere Filterplatte mit Absperrventil zur Restfiltration des Kesselinhaltes.

- Danach wird der Filter geleert.
- Durch den bis zu mehrere Zentimeter dicken Filterkuchen haben Anschwemmfilter eine riesige Trubaufnahmefähigkeit und somit lange Standzeiten.

Filterhilfsmittel

In der Getränkeklärung kommen im Wesentlichen drei Filterhilfsmittel zum Einsatz. Alle drei haben gemeinsam, dass diese eine sehr große Oberfläche haben. Die angeschwemmte Schicht aus Filterhilfsmittel muss die Flüssigkeit ohne großen Wiederstand durchlassen und dennoch den Trub beim Durchströmen im Filterhilfsmittel zurückhalten. Der Anwender muss daher die Dosage von Filterhilfsstoff an die jeweilige Filtration anpassen.

Perlit. Perlit ist ein Gestein vulkanischer Herkunft und wird auch Vulkanglas genannt. Chemisch gesehen handelt es sich um ein Aluminiumsilikat mit mehr als 70 % SiO_2. Für die Verwendung als Filterhilfsstoff muss Perlit aufbereitet werden.
Hierzu wird der native Perlit, der einen Wassergehalt von bis zu 4 % hat, rasch auf Temperaturen nahe 1000 °C erhitzt. Dies führt zum Aufblähen durch das schlagartige Verdampfen des Kristallwassers. Das Volumen wird dadurch auf das 15–20fache vergrößert, die Dichte nimmt ab.
Danach wird der Perlit vermahlen und in unterschiedliche Größenklassen sortiert. Je nach Partikelgröße können so unterschiedliche Klärschärfen bei der Anschwemmfiltration realisiert werden.

In der Vergangenheit wurde Perlit nur mit relativ grober Körnung gehandelt. Deshalb wurde es meist nur für grobe Filtrationen oder bei der Trubaufbereitung mit Vakuumdrehfilter oder Kammerfilterpresse eingesetzt. Durch neue Vermahlungstechniken kann aber auch Perlit so fein vermahlen werden, dass es alternativ zu Kieselgur verwendet werden kann. Im Gegensatz zu Kieselgur hat Perlit kein erhöhtes Gesundheitsrisiko durch den Staub.

Kieselgur (Diatomeenerde). Kieselgur ist eine weißliche, pulverförmige Substanz, die aus den Schalen mikroskopisch kleiner, fossiler Kieselalgen (Diatomeen) besteht. Wie auch Perlit besteht Kieselgur überwiegend aus amorphem Siliziumdioxid (SiO_2) und hat eine sehr poröse Struktur. Auch Kieselgur hat eine große Menge Wasser eingeschlossen und wird durch Hitzebehandlung (Kalzinierung) aktiviert. Danach kommen noch das Vermahlen und Sichten (Auftrennen nach Partikelgröße).
Der unbestritten hervorragenden Wirkung von Kieselgur als Filterhilfsmittel stehen gesundheitliche Risiken beim Einatmen von Kieselgurstaub entgegen.

Zellulose. Im Unterschied zu Kieselgur und Perlite ist Zellulose ein organisches Material. Sie kann Anhaftungen enthalten, die sich sensorisch auswirken können. Allerdings sind in den letzten Jahren bei der Zellulose-Herstellung große Fortschritte erzielt worden. Die heutigen Zellulosen haben eine größere Reinheit und werden in unterschiedlichen Größenbereichen angeboten. Inzwischen sind Zellulosen mit gleichmäßigen Fasergrößen herstellbar und erhältlich:
- Faserlänge 20 -2000 µm
- Faserdicke 20 -30 µm

Zellulose wird in der Anschwemmfiltration schon seit langem verwendet. Jedoch war früher nur die Grundanschwemmung das Ziel, da die ersten Filter sehr große Maschenweiten hatten. Des Weiteren kann durch Beimischungen von Zellulose die Druckstoßempfindlichkeit von Kieselgur und Perlite verringert werden.

Zur Grundanschwemmung wird eine Schichtdicke von ca. 1 mm angestrebt. Bei einer alleinigen Verwendung von Zellulose als Filterhilfsmittel genügen 30–50 % der üblicherweise verwendeten Kieselgur, wahrscheinlich bedingt durch die im Vergleich zu Perlite und Kieselgur gleichmäßigere Korngrößenverteilung und das geringere Eigengewicht der Zellulose.

Voranschwemmung mit Filterhilfsmittel sowie laufende Dosierung während der Filtration

Das Filtrationsergebnis und die Sicherheit der Anschwemmfiltration sind von der Voranschwemmung abhängig.

Die **Voranschwemmung** bei der Filtration dient allein dazu, die relativ groben Maschen der Stützflächen zu überbrücken. Im Verlauf des Prozesses muss die auf den Stützschichten gebildete Voranschwemmung dem sich aufbauenden Differenzdruck standhalten. Wenn im Verlauf der Filtration Durchbrüche entstehen, sind sie oft auf eine ungenügende Voranschwemmung zurückzuführen. Für die richtige und widerstandsfähige Überbrückung der Öffnungen braucht es gröbere Perlite, Kieselgur oder langfaserige Cellulose.

Die Voranschwemmung entsteht dadurch, dass eine Suspension im Kreislauf gefahren wird. Die größeren Teilchen setzen sich dann zuerst auf der Stützschichtfläche des Filters ab, gefolgt von den kleineren Teilchen. Etwa 2400 l/m²xh sind als Durchflussrate bei der Voranschwemmung anzustreben, der optimale Differenzdruck wird mit 0,1–0,5 bar angegeben. Dadurch bildet sich ein Tiefenfilterbett, das die Trubstoffe und die nachdosierten Mengen an feinem Filterhilfsmittel am Durchfluss hindert.

Die benötigten Mengen an Filterhilfsstoff für die Voranschwemmung liegen zwischen 0,25 und 1 kg/m² (Tab. 8).

Durch die **laufende Dosierung während der Filtration** in den Flüssigkeitsstrom entsteht eine sich ständig erneuernde Filtrationsschicht mit Siebwirkung, die das Verblocken oder Verschleimen der Filtrationsschicht verhindert. Die laufende Dosierung führt zur Aufrechterhaltung einer konstanten Durchlässigkeit auf der Oberfläche des Filterkuchens. Der Vorgang

Tab. 8. *Überblick über die Mengen an Zellulose, Kieselgur und Perlite bei der Anschwemmfiltration (verändert nach (Schandelmaier B, Lipps M et al., 2009; Schandelmaier B, 2004)*

Filter	Weinfiltration	Material	Dosage
Kammerfilterpresse & Anschwemmfilter	1. Voranschwemmung	Perlit	0,3–1,0 kg/m²
		Kieselgur	0,3–1,0 kg/m²
		Zellulose	0,25–0,35 kg/m²
	2. Voranschwemmung	Gleiche Mengen wie bei der 1. Voranschwemmung aber nur das Mittel der laufenden Dosierung	
	Laufende Dosierung	Perlit	0,5–2,0 kg/1000 Liter
		Kieselgur	0,5–2,0 kg/1000 Liter
		Zellulose	0,3–1,0 kg/1000 Liter

der eigentlichen Filtration soll an der Oberfläche und nicht zu sehr in der Tiefe stattfinden.

Die notwendige Menge an **laufend zudosierte Filterhilfsmittel** kann von Wein zu Wein unterschiedlich sein. Das optimale Verhältnis von Filterhilfsmittel zu Trub kann stark variieren. Es wird empirisch über die Entwicklung von Druckanstieg und Mengendurchsatz angepasst. Eine optimale Dosage zeigt nur sehr geringe Mengenveränderungen und einen Druckanstieg von 0,2 bis 0,4 bar je Stunde.

Die laufende Dosage an Filterhilfsstoff während der Filtration liegt je nach Filterhilfsstoff zwischen 0,3–2 kg/m² (s. Tab. 8).

Anströmgeschwindigkeit und Schlauchdurchmesser

Die Anschwemmfiltration benötigt eine ständige Dosage an Filterhilfsmittel in das zu filtrierende Produkt. Die Filterhilfsmittel sedimentieren bei geringen Strömungsgeschwindigkeiten zum Teil sehr rasch. Daher ist eine Mindestanströmgeschwindigkeit je Quadratmeter Filterfläche einzuhalten. Sie sollte nicht unter 1000 Liter pro m² und Stunde (L/m²xh) abfallen, besser sind 1500 bis 2000 L/m²xh. Dieser Wert kann in großen Kesselfiltern, Rahmenfiltern oder auch Kammerfilterpressen schnell unterschritten werden. Das Filterhilfsmittel ist dann nicht mehr gleichmäßig in der Suspension verteilt. Bei geringen Anströmgeschwindigkeiten von nur 400 bis 600 Litern pro m² und Stunde setzen sich die Filterhilfsstoffe schneller ab, als sie die Flüssigkeit bewegen kann. Bei horizontalen Siebflächen zeigt sich bei der Reinigung am vorderen Rand eine dickere Schicht, die zur Sammelachse hin deutlich abnimmt. Auch die oberen Siebflächen sind dann meist mit weniger Filterhilfsmittel belegt als die unteren Filtersiebe.

Zur Vermeidung der Entmischung muss also auf eine ausreichend große Strömung im Filter geachtet werden. Ganz im Gegensatz dazu sollte die Fließgeschwindigkeit in den Leitungen von und zum Filter nicht schneller als 1,5 m/sec liegen. Größere Fließgeschwindigkeiten führen zu **ungünstigen turbulenten Strömungen**.

Entscheidend für die Produktschonung ist eine **laminare, gleichmäßige Strömung** ohne Turbulenzen, die bei kohlensäurehaltigen Weinen bei einer Strömungsgeschwindigkeit von 1,5 m/sec ihre Obergrenze findet. Eine langsamere Filtration macht aus den oben angesprochenen Gründen keinen Sinn. Langsame Fließgeschwindigkeiten treten besonders dann auf, wenn zu scharf filtriert wird.

> Vielfach ist beim Einsatz großflächiger Filter weniger die Anströmgeschwindigkeit als vielmehr der Durchmesser der verwendeten Schlauchleitung ein begrenzender Faktor.

Diese Zusammenhänge sind in Tab. 9 zusammengefasst dargestellt. Der maximalen Volumenstrom (m³/h) einer Leitung mit beispielsweise 50 mm Durchmesser bei maximal 1,5 m/sec Fließgeschwindigkeit liegt bei 10.600 L/h.

Beispiel: Leitung mit 50 mm Innendurchmesser

$$V = \text{Volumenstrom } [\frac{m^3}{h}] =$$

$$A * v = [m^2 \times \frac{m}{sec} \times \frac{3600\ sec}{h}] = \frac{m^3}{h}$$

$$V = 0{,}025^2 \times 3{,}14 \times 1{,}5\ m/sec \times 3600\ sec/h = 10{,}6\ m^3/h$$

A = Querschnitt des Rohrs [m²]
(Kreisfläche: πr^2)
(v) = Strömungsgeschwindigkeit $[\frac{m}{sec}]$

10.1.2.3 Schichtenfiltration

Filterschichten sind klassische Tiefenfilter und es gibt viele unterschiedliche Anwendungen. Im Gegensatz zur Anschwemmfiltration, wo ein Filterkuchen im Verlauf der Filtration aufgebaut wird, besitzen sie ein vorgefertigtes, asymmetrisches Filterbett. Sie bestehen mehrheitlich aus einer für den jeweiligen Anwendungsfall angepassten Mischung aus

- Zellulosefasern
- anorganischen Filterhilfsmitteln wie z. B. Kieselgur und/oder Perlit
- Nassfestmittel (Kunstharz)

Durch die Zusammensetzung der Filterschichten wird während der Filtration eine elektrische Ladung der Schicht erzeugt (Zeta-Potential), welches feinste Partikel und Mikroorgansimen zurückhalten kann.

Schichtenfilter = sehr anpassungsfähig
Schichtenfilter sind sehr weit verbreitet und haben ein riesiges Anwendungsspektrum. Dies liegt nicht zuletzt an der sehr ausgeprägten Anpassungsfähigkeit dieser Technik. Der Anwender kann die Anzahl der verwendeten Filterschichten (Menge an Unfiltrat) sowie deren Trennschärfe (Abtrenncharakter) an den jeweiligen Anwendungsfall von der Vorklärung bis zur Sterilfiltration anpassen.

Filterschichten sind etwa 3 bis 5 mm dick. Dies erscheint zunächst eine relativ kurze Strecke bzw. Tiefe zu sein. Die Dimension dieser Strecke wird erst dann anschaulich, wenn man die Tiefe der Filterschicht im Verhältnis zur Größe von Hefen und Bakterien sieht. Hefen müssen rund den 1000fachen und Bakterien rund den 6000fachen Weg ihres Durchmessers innerhalb der Filterschicht zurücklegen (siehe Tab. 10).

Abtrennraten sowie Anströmgeschwindigkeit bei der Schichtenfiltration
Je nach Zusammensetzung der Filterschicht sowie Harztyp ergeben sich spezielle Filtereigenschaften. Die Filtration kann in unterschiedliche Bereiche mit entsprechenden Abtrennraten einteilt werden (Tab. 11).

Tab. 9. *Übersicht bezüglich der Fließgeschwindigkeiten der Anströmgeschwindigkeit; verändert nach (Weik B., 2006)*

∅ Leitung	Maximaler Volumendurchsatz der Leitung bei 1,5 m/sec (laminare Strömung)	Maximale Filterfläche, damit 1000, 1500 oder 2000 l/m²xh nicht unterschritten werden		
		1000 l/m²xh	1500 l/m²xh	2000 l/m²xh
30 mm	3.800 l/h	3,8 m²	2,5 m²	1,9 m²
32 mm	4.300 l/h	4,3 m²	2,9 m²	2,2 m²
40 mm	6.800 l/h	6,8 m²	4,5 m²	3,4 m²
50 mm	10.600 l/h	10,6 m²	7,1 m²	5,3 m²
60 mm	15.260 l/h	15,2 m²	10,2 m²	7,6 m²
80 mm	27.000 l/h	27,0 m²	18 m²	13,6 m²
100 mm	42.390 l/h	42,4 m²	28 m²	21,1 m²

Es ist jedoch wichtig darauf hinzuweisen, dass ein zu hoher Differenzdruck, eventuelle Druckstöße und zu hohe Fließgeschwindigkeiten zum Durchschlagen von Filterschichten führen können.

In Abb. 122 sind die Fluxraten in L/m^2x min von unterschiedlichen Filterschichten einer Produktlinie dargestellt. Die Mengenleistung verhält sich invers zur Klärschärfe. Ab einer nominellen Trenngrenze von etwa 0,4 µm handelt es sich um Sterilschichten.

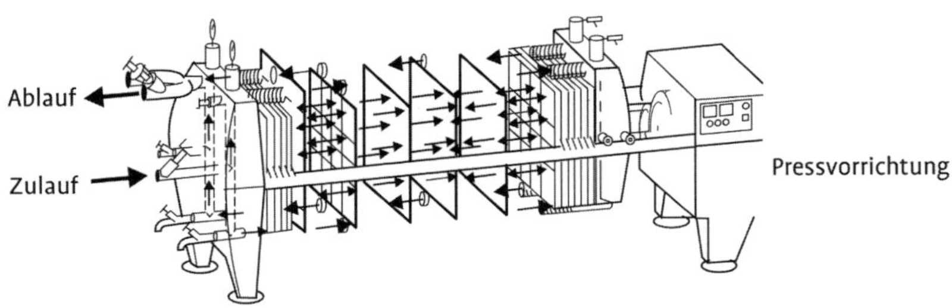

Abb. 121. Detailzeichnung und Ansicht eines Schichtenfilters.

***Tab. 10.** Vergleich der Größe von Mikroorganismen und der Tiefenfiltration mit Filterschichten*

Mikroorganismus	Mittlerer Durchmesser	Verhältnis Mikroorganismus zu Filterschicht (Tiefe von 3 mm = 3000 µm)
Hefen	3 µm	1000
Bakterien	0,5 µm	6000

***Tab. 11.** Einteilung der Schichtenfiltration in Kategorien, Abtrennraten, Fluxraten und Druckdifferenzen*

	nominelle Abtrennrate µm	max. Fluxraten $L/m^2 h$	max. Druckdifferenz bar
Grobfiltration	15–35	700–1000	3,0
Klärfiltration	3–15	700–800	2,5
Fein(st)filtration	0,6–3	500–700	1,5–2,0
Keimreduzierende Filtration	0,4–0,8	500–700	1,5
Sterilfiltration	< 0,4	350–400	1,2

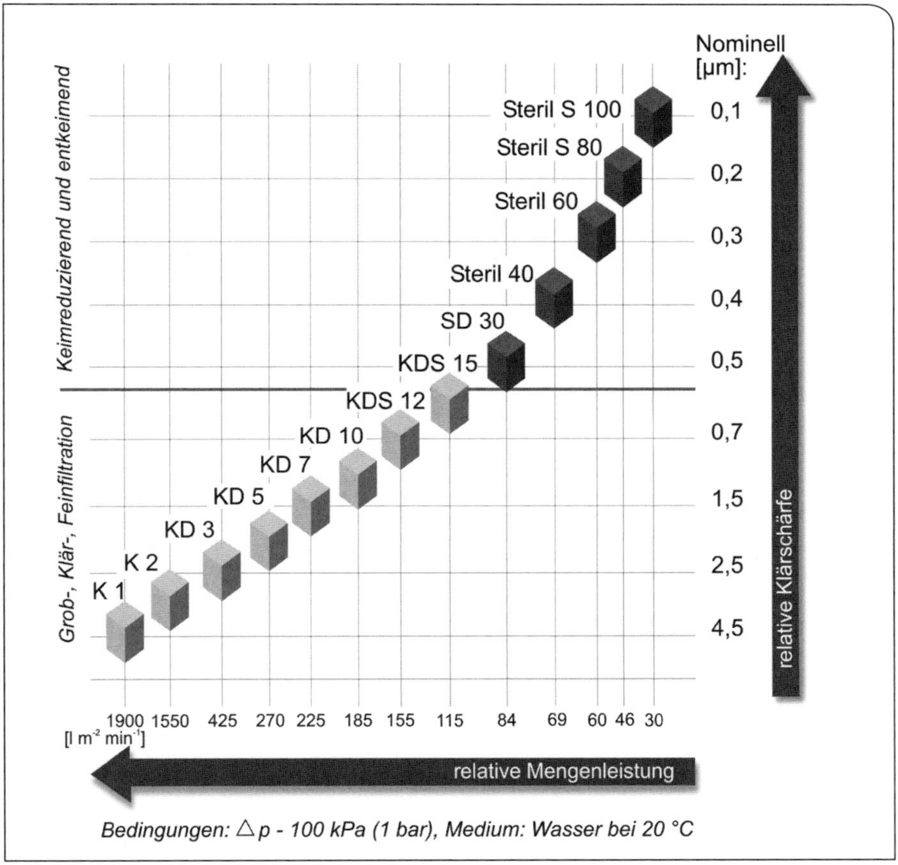

Abb. 122. Vergleich der Fluxraten (l/h) von unterschiedlichen Filterschichten mit Wasser (Δ p = 1 bar bei 20 °C).

Fließschema

Die Filterschichten werden in ein Filtergehäuse in paralleler Anordnung gepackt. Zwischen je zwei Filterplatten ist eine Schicht montiert, durch die das Unfiltrat von einer Seite fließt. Hierbei alternieren die Filterplatten zwischen Trub und Klarseite. Das Unfiltrat wird am Filtereingang meist in einen oberen und unteren Teil getrennt. Dann fließt es entlang des Schichtenpaketes und wird durch Dichtungen in die Filterplatten zur Trubseite geleitet. Dort verteilt sich das Unfiltrat auf der gesamten Filterschicht und fließt durch die Filterschicht hindurch auf die Klarseite. Das Filtrat wird analog zur Eingangsseite gesammelt und zum Ausgang geleitet (Abb. 123).

Es wird so lange filtriert, bis der gesamte Innenraum der Filterschichten mit Trub gefüllt ist die Schicht erschöpft. In aller Regel steigt mit der Belegung des Filters auch der Druck am Filtereingang. Zu diesem Druckanstieg muss es aber nicht

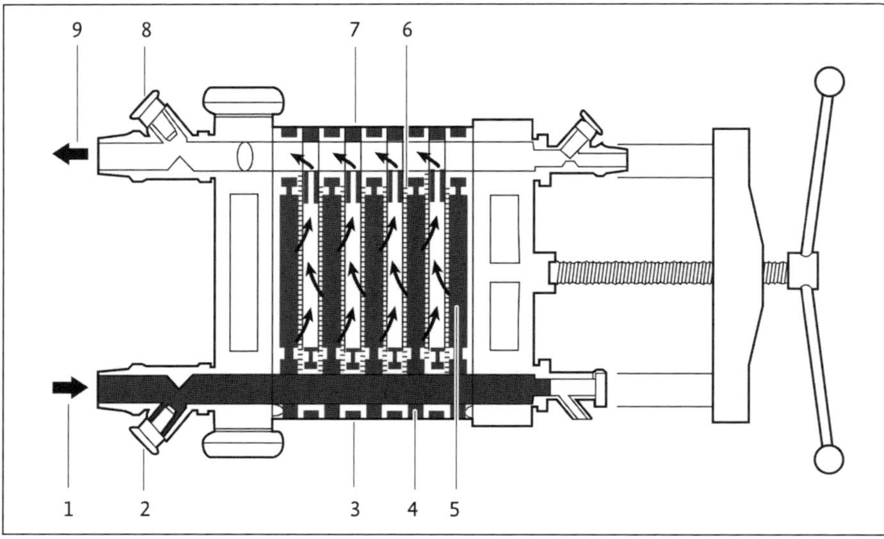

Abb. 123. Fließschema eines Schichtenfilters. (1: Eingang Unfiltrat; 2: Einlassventil; 3: Unfiltratseite; 4: Unfiltratplatte; 5: Endplatte; 6: Filterschicht; 7 Filtratseite; 8: Auslassventil; 9: Ausgang Filtrat).

unbedingt kommen (s. Abb. 112). Dies ist dann der Fall, wenn nur kleinste Partikel durch die elektrostatische Anziehung auf der Oberfläche des Filters adsorbiert wurden, der Filter aber nicht verblockt ist.

Regeneration von Filterschichten

Alle Tiefenfilter können durch Rückspülen regeneriert werden. Der asymmetrische, trichterartige Aufbau der Filterschicht begünstigt die Rückspülung. Die Eingangsseite hat weitere Poren als die Ausgangsseite. Beim Rückspülen nach der Verblockung des Filters sollte man wie folgt vorgehen:

- Verdrängen von Produkt durch Wasser in Filtrationsrichtung.
- Rückspülen entgegen der Filtrationsrichtung zunächst mit Kaltwasser und dann mit zunehmend heißerem Wasser (>60 °C). Würde man sofort mit heißem Wasser rückspülen, könnten Eiweiße koagulieren und sich in der Filtermatrix irreversibel festsetzen.
- Das Rückspülen ist in der Regel beendet, wenn im Spülwasser keine Trübung mehr erkennbar ist. Dies stellt sich meist nach längstens 30 Minuten Rückspülen ein.

Die Rückspülung führt zu geringeren Materialkosten und kann zur Einsparung beitragen (Meyer M, Knöferl C et al., 2009).

Filterschichten ohne mineralstoffhaltige Bestandteile (BECOPAD)

Seit relativ kurzer Zeit befinden sich alternative Tiefenfilterschichten aus reinen Filtercellulosen sowie Nassfestmittel ohne Zumischung von weiteren mineralstoffhaltigen Bestandteilen wie Kieselgur oder Perlite am Markt. Sie wurden von der Firma Begerow entwickelt und werden unter dem Namen BECOPAD vertrieben. Neu entwickelte Verfahren zur Zellulosefaser-Aufbereitung sollen ermöglichen, die Funktionalität der reinen Zellulose zu erweitern, damit die Zellulosefasern als Filterschicht die volle Filtrationswirkung erzielen.

Als Vorteile werden eine bessere Rückspülbarkeit, höhere Leistung, geringeres Tropfen, biologische Abbaubarkeit und Druckfestigkeit genannt.

Filterschichten mit TRIEX® zur TCA, TBA und TeCA-Entfernung

Eine zum Patent angemeldete Tiefenfilterschicht namens FIBRAFIX® TX-R entfernt muffige und dumpfe Aromen aus Wein und anderen Getränken. Hierbei soll das Aroma und der Geschmack des Weines kaum beeinflusst werden. Diese Fehlaromen können in unhygienischen Kellern unter ungünstigen Bedingungen gebildet werden. Auch eine Kontamination über behandeltes Holz (z. B. Paletten) ist möglich. Eine weitere Möglichkeit der Kontamination ist der Schimmelpilzbefall von Korkplatten vor der Verarbeitung. So können sehr unangenehme Fehlaromen entstehen; der betroffene Wein ist unverkäuflich.

FIBRAFIX® TX-R Tiefenfilterschichten sind eine gute Methode zur Entfernung von Chlor- und Bromanaisolen (TCA = 2,4,6 Trichloranisol; TBA = 2,4,6 Tribromoanisol; TeCA = 2,3,4,6 Tetrachloranisol).

Die Filterschichten Fibrafix® TX-R sind äußerlich herkömmliche Filterschichten. Sie werden vor der Anwendung für ca. 15 Minuten gewässert. Wie üblich bestehen auch diese Filterschichten aus gereinigter und gebleichter Zellulose sowie einem Harz zur Erhöhung der Nassfestigkeit. Eine Sterilisation kann mit Heißwasser (85 °C) oder Niederdruckdampf (125 °C) erfolgen. Das Besondere dieser Schichten ist der Triex-Zusatz. Triex, eine anorganische Substanz, ist letztlich das Adsorptionsmittel in den Schichten, welches das TCA bzw. TBA im Durchfluss an sich bindet. Die empfohlene Durchflussrate liegt bei 350 L/m²xh.

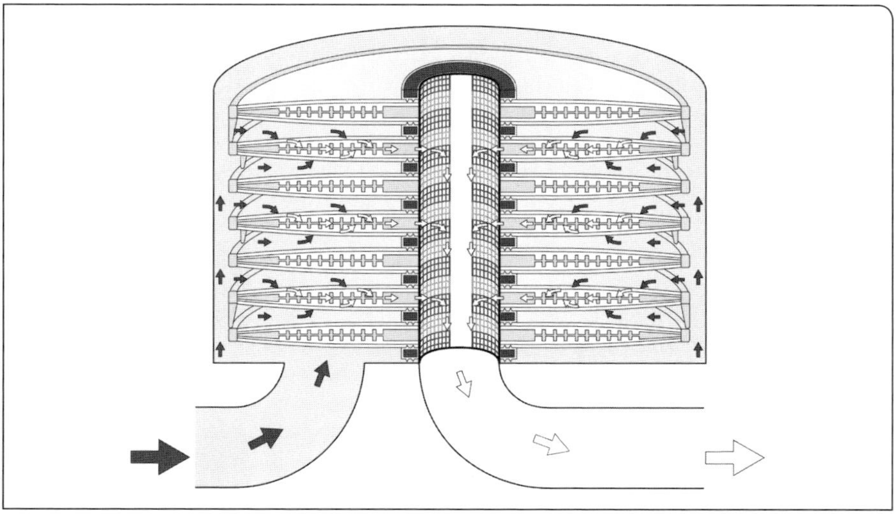

Abb. 124. Fließschema eines Tiefenfiltermoduls.

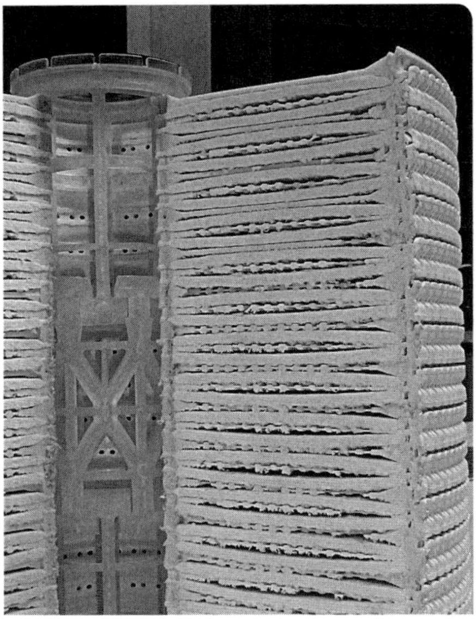

Abb. 125. Schnitt durch ein Tiefenfiltermodul (Seitz Supra disc II).

Gemäß der FDA (Food and Drug Administration) wird Triex als Aluminiumsilikat nach US-Recht mit Bentonit und Kaolin gleichgesetzt. Daher dürfen die Schichten in den USA bei Wein verwendet werden. In Europa sind die Fibrafix TX-R-Schichten bislang noch nicht für Wein zugelassen.

(Eder R, Hütterer EM et al., 2008; Jung R, Schaefer V et al., 2009)

10.1.2.4 Modulfilter mit Tiefenfilterschichten

Modulfilter mit Tiefenfilterschichten haben dieselben Eigenschaften wie vergleichbare Filterschichten. Der Unterschied besteht lediglich in der Bauart. Sie sind in einem hermetisch geschlossenen Gehäuse verbaut, tropffrei und daher im Vergleich zu anderen, offenen Filtersystemen hygienischer. Der Flüssigkeitsfluss verläuft während der Filtration in der Regel von außen nach innen. Das Filtrat wird zentral im Kern abgeführt (siehe Abb. 124 und 125). Wie alle Tiefenfilter können auch die Tiefenfiltermodule relative große Trubmengen aufnehmen, sind robust und rückspülbar. Beim Rückspülen wird vom Ausgang zum Eingang gespült.

10.1.2.5 Tiefenfilterkerzen

Tiefenfilterkerzen werden in der Regel aus unterschiedlichen Polypropylen-Vliesen hergestellt. Ein Vlies kann man sich als eine Schicht dicht zusammenhängender Fäden vorstellen (s. Abb. 110, 127). Diese Fäden bilden ein dreidimensionales Netzwerk vergleichbar mit Wollfäden in Filz. Partikel die größer sind als die Räume in der Vliesmatrix werden zurückgehalten.

Es kann einerseits ein einzelnes Vliesmaterial zu einer Kerze verbaut werden. Dieses Vlies wird dann plissiert (gefaltet),

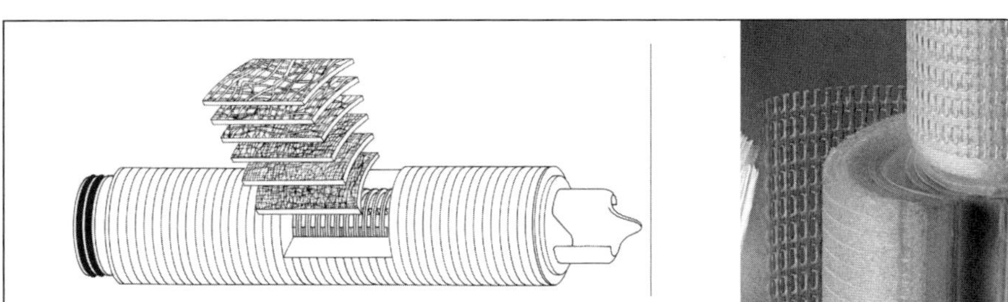

Abb. 126. Wickelkerze mit Vliesen aus Polypropylen.

um eine größere Oberfläche zu erhalten. Andererseits gibt es gewickelte Vlieskerzen, bei denen mehrere Schichten Filtermaterial unterschiedlicher Stärke um den zentralen Ablauf gewickelt werden. Hierbei nimmt die Materialstärke von außen nach innen ab. Demzufolge nimmt die Filterschärfe nach innen hin zu.

Tiefenfilterkerzen werden meist nach der Anschwemmfiltration bzw. nach der Feinfiltration eingesetzt. Durch die große Trubaufnahmekapazität schützen sie die statischen Membranfilter vor einer Verblockung. Sie sind durch ihre gute Rückspülbarkeit sehr wirtschaftlich.

Rückspülen von Tiefenfiltermodulen bzw. -kerzen

Tiefenfilterkerzen bieten durch den asymmetrischen Aufbau (von außen nach innen enger werdend) ideale Voraussetzungen für das Rückspülen. Je nach Filtermaterial, Bauart und Hersteller gibt es unterschiedliche Vorschriften für das Rückspülen. Grundsätzlich sollte die Filterkerze nach jedem Gebrauch und bei Erreichen von kritischem Differenzdruck (je nach Spezifikation) rückgespült werden. Eine allgemein gültige Anleitung kann es nicht geben.

Generell wird beim Rückspülen von Tiefenfilterkerzen immer gegen die Filtrationsrichtung gefahren. Zunächst wird mit Kaltwasser Restprodukt verdrängt, dann folgen Spülungen mit Heißwasser (~80 °C). In aller Regel wird empfohlen, die ersten Liter an Rückspüllösung zu verwerfen, danach kann man zirkulieren. Sollten Module sich mit Heißwasserspülung nicht vollständig freispülen lassen, können chemische und/oder enzymtische Reinigungen vorgenommen werden.

Nach der Entleerung mit Luft werden die Filter sterilisiert und verschlossen. So können sie bis zur nächsten Anwendung stehen bleiben.

Abb. 127. Vliese unter dem Mikroskop: Links Glasfaser, rechts Polypropylen.

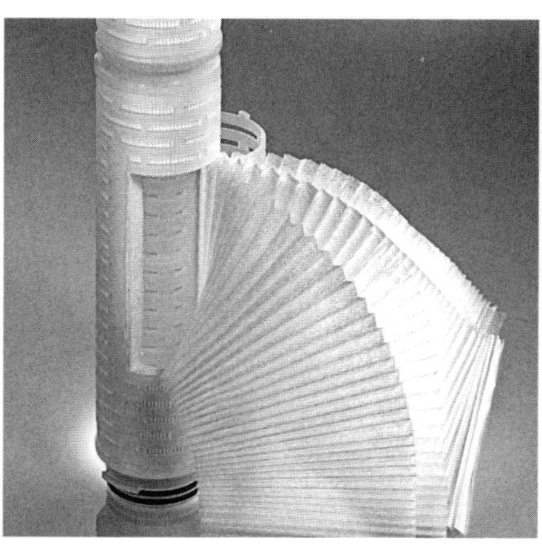

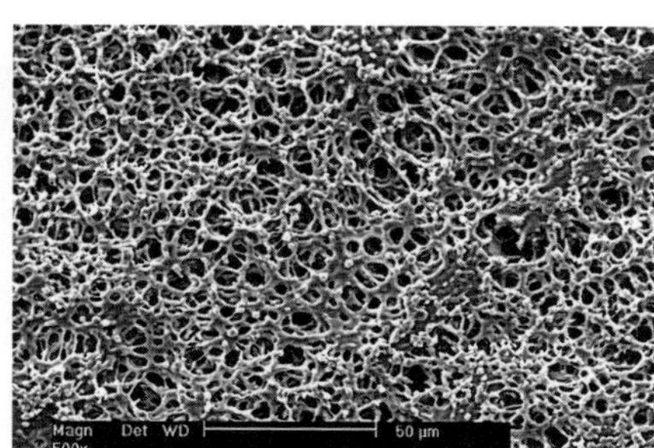

Abb. 128. Plissierte Sterilmembranen.

10.2 Statische Membranfiltration (Steril- bzw. Polizeifilter)

Die statische Membranfiltration findet ihre Anwendung überwiegend als Sterilfilter. Wegen der geringen Trubaufnahmekapazität von statischen Membranfiltern werden sehr große Oberflächen benötigt. Daher sind üblicherweise die Flachmembranen plissiert. Plissieren bedeutet falten. Die Membranfläche wird Ziehharmonika-ähnlich gefaltet. Eine plissierte Membran hat eine sehr große Oberfläche bei sehr geringer Größe.

10.2.1 Sterilfiltration

Es gibt viele Filter, mit denen man ein Produkt steril filtrieren kann. Hierzu muss der Filter selbst sterilisierbar sein. Ein Produkt kann als steril filtriert angesehen werden, wenn der Filter alle potentiell schädlichen Mikroorganismen aus dem Produkt entfernt. Dies ist auch mit geeigneten Tiefenfiltern möglich. Tiefenfilter können aber nicht auf Ihre Unversehrtheit überprüft werden. Hier kommt ein besonderer Vorteil der Membranfilter zum Tragen: Aufgrund der exakt definierten Porengrößen von Membranfiltern kann eine sichere Abtrennung von Hefen und Bakterien gewährleistet werden (Polizeifilter).

Die üblichen Porengrößen von Membranfiltern liegen bei 0,65 µm und 0,45 µm. Eine Membran mit 0,65 µm Porenweite liefert ein hefefreies Filtrat und reichert Bakterien sehr stark ab. Erst eine Membran mit 0,45 µm Porenweite trennt Bakterien sicher ab.

Um die Abtrennung von Mikroorganismen von Filtern zu testen, werden diese mit definierten Testkeimen in hoher Konzentration beaufschlagt und die Keimreduzierung ermittelt. Ein solcher Test ist zum Beispiel die Bestimmung des LRV-Wertes.

10.2.2 LRV-Wert (logarithmic reduction value)

Die mikrobiologische Keimrückhaltefähigkeit von Filtern wird durch den LRV-Wert bestimmt. **LRV** steht hierbei für **l**ogarithmic **r**eduction **v**alue (zu Deutsch: Logarithmus der Anzahl der reduzierten Keime). Bei der Bestimmung dieses Parameters werden Filter mit definierten Testkeimen unter standardisierten Bedingungen auf die Rückhaltefähigkeit geprüft.

Der LRV-Wert errechnet sich nach folgender Formel:

$$\mathrm{LRV} = \log \frac{\text{Keimbelastung vor dem Filter (Unfiltrat)}}{\text{Keimbelastung nach dem Filter (Filtrat)}}$$

Beispiel LRV-Wert: Nach der Filtration einer Lösung mit einer Startkeimzahl von zehn Millionen Zellen (= 10^7) pro Quadratzentimeter an Membranoberfläche eines Testkeimes im Unfiltrat, ist im Filtrat nur noch eine Zelle (= 10^0) dieses Testkeims nachzuweisen sein. Es errechnet sich ein LRV-Wert von 7/cm² bezogen auf den Testkeim.

Per Definition muss ein Membranfilter für eine Sterilfiltration einen LRV-Wert von 7/cm² oder höher erreichen. Dies kann als ein sehr harter Test angesehen werden, da in der Praxis eine Sterilfiltration niemals mit einer solch hohen Keimbelastung erfolgen würde.

10.2.3 Integritätstests von Membranfiltern

Ein besonders wichtiges Kriterium der Anwendung von statischen Membranfiltern ist darin zu begründen, dass diese Filtertechnik durch Tests auf ihre Unversehrtheit überprüft werden kann. Die Tests auf die Unversehrtheit der Membran sind vor jeder Filtration durchführbar und werden auch Integritätstest genannt.

Die Überprüfung der Membranen kann mit zwei unterschiedlichen Verfahren erfolgen:
- Bubble-Point-Test
- Druckhaltetest

Beide Testverfahren haben folgende **physikalische Grundlage** zur Basis:

Eine mit Wasser gefüllte Membranpore mit definiert kleinen Durchmesser übt eine berechenbare Kapillarkraft aus. Diese Kapillarkraft wird durch die Oberflächenspannung der Flüssigkeit und der Grenzflächenspannung zwischen Flüssigkeit und Membran hervorgerufen. Je kleiner eine Pore ist, desto größer ist die Kapillarkraft. Die beiden Tests prüfen also über die Kapillarkraft, ob einzelne oder viele Poren einer Membran durch Defekte sehr groß (geworden) sind. Große Poren haben nur eine viel geringere Kapillarkraft. Darin haftendes Wasser kann schon mit geringem Luft-Druck verdrängt werden.

In beiden Fällen müssen **alle** Membranporen mit Wasser benetzt sein. Neue Membranen erfordern zuerst eine intensive Spülung bzw Reinigung. Zum vollständigen Benetzen der Poren mit Wasser ist es hilfreich, wenn beim Spülen ein Gegendruck im System anliegt. Durch den Überdruck löst sich die Luft im Inneren der Pore schneller im Wasser – sie saugt sich mit Wasser voll. Sind alle Poren benetzt, wird das Filtergehäuse entleert.

Der **Bubble-Point Test** wird überwiegend vom Hersteller benutzt, um eine Membran zu charakterisieren. Mit dem Bubble-Point-Test bestimmt man den Luftdruck, den man benötigt, um das Wasser aus den Poren einer Membran zu verdrängen. In den Membranporen haftet je nach Porendurchmesser das Wasser mit unterschiedlicher Haltekraft.

Der Bubble-Point-Test wird wie folgt durchgeführt: Eine Seite der vollständig mit Wasser benetzten Membran wird mit langsam steigendem Luftdruck beaufschlagt. Auf der drucklosen Seite wird ein Schlauch in ein mit Wasser gefülltes Gefäß geführt und beobachtet. Ab einem gewissen Luftdruck auf der Druckseite des Membranfilters, wird das Wasser aus den Poren

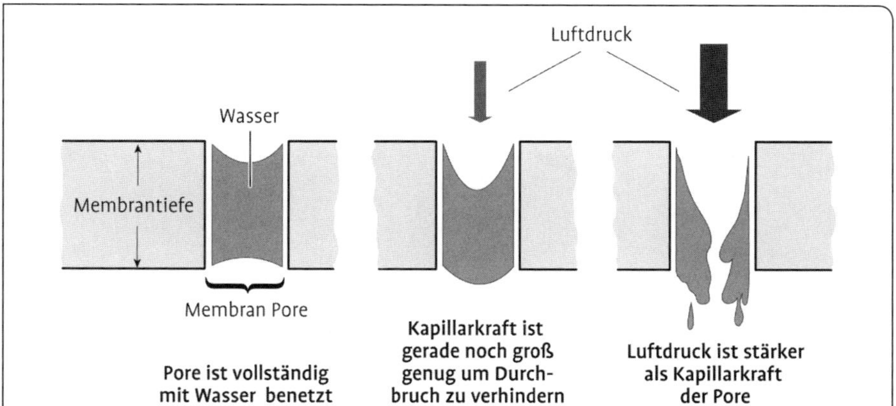

Abb. 129. Grundprinzip des Integritätstest von Membranfilter durch Verdrängung des Wassers aus den Membranporen mit Luftdruck.

gedrückt. Die Luft durchdringt den Filter und verlässt das Filtergehäuse. Im Behälter zeigen sich Luftblasen. Auch dieser Test lässt sich mit elektronischen Durchflussmessgeräten automatisieren (keine Blasen mehr sichtbar). Im Grunde wird hierbei eine Überprüfung vorgenommen, bei der die weiteste Pore einer Membran ermittelt wird.

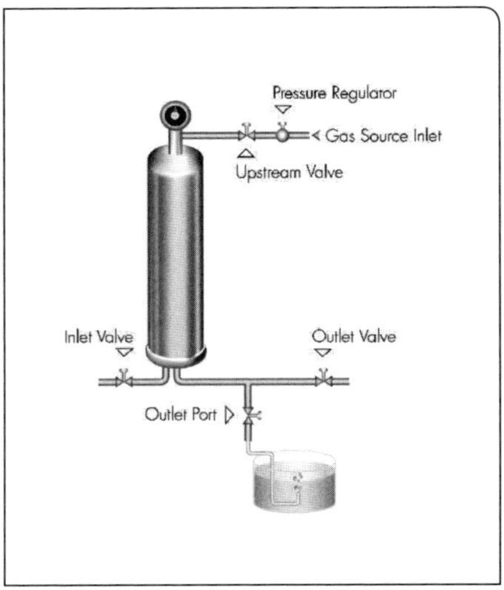

Abb. 130. Prinzip des Bubble-Point-Tests.

Der **Druckhaltetest** ist der empfohlene Test zur Überprüfung der Unversehrtheit von Membranen.

Durchführung **Druckhaltetest:** Auf der Unfiltratseite der vollständig benetzten Membran wird ein exakt definierter Luftdruck angelegt. Dieser Luftdruck liegt in der Regel bei rund 70–80 % des Bubble-Point-Tests (dem Membran-Datenblatt zu entnehmen). Die Filtratseite der Membran muss offen sein. Der Luftdruck drückt gegen die wassergefüllten Poren und die Kapillarkraft verhindert, dass das Wasser entweicht. Durch das exakte Beobachten des Druckabfalls über einen gewissen Zeitraum auf der Druckseite der Membran kann die Unversehrtheit der Membran beurteilt werden. Bei nicht intakten Membranen fällt der Druck pro Zeiteinheit sehr rasch ab. Liegt der Druckabfall im vom Datenblatt vorgegeben Bereich von beispielsweise nur 40 mbar in 5 Minuten, kann man davon ausgehen, dass die Membran unversehrt ist.

Der Druckhaltetest kann manuell mit einem Feinmanometer erfolgen oder mit vollautomatischen Testgeräten (Abb. 131).

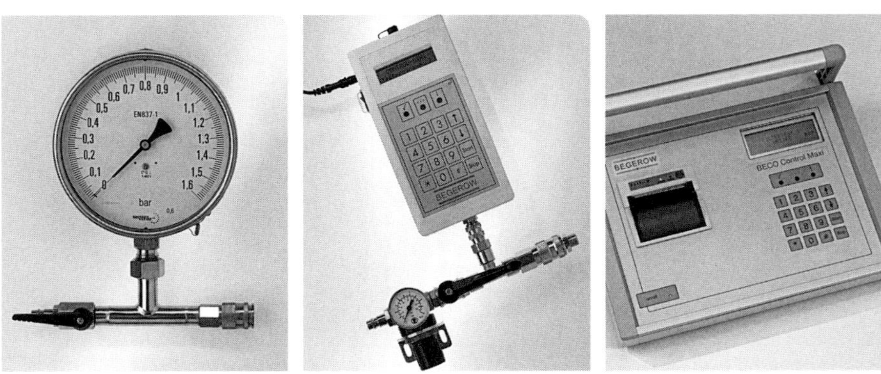

Abb. 131. Testgeräte zum Überprüfen von statischen Membranfiltern.

11 Dynamische Membranfiltration (Cross-Flow-Filtration)

Die dynamische Membranfiltration wird auch als Cross-Flow-, Querstrom- oder als Tangential-Fluss-Filtration bezeichnet.

Bei der Cross-Flow-Filtration wird das Unfiltrat so lange entlang einer Membranoberfläche geführt, bis das Filtrat nahezu vollständig durch die Membran abgetrennt ist. Durch die hohe Fließgeschwindigkeit auf der Membran entsteht eine starke Querströmung (= cross-flow). Durch diese turbulente Querströmung wird vermieden, dass sich eine Deckschicht aus den abgetrennten Partikeln auf der Membran aufbaut. Das Unfiltrat wird hierzu mehrfach im Kreis gepumpt (rezirkuliert) und nur ein kleiner Teil des Unfiltrats verlässt das Modul pro Durchgang. Daher spricht man beim im Kreis gepumpten Unfiltrat vom **Retentat**. Beim Filtrat, das die Membran passiert hat, spricht man auch vom **Permeat**.

Die Trubstoffe im Rententat werden auf diese Art und Weise so lange konzentriert, bis eine Spülung bzw. Reinigung erforderlich wird. Die Cross-Flow-Filtration kann theoretisch so lange fortgeführt werden, bis die Suspension ihre Pumpfähigkeit verliert. Im Gegensatz zu vielen statischen Filtrationen sind Cross-Flow-Filtrationssysteme auch für die Klärung von Flüssigkeiten mit hohen Trubstoffgehalten geeignet (bis hin zur Trubaufarbeitung). Der Aufbau und die Porengröße der Membranen sind je nach Einsatzgebiet sehr unterschiedlich.

Je nach Porengröße der verwendeten Membranen lassen sich folgende dynamische Filtrationen unterschieden:

- Mikrofiltration
- Ultrafiltration
- Nanofiltration
- Umkehrosmose

Beim Wein handelt es sich aufgrund der charakteristischen Größe der weinschädlichen Mikroorganismen (Hefen, Bakterien, Schimmelpilze) in der Regel um Mikrofiltrationssysteme. Die Porengröße der (üblichen) Hohlfasermembranen liegt bei ca. 0,2 µm.

11.1 Fließschema

Die ersten Cross-Flow-Filter hatten nur eine Pumpe die sowohl für die Überströmung der Membran (Zirkulation) als auch den nötigen Transmembrandruck sorgte (Abb. 132). Diese ersten Anlagen waren relativ ungünstig dimensioniert und die Strömungsverhältnisse waren nicht optimal. Als Folge erwärmte sich das Produkt sehr stark und ein erheblicher Verlust an gelösten Gasen (vor allem CO_2) trat auf. Teilweise nahm das Produkt als Folge der Zirkulation erhebliche Mengen an Sauerstoff auf. Aktuelle Cross-Flow-Anlagen zeichnen sich durch einen geschlossenen Zirkulationskreislauf aus und haben somit kaum noch Sauerstoffkontakt (Abb. 133). Auch die Entgasung sowie die Erwärmung hat man mittlerweile im Griff.

Ein moderner Cross-Flow-Filter besteht aus drei wesentlichen Teilen:

- Den Filtermodulen mit den Membranen.
- Der Zirkulationspumpe (Erzeugung der turbulenten Querströmung).
- Der Speisepumpe (ergänzt den Filtratabgang).

Die **Zirkulationspumpe** (Umwälzpumpe) hält die Tangential- oder Querströmung in den Membranen aufrecht. Diese Zirkulationspumpe fördert den Wein mit großem Volumen und geringem Druckverlust im Kreis und sorgt für die turbulente Strömung. Durch die geringe Druckdifferenz wird wenig Energie ins System eingetragen. Dadurch erwärmt sich das Filtrat bei modernen Cross-Flow-Filtern im Gegensatz zu den ersten (alten) Systemen kaum noch.

Die **Speisepumpe** fördert nur die Menge an Wein in den Zirkulationskreislauf, die als Filtrat am anderen Ende des Filters abfließt und ist verantwortlich für den Differenzdruck. Beide Pumpen sind typischerweise frequenzgesteuert und pas-

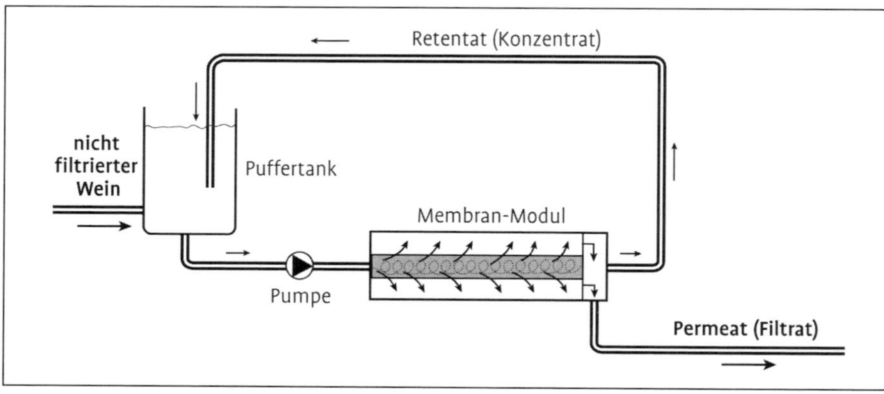

Abb. 132. Fließschema einer dynamischen Membranfiltration (Cross-Flow-Filtration) mit einer einzigen Pumpe für Rezirkulation und Transmembrandruck.

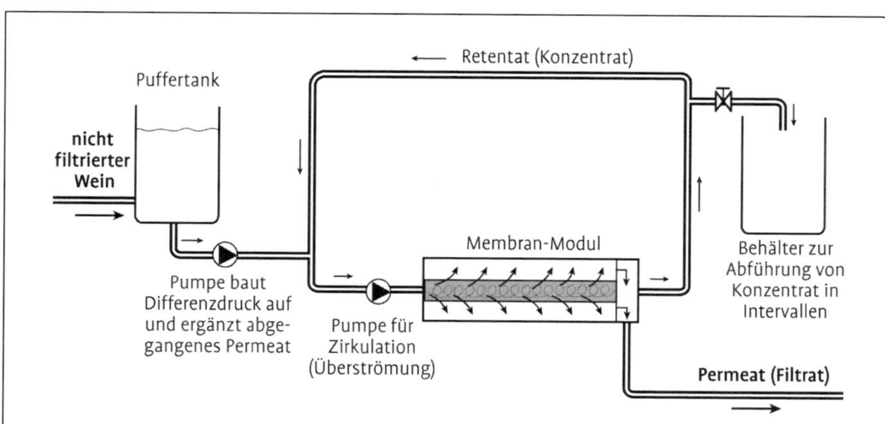

Abb. 133. Fließschema einer dynamischen Membranfiltration (Cross-Flow-Filtration) mit je einer Pumpe für a) Rezirkulation des Retentats und b) für die Nachführung von Unfiltrat aus dem Tank.

sen sich so den jeweiligen Bedingungen der Filtration an. Durch das 2-Pumpen-System hat man ein geschlossenes System, das die Aroma- und CO_2 -Verluste reduziert. Es vermeidet den Sauerstoffkontakt und hat eine geringe Produkterwärmung zur Folge.

Aufgrund der Zurückhaltung der Partikel durch die Membran steigt die Trubkonzentration im Retentat stetig an. Dies trifft vor allem bei Jungweinfiltrationen mit hohem Hefeanteil zu. Um einen zu starken Anstieg der Trubkonzentration im Retentatkreislauf zu vermeiden, kann man kontinuierlich oder in 5- 10 minütigen Intervallen eine kleine Teilmenge des Retentats in ein separates Gebinde abführen. Dadurch steigt die Trubkonzentration im Retentat langsamer, das Fouling (Deckschichtbildung) ist reduziert und die Leistung höher. Am Ende der Filtration kann der gesammelte Trub weiter filtriert werden.

Die Leistung der Cross-Flow-Filter kann durch geeignete Maßmahmen gesteigert werden. Zum einen kann man automatisch oder manuell einen **Teil des Konzentrates abführen**. Er wird aus dem Zikulationskreislauf entfernt und in einem separaten Behälter gepuffert. Dadurch wird ein Teil der schon konzentrierten Feststoffe und Kolloide entfernt und so die Filtration erleichtert. Nachdem das große Gebinde fertig filtriert ist, kann man das abgeführte Unfiltrat am Ende getrennt filtrieren.

Eine weitere Möglichkeit, die Leistung der Cross-Flow-Filter zu verbessern, ist das **Rückspülen** mit kleinen Mengen an Permeat (Filtrat). Hierzu wird die Filtration kurz unterbrochen und die Filtratseite geschlossen. Dann kann man zum Beispiel das Filtrat mit Inertgas oder Luft unter Druck setzen und entgegen der eigentlichen Fließrichtung durch die Poren der Membran drücken. So wird die Deckschicht gelockert oder sogar abgelöst und die Filtration kann weiter geführt werden. Diese Rückspülung kann vollautomatisch im Abstand von wenigen Minuten erfolgen.

Abb. 134. Cross-Flow-Filter.

11.2 Membrangeometrie

Es werden je nach Filtertyp und Anforderung unterschiedliche Bauarten verwendet. Im Wesentlichen existieren drei Bauarten:
- Flachmembran bzw. -module
- Spiralwickelmodule
- Rohrmodule
- Kapillar- bzw. Hohlfaser-Module

11.2.1 Flachmembran

Eine einfache Bauweise stellt dabei die Flachmembran dar. Flachmembranen können zu Plattenmodulen zusammengefasst werden. Ein Modul besteht aus mehreren Lagen an Membranen mit dazwischenliegenden Lagen an Stütz- und Drainagegewebe. Das Unfiltrat (Retentat) fließt über die Membranoberfläche. Ein Teil kann durch die Poren der Membran fließen und bildet das Filtrat (Permeat). Der Rest des

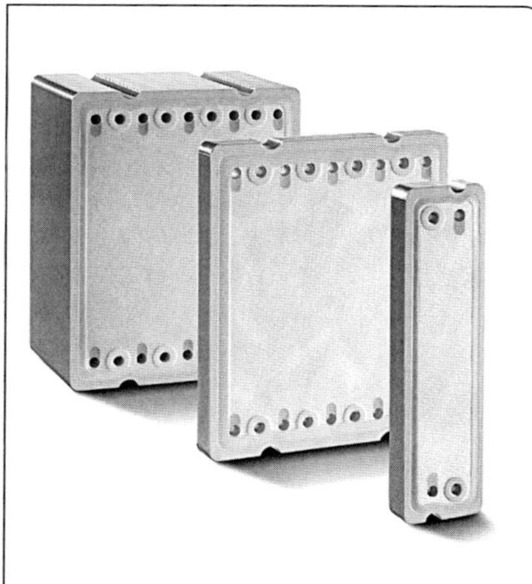

Abb. 135. Flachmembran.

Unfiltrats wird wieder zur Pumpe zurückgeführt und fließt ein weiteres Mal über die Membran.

Flachmembranen können aufgrund der geringen Spaltweite und der geringen Turbulenz nur mit relativ wenig Trub belastet werden. Sie werden daher überwiegend für die Filtration von Weinen vor der Abfüllung (Vorlagefiltration) eingesetzt.

11.2.2 Spiralwickelmodule

Eine spezielle Bauart von Membranen sind die sogenannten Spiralwickelmodule. Im Prinzip wird eine Flachmembran mit Stützgewebe (Spacer) spiralförmig um ein Rohr gewickelt. Das Retentat wird parallel zur Membranoberfläche geführt und zirkuliert über die Membranoberfläche. Das Permeat (Filtrat) wird spiralförmig nach innen zum zentralen Sammelrohr geleitet und abgeführt. Dadurch können große Membranflächen auf geringem Raum untergebracht werden. Die meisten Nano- und Umkehrosmose-Anlagen werden mit Spiralwickelmodulen ausgerüstet.

11.2.3 Rohrmodule, Kapillar- oder Hohlfasermodule

Cross-Flow-Filter mit schlauch- oder makaroniförmigen Membranen sind weit verbreitet (die Module werden fälschlicherweise auch als Spaghetti-Module bezeichnet). Charakteristisch für die Bauart ist, dass das Retentat (Unfiltrat) die Membranen innen mit sehr hoher Geschwindigkeit durchfließt und das Permeat (Filtrat) außen abgeführt wird. Je nach Innendurchmesser der Membranen unterscheidet man in

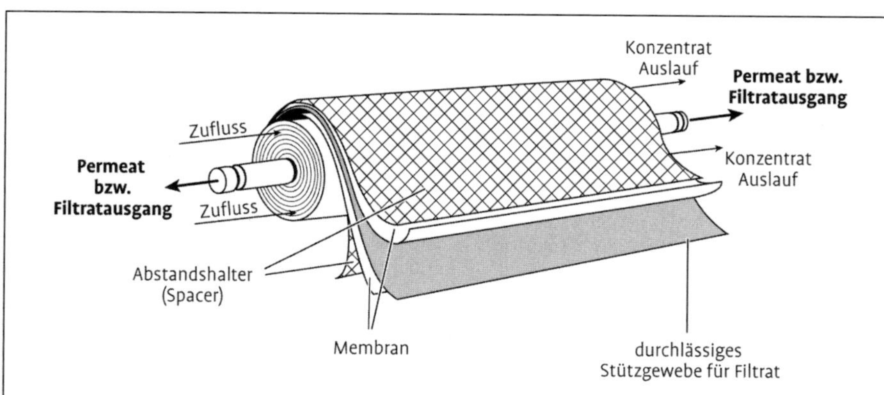

Abb. 136. Aufbau eines Spiralwickelmoduls.

- Rohrmodule (∅ 5–25 mm)
- Kapillarmodule (∅ 0,25–5 mm)
- Hohlfasermodule (∅ 0,05–0,25 mm)

11.2.3.1 Rohrmodule

Rohrmodule (∅ 5–25 mm) sind meist aus Keramik gefertigt und daher mechanisch und chemisch sehr beständig. Sie sind geeignet für Drücke bis 80 bar und können neben Saft und Wein auch für die Filtration von trubreichen Produkten wie z. B. Hefe eingesetzt werden. Durch den großen Innendurchmesser haben Rohrmodule eine vergleichsweise geringe Membranoberfläche (< 80 m^2/m^3).

11.2.3.2 Kapillar- oder Hohlfasermodule

Kapillar- oder Hohlfasermodule (∅ 0,25–5 mm bzw. ∅ 0,05–0,25 mm) haben sich aufgrund ihrer günstigen Eigenschaften für die Weinfiltration durchgesetzt. Sie haben meist einen Innendurchmesser von ca. 1,5–2,0 mm und sind bis zu einem Meter lang. In einem Modul sind etwa 1000 bis 2000 Hohlfasern enthalten. In jedem Modul ergibt sich dadurch eine riesige Oberfläche von vielen m^2. Um einen guten Kläreffekt zu erreichen, muss die Querströmung von etwa 2,5 bis 3 m/sec an der Membran anliegen, um das Verblocken der Membran durch Trubpartikel zu verhindern.

Moderne Module haben eine große innere Oberfläche und eine relativ günstige Überströmungsrate. Die Überströmungsrate ist das Verhältnis von im Kreis gepumptem Unfiltrat zu Filtrat. Während ältere Module noch 100 Liter Unfiltrat pro Liter Filtrat im Kreis bewegen mussten (100:1), kommen moderne Systeme auf Überströmraten unter 20:1. Des Weiteren konnte die Leistung von 30–50 l/m^2 auf 50–150 l/m^2 gesteigert werden.

Abb. 137. Rohrmodule aus Keramik (zu Demonstrationszwecken angesägt).

Abb. 138. Hohlfasermodul für die Cross-Flow-Mikrofiltration von Wein (zu Demonstrationszwecken durchgesägt).

11.3 Fraktionierung durch Membranfiltration

Bei allen Membranfiltrationen hat die Porengröße der verwendeten Membran einen entscheidenden Einfluss darauf, welche Stoffe aus der filtrierten Flüssigkeit zurückgehalten werden. Je enger die Membran ist, desto mehr Stoffe werden zurückgehalten. Es bildet sich meist eine Deckschicht, die enger als die nominelle Porenweite der Membran sein kann. Diese Deckschicht bildet eine Art **Sekundärmembran** und kann eine niedrigere Abtrennrate als die eigentliche Membran aufweisen. Die Verblockung einer Membran durch die zurückgehaltenen Stoffe wird als **Fouling** bezeichnet. Zur Verhinderung der Verblockung wird die dynamische Membranfiltration (Cross-Flow-Filtration) mit der turbulenten Strömung benutzt. Dennoch bildet sich auch hierbei eine mehr oder weniger stark ausgeprägte Sekundärmembran aus.

Manche Systeme haben eine Technik der **Rückspülung** installiert. Hierzu wird die Membran mit kleinen Mengen an Filtrat oder mit Gas (Luft, Stickstoff, Kohlenstoffdioxid) rückwärts gespült. So kann, zumindest kurzfristig, die Deckschicht beeinflusst werden.

Je nach Porenweite (Trenngrenze) und Arbeitsdruck der verwendeten Membran und der Art der Sekundärmembran können diese neben korpuskularen Partikeln auch Kolloide und sogar echt gelöste Stoffe aus dem Unfiltrat (Retentat) abtrennen. In Abhängigkeit von der Porengröße, der abgetrennten Molekülmasse und dem Arbeitsdruck unterteilt man in Mikro-, Ultra- und Nanofiltration sowie die Umkehrosmose.

Die Ausschlussgrenze oder auch „Cutoff" einer Membranfiltration wird üblicherweise in Form des **NMWC (englisch: Nominal Molecular Weight Cut-Off; Einheit: Dalton)** angegeben. Er ist definiert als die minimale Molekülmasse eines idealen ku-

Tab. 12. *Übersicht zur Trenncharakteristik von verschiedenen Cross-Flow-Filtrationen*

	Mikrofiltration (MF)	Ultrafiltration (UF)	Nanofiltration (NF)	Umkehrosmose (RO)
Trenngrenze	> 0,1 µm	0,1–0,01 µm	0,01–0,001 µm 10 bis 1 nm	< 1 nm
zurückgehaltene Molmasse in Dalton (NMWC)	> 500 kDa	1–500 kDa	100–1000 Da	< 100 Da
Rückhalt von	Partikel Hefen Bakterien	Makromoleküle Eiweiße Mehrfachzucker	Einfach-, Zwei-fach-zucker und Oligosaccharide Polivalente Ionen	Kochsalz (NaCl) Glukose, Fructose Aminosäuren
Membrane	Symmetrisch Asymmetrisch	Asymmetrisch	Asymmetrisch	Asymmetrisch
Membranmaterial	Keramik, Edelstahl PP, PS, PVDF	Keramik, PP, PS, PVDF	CA, PA Thin film	CA, PA Thin film
Membranmodule	Rohrmodule Hohlfaser Wickelmodule Plattenmodule	Rohrmodule Hohlfaser Wickelmodule Plattenmodule	Rohrmodule Spiralwickel Plattenmodule	Rohrmodule Wickelmodule
Betriebsdruck	< 2 bar	1–10 bar	5–35 bar	15–150 bar

Quelle: http://www.mmsx.com/_upload/gen_downloads/MembranesystemManagement.pdf

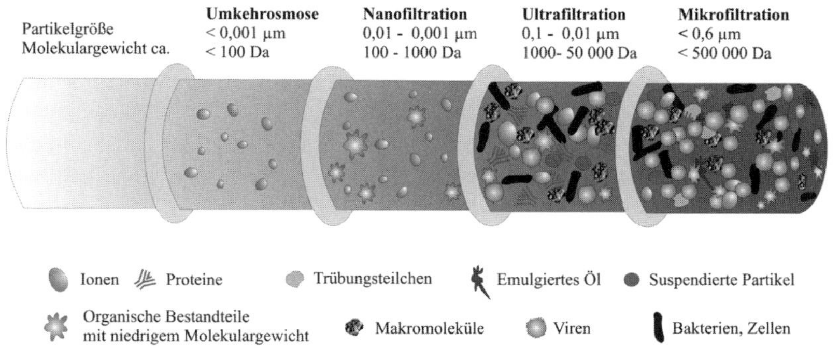

Abb. 139. Vergleich der Abtrennraten von Cross-Flow-Filter bis zur Umkehrosmose.

gelförmigen Moleküls, welches die Membran nicht passieren kann. Damit die Membran auch nicht-kugelförmige Moleküle zurückhalten kann, wählt man in der Praxis meist eine Membran mit einem NMWC, der mindestens 20 % niedriger als die Masse des abzutrennenden Moleküls ist.

Der Begriff **Dalton** wird in der Membranfiltration zur Charakterisierung der molekularen Abtrennung verwendet. Angenähert entspricht ein Dalton ungefähr der Masse von Wasserstoff. Eine Ultrafiltrationsmembran mit einem NMWC von 100.000 Dalton hält demnach Stoffe zurück, die ein Molekulargewicht größer als 100.000 g haben.

Das System mit der geringsten Fraktionierung bzw. Abtrennung ist die Mikrofiltration.

11.3.1 Mikrofiltration

Die Mikrofiltration ist eine Cross-Flow-Filtration. Sie hat im Vergleich zu den anderen Cross-Flow-Filtrationen (Ultra- und Nanofiltration, Umkehrosmose) die größten Membranporen. Die meisten Mikrofilter, die für die Weinfiltration eingesetzt werden, haben Porengrößen von 0,1–0,2 µm. Rechnet man diese Trennschärfe in das zurückgehaltene Molekulargewicht um, so werden nur Substanzen mit riesigem Molekulargewicht > 500.000 Dalton zurückgehalten. Aufgrund dieser relativ großen Poren werden keine wertgebenden Inhaltsstoffe aus Most oder Wein entfernt.

Die Mikrofiltration wird in der Kellerwirtschaft seit einigen Jahren sehr umfangreich eingesetzt. Das Einsatzspektrum reicht von der Bereitung von Süßreserve, also der Filtration von Most, über Gärunterbrechung von gärendem Wein, Abstich von der Hefe bis hin zur Abfüllvorlage. Die Mikrofiltration entfernt sehr effektiv sichtbare Teilchen (Klärung) und nahezu alle Mikro-Organismen. Eine echte Sterilfiltration ist jedoch trotz der geringen nominellen Trenngrenzen von etwa 0,2 µm nicht möglich. Die meisten Mikrofilter können wegen einiger Komponenten am Filter nicht mit Dampf sterilisiert werden. Häufig ist das Material, in dem die Membranen an den Enden eingegossen sind, nicht dämpfbar. Des Weiteren ist die Überprüfung der Membranintegrität aufgrund der komplexen Bauart der Filter problematisch. In der Praxis hat sich daher für die Sterilfiltration der nachgeordnete Einsatz von statischen Membran-Sterilfiltern etabliert. Diese sind nach der Mikrofiltration völlig unproblematisch und sicher.

11.3.2 Ultrafiltration

Die Ultrafiltration ist eine Cross-Flow-Filtration, deren nominelle Abtrennrate zwischen Mikrofiltration und Nanofiltration liegt. Im Gegensatz zur Mikrofiltration wird die Ultrafiltration selten für die Klärung sondern hauptsächlich zur Konzentration und Fraktionierung von makromolekularen Lösungen eingesetzt. Sie ist eine im Lebensmittel- und Biotechbereich sehr häufig eingesetzte Membrantechnik.

Mit der Ultrafiltration kann eine Fraktionierung von Weininhaltsstoffen aufgrund der Molekülgröße erfolgen. Ultrafiltrationsmembranen können im Wein für die Entfernung bzw. Reduzierung von Makromolekülen eingesetzt werden. Im Permeat findet man die niedermolekularen, kolloidal oder echt gelösten Stoffe, welche die jeweilige Membran nicht abtrennen konnte. Gelöste Stoffe wie Zucker, Säuren, Phenole, Mineralstoffe und andere niedermolekulare Stoffe werden daher mit UF-Membranen nicht abgetrennt. Je nach Trenngrenze der UF-Membran (Nominal Molecular Weight Cut-Off =NMWC) werden unterschiedliche Substanzen zurückgehalten.

Im direkten Vergleich zwischen Mikrofiltration mit Ultrafiltration kann damit gerechnet werden, dass phenolische Verbindungen und Kolloide durch die Filtration folgendermaßen beeinflusst werden (Peri C, Riva M et al., 1988):

Mikrofiltration:	keine Veränderung
Ultrafiltration 100 kDa:	Reduzierung um 50–60 %
Ultrafiltration 20 kDa:	nahezu vollständige Entfernung

Die Anwendung der Ultrafiltration kann mit unterschiedlicher Zielsetzung erfolgen (in der EU zurzeit keine Zulassung). Mit der Ultrafiltration können quantitativ wenig erwünschte (hochmolekulare) Phenole entfernt werden. Zum einen können z. B. aus hochfarbigem oder bitterem Wein die Phenole entfernt werden. Das Retentat (Konzentrat) enthält dann alle aufgrund der Trenngrenze der Membranen abgetrennten Verbindungen. Dieses Konzentrat kann unter Umständen in anderen Weinen verwendet werden.
Mögliche Anwendungen sind zum Beispiel:
- Entfärbung von hochfarbigen Weißweinen oder Sektgrundweinen mit zu viel roter Farbe
- Reduzierung von exzessivem Tannin- oder Farbgehalt aus Rotweinen (Pressfraktionen)

Es fehlt nicht an weiteren Versuchen, die Ultrafiltration in die Weinbereitung zu integrieren. Unter anderem wurden folgende Anwendungen untersucht (Massot A, Mietton-Peuchot M et al., 2008; Peri C, Riva M et al., 1988):
- Entfernung des gelösten Eiweißes
- Reduzierung/Entfernung von Polyphenolen (auch Farbe)
- Entfernung von Polyphenoloxidasen (Laccase MG 72,2 kDa);

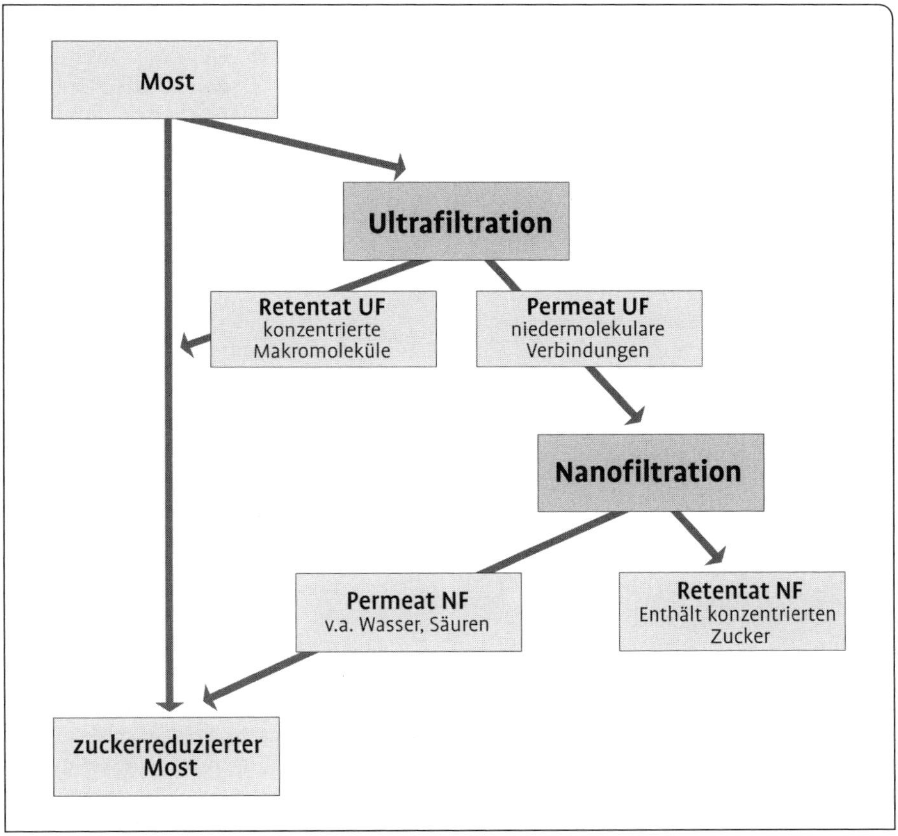

Abb. 140. Schema der Zuckerreduzierung aus Most mit dem zweistufigen Bucher Redux®-Verfahren.

11.3.3 Nanofiltration

Die Nanofiltration wird auch als „enge Ultrafiltration“ oder „offene Umkehrosmose“ bezeichnet. Sie ist ebenfalls ein **druckgetriebener Separationsprozess** mit einer sehr engen Membran. Die nominelle Trenngrenze der Nanofiltration entspricht je nach Membran einem Molekulargewicht zwischen 100 und 1000 Dalton.

Der Unterschied zur Umkehrosmose kann wie folgt beschrieben werden:

- Druckbereich der Nanofiltration liegt mit 5–35 bar deutlich niedriger.
- Nanofiltrationsmembranen können niedermolekulare Moleküle wie Alkohol, Essigsäure nicht, und mittelmolekulare Moleküle wie Milch-, Äpfel- und Weinsäure, Glucose/Fructose, Catechin nur teilweise abtrennen (je nach Trenngrenze der Membran).
- Mengenleistungen liegen über der von Umkehrosmose.

Die Nanofiltration ist daher für spezielle Behandlungen in der Weinindustrie geeignet. Eine dieser Anwendungen ist zum Beispiel das Bucher Redux-Verfahren. Hierbei wird die **Entfernung von Zucker aus Most** zur Erzeugung von Wein mit geringerem Alkoholgehalt vorgenommen (Aguera E, Athes-Dutour V et al., 2010).

Das **Bucher Redux-Verfahren** arbeitet zweistufig: Most wird in einem ersten Schritt über eine relativ scharfe **Ultrafiltration** in zwei Fraktionen aufgetrennt. Das Retentat (Konzentrat) enthält alle hochmolekularen Verbindungen und Inhaltsstoffe mit Molekulargewichten größer als die Zucker. Das Permeat enthält alle Inhaltsstoffe, die die Ultrafiltrationsmembran passieren konnten. Hierzu zählen überwiegend niedermolekulare Verbindungen wie Zucker, monomere Phenole, Säuren etc. Dieses Permeat wird dann anschließend mit einer **Nanofiltration** fraktioniert: Der NMWC dieser Nanofiltration muss gewährleisten, dass kein Zucker die Membran passieren kann. Dadurch wird der Zucker im Retentat konzentriert und Wasser sowie Nichtzuckerstoffe gehen fast vollständig als Permeat über. Nach Abschluss der Nanofiltration wird das Permeat wieder zum ursprünglichen Gebinde zurückgegeben. Der Most enthält jetzt weniger Zucker und es wird weniger Alkohol durch die Gärung gebildet. Die Weinstilistik ändert sich, es können weniger Gärstockungen durch überhöhte Alkoholgehalte auftreten. Das Retentat mit dem konzentrierten Zucker kann separat verwendet werden.

Es muss aber angemerkt werden, dass das Verfahren relativ aufwändig ist und innerhalb eines sehr kurzen Zeitraums erfolgen muss. Frischen Most über solch scharfe Filtrationen zu fraktionieren ist problematisch. Die Membranen neigen relativ schnell zum fouling, insbesondere wenn noch Reste von Pektin vorhanden sind. Das Verfahren kann nicht mehr angewendet werden sobald die Gärung eingesetzt hat. Des Weiteren ist es schwierig abzuschätzen, wie viel potentieller Alkohol zu entfernen ist, damit der spätere Wein optimal balanciert ist. Daher gibt es mittlerweile viele Verfahren, die nicht beim Most ansetzen und die Bildung des Alkohols verhindern sondern überhöhte Alkoholgehalte aus Wein entfernen (s. Kap. 12.1).

11.3.4 Umkehrosmose

Die Umkehrosmose ist ein **druckgetriebener Filtrationsprozess** mit einer extrem engporigen Membran. Im Prinzip kann man sich die Umkehrosmose so vorstellen: Aus einer Flüssigkeit wird unter hohem Druck reines Wasser abfiltriert. Die Porengröße der Umkehrosmose-Membranen ist so klein, dass fast nur Wassermoleküle passieren können.

Damit man die Umkehrosmose versteht, sollte man sich zunächst das Prinzip der Osmose verdeutlichen.

Osmose: Zunächst stellt man sich zwei Flüssigkeiten vor, die durch eine semipermeable (halbdurchlässige) Membran voneinander getrennt sind. Wenn sich die beiden Flüssigkeiten in ihrem Salzgehalt unterscheiden, entsteht das sogenannte osmotische Potential (osmotischer Druck). Das bedeutet, dass die höher konzentrierte Lösung die Tendenz hat, sich mit dem Lösungsmittel (Wasser) der geringer konzentrierten Lösung zu verdünnen. Da jedoch aufgrund der Porengröße nur die Wassermoleküle und keine größeren Moleküle durch die Membran passen, diffundiert so lange Wasser durch die Membran, bis auf beiden Seiten die gleiche Salzkonzentration herrscht. Das osmotische Potenial ist auf beiden Seiten ausgeglichen.

Bei der **Umkehrosmose** wird die Osmose durch Anwendung von hohem Druck

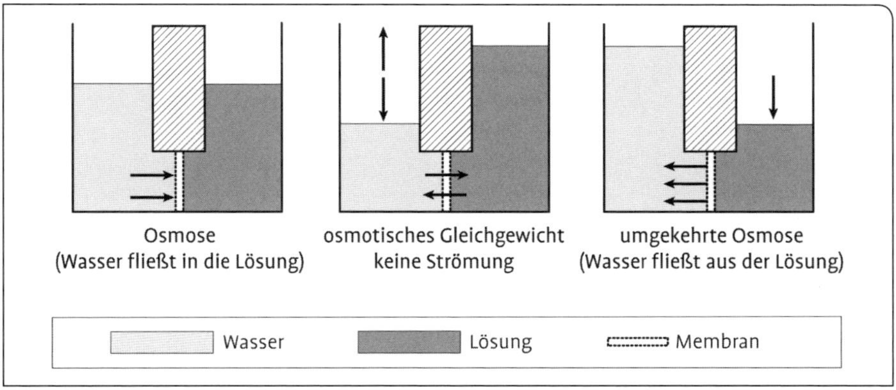

Abb. 141. Grundprinzip von Osmose, osmotischem Druckausgleich und Umkehrung der Osmose durch Druck.

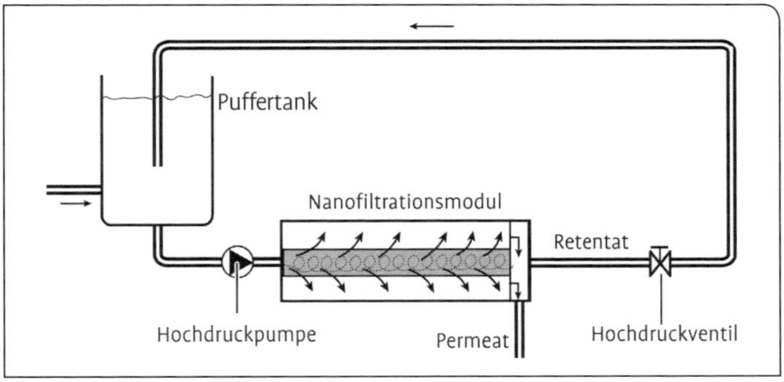

Abb. 142. Fließschema einer Umkehrosmose mit Hochdruckventil zur Erzeugung von bis zu 90 bar Transmembrandruck.

umgedreht. Beide Flüssigkeiten müssen durch eine semi- permeable (halbdurchlässige) Membran voneinander getrennt sein. Setzt man die Seite mit der hoch konzentrierten Flüssigkeit unter Druck, drückt die Flüssigkeit gegen die Membran. Aufgrund der Porengröße der Umkehrosmose-Membran können nur Wassermoleküle die Membran passieren (=semipermeabel). Je höher der Druck, desto mehr Wasser fließt entgegen dem osmotischen Potential auf die Seite mit dem geringeren osmotischen Potential. Die Osmose wurde umgekehrt = Umkehrosmose!

11.3.4.1 Umkehrosmose von Most und Wein:

Die Umkehrosmose von Most ist ein zugelassenes Verfahren zur Anreicherung (siehe 6.2.3). Die Umkehrosmose von Wein ist in der EU momentan nur im Rahmen einer Ausnahmegenehmigung zum Zweck der Reduzierung von flüchtiger Säure möglich (siehe 12.2.1)

Wird ein Most oder Wein über eine Umkehrosmose-Membran gepumpt, fließt der Most oder Wein wie bei jedem anderen Cross-Flow-Filter über die Membran im Kreis. Es wird noch kein Wasser abgetrennt. Am Ausgang der Umkehrosmose-

Tab. 13. typische Permeat-Zusammensetzung von Wein nach Umkehrosmose (verändert nach (Wiederkehr M, 1998)

Verbindung	Molekulargewicht in Dalton	Anteil im Permeat in %
Wasser/Ethanol	18/46	75–80 %
Essigsäure, Propanol	60	ca. 60 %
SO_2	64	ca. 50 %
Ethylacetat	88	ca. 40 %
Milchsäure	90	ca. 15 %
Äpfelsäure	134	nicht nachweisbar
Weinsäure	150	nicht nachweisbar
Phenole	>150	nicht nachweisbar

Membran ist jedoch ein Hochdruck-Ventil angeschlossen. Wird dieses Ventil geschlossen, steigt der Druck in der Flüssigkeit an. Sobald der Flüssigkeitsdruck größer als der osmotische Druck des Mostes oder Weines ist, fließt Wasser durch die Membran (Permeat). Für die Abtrennung von Wasser aus trockenem Wein braucht man mit der Umkehrosmose rund 20–30 bar. Bei Mosten, mit dem durch die hohe Zuckerkonzentration sehr viel höheren osmotischen Potential, muss der Druck bei 70–80 bar und ggf. noch höher liegen.

Wird ein Wein mit einer Umkehrosmose filtriert muss man davon ausgehen, dass neben Wasser auch andere Moleküle im Permeat zu finden sind. Die meisten Umkehrosmose-Membranen haben eine Ausschlussgrenze für Moleküle mit einem Molekulargewicht von weniger als 100 Dalton. In Tab. 13 ist eine typische Permeat-Zusammensetzung nach Umkehrosmose von Wein zu finden (siehe auch Abb. 150).

Durch die Membran passieren demnach niedermolekulare Stoffe wie Wasser (Molekulargewicht 18 g =~ 18 Dalton), Ethanol (46 Dalton) und Essigsäure (60 Dalton). Weniger ausgeprägt ist der Übergang von z. B. Ethylacetat (88 Dalton) und Milchsäure (90 Dalton). Größere Moleküle werden bei intakten UO-Membranen vollständig zurückgehalten und konzentrieren sich im Retentat auf.

(Wollan D, 2010b; Massot A, Mietton-Peuchot M et al., 2008; Wucherpfennig K und Neubert S, 1977)

Die Eigenschaft der Umkehrosmose macht man sich für viele verschiedene Anwendungen zu Nutze:

- Anreicherung durch teilweisen Wasserentzug aus Most (s. Kap. 6.2.3).
- Kombination von Umkehrosmose und anderen Verfahren zur Alkoholreduzierung (s. Kap. 12.1 ff).
- Kombination von Umkehrosmose mit nachgeordneten Verfahren zur Entfernung von unerwünschten Stoffen aus Wein (s. Kap. 12.2): flüchtigen Phenolen nach Brettanomyces (Brett taint removal), Rauch nach Buschfeuer (Smoke taint removal), Korkton, Restzucker.

12 Physikalische Verfahren

In der Verfahrenstechnik unterscheidet man unterschiedliche Trennverfahren. In der Önologie haben die physikalischen Trennverfahren einen besonders hohen Stellenwert. Die physikalischen Methoden müssen von den chemischen und mikrobiologischen Verfahren abgegrenzt werden. Chemische Verfahren sind zum Beispiel das Schönen von Wein und mikrobiologische Verfahren zum Beispiel der Zusatz bestimmter Enzyme.

Durch die physikalischen Trenntechniken wird dem Wein kein Stoff zugesetzt. Vielmehr kann ein Wein in mehrere Faktionen zerlegt werden, die danach gezielt behandelt werden können. Reale Beispiele hierfür sind zum Beispiel die Anreicherung durch teilweisen Wasserentzug (physikalisch wird Wasser abgetrennt) im Gegensatz zur Anreicherung durch Zusatz von Saccharose. Andere Beispiele sind die Alkoholreduzierung oder die Entfernung von flüchtiger Säure aus den Permeaten der Umkehrosmose.

Einen Überblick über wichtige Trennverfahren liefert Abb. 143.

12.1 Alkoholreduzierung

Der Zuckergehalt von Trauben ist im Vergleich zu anderen Früchten sehr hoch. Nicht zuletzt durch die Klimaveränderung können die Reben auch im ehemals kalten

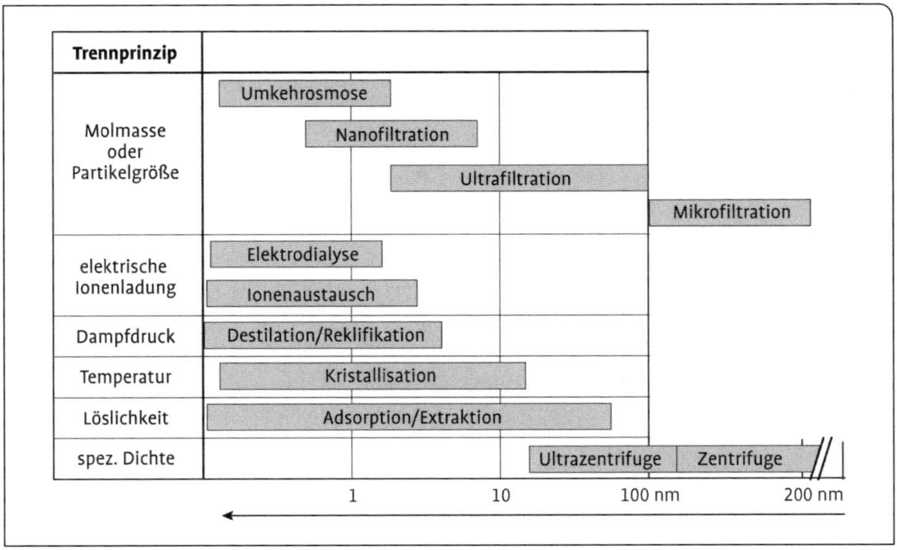

Abb. 143. Überblick zu unterschiedlichen Trennverfahren zur Fraktionierung von Wein (verändert nach Samhaber WM) .

Deutschland hohe Zuckermengen bilden. Mittlerweile ist es keine Seltenheit mehr, wenn das Mostgewicht deutlich über 100 °Oe hinausgeht. Bei vollständiger Vergärung des Zuckers entstehen sehr hohe Alkoholgehalte. Demzufolge liegen die Alkoholgehalte immer häufiger über 13,5 % Vol. und erreichen mitunter 14 bis 15 % Vol. Bei Rotweinen kann dies bei entsprechender Struktur der Weine eventuell noch Gefallen finden. Weißweine mit solch hohen Alkoholgehalten sind in der Regel wenig attraktiv und lassen sich kaum noch vermarkten.

Neben dem Problem der Vermarktung führen zuckerreiche Moste in der Kellerwirtschaft häufig zu enormen Problemen. Das osmotische Potential der Moste ist sehr hoch. Viele Hefen sind nicht in der Lage, die große Zuckermenge zu vergären. So kann es zu problematischen Gärstockungen kommen. Problematisch ist hierbei der Umstand, dass trotz des schon relativ hohen Alkoholgehaltes noch erhebliche Mengen an Restzucker übrig sind. Eine Gärunterbrechung bei Weinen, die aufgrund der hohen Reife meist sehr geringe Säurewerte und hohe pH-Werte haben, stellen ein großes mikrobiologisches Risiko dar.

Diese Bedingungen begünstigen die Ausbildung von Weinfehlern. Es können sehr rasch erhöhte Gehalte an flüchtiger Säure oder flüchtiger Phenole gebildet werden.

Daher bietet die moderne Kellerwirtschaft eine Vielzahl von Technologien an, die zur Optimierung des Alkoholgehaltes und zur Entfernung von Weinfehlern eingesetzt werden können.

Spontan fällt einem natürlich ein, dass eine frühere Lese die einfachste Maßnahme zur Lösung des Problems sein dürfte! Aus Erfahrung ist jedoch bekannt, dass die frühe Lese häufig zu dünnen, wenig ausdrucksstarken Weinen mit meist grünen Aromen und unreifen Phenolen führt. Zudem steigt das Risiko, einen Weißwein mit untypischer Alterung (UTA) zu erzeugen. Man muss sich entscheiden zwischen den Problemen der frühen Lese oder der Problematik der überhöhten Alkoholgehalte.

Zudem hat man in heißen Klimazonen kaum die Möglichkeit, die Trauben mit geringem Zuckergehalt zu ernten. Hier ist man auf die Korrektur der hohen Alkoholgehalte angewiesen. Neben der bekannten Wirkung durch den Genuss von Wein mit hohem Alkoholgehalt gibt es auch sensorische Aspekte, die für eine Alkoholreduzierung sprechen.

(Aguera E, Athes-Dutour V et al., 2010; Fischer U, 2010; Weible A, 2010; Pickering GJ und Ping Y, 2008)

12.1.1 Flüchtigkeit von Aromen und Alkoholgehalt

Je nach Rebsorte und Weinstil bilden sehr viele unterschiedliche Verbindungen das Weinaroma! Vielfach sind Ester stark prägend für das typische Aroma. Alle Verbindungen, die über Geruch oder Geschmack wahrgenommen werden, weisen eine gewisse Flüchtigkeit auf. Die Flüchtigkeit von aromatischen Esterverbindungen wird geringer mit steigendem Alkoholgehalt.

Eine Alkoholreduzierung kann demzufolge die sensorisch wahrnehmbare Frucht steigern. Denkt man diesen Ansatz zu Ende, wird man zu dem Schluss kommen, dass möglichst geringe Alkoholgehalte ideal für die Fruchtausprägung sein müssten. Aber da der Wein nicht nur nasal wahrgenommen wird und mit abnehmendem Alkohol auch Körper und Fülle des Weines geringer werden, gilt es, das Optimum zu finden.

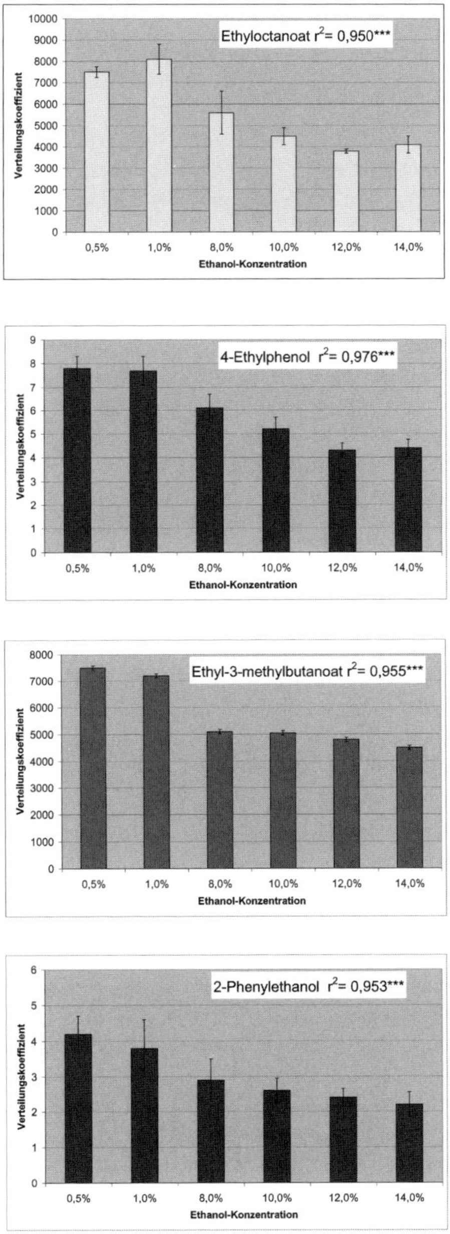

Abb. 144. Rückgang der Flüchtigkeit verschiedener Stoffe mit zunehmendem Alkohol (nach Fischer, 2010).

12.1.2 Sweet Spot Theorie

Durch eine Gesetzesnovelle darf man seit August 2009 in der EU den Alkoholgehalt von (nicht angereichertem) Wein um 2 % Vol. senken. Es ist aber nicht sinnvoll, jedem Wein volle 2 % Vol. Alkohol zu entziehen. Vielmehr gilt es, über Vorversuche die optimale Alkoholreduzierung zu ermitteln. Im Englischen wird der optimale Punkt als „sweet spot" bezeichnet. Sweet Spot bedeutet wörtlich übersetzt „süßer Punkt", kann aber als „optimaler Punkt" interpretiert werden. Der Sweet Spot bei Wein ist der Alkoholgehalt, bei dem der Wein die größte Harmonie zwischen Fruchtigkeit, Aroma und Geschmack bietet. Um herauszufinden, wie viel Alkohol aus dem Wein zu entfernen ist, geht man folgendermaßen vor:

Im Vorversuch wird eine kleine Charge des Weines mit sehr hohem Alkoholgehalt teilweise entalkoholisiert. Dann wird über Verschnitte in kleinen Stufen (0,1–0,2 % Vol.) eine Serie an Wein mit graduell unterschiedlichem Alkoholgehalt erstellt. Bei einem gegebenen Ausgangsalkoholgehalt und einer Abstufung um 0,2 % Vol. kann man zehn Verschnitte erstellen. Diese zehn Muster mit je 0,2 % Vol. Unterschied ergeben dann die (in der EU) maximal zulässigen 2 % Vol. Alkoholreduktion. Diese Serie wird verkostet und der optimale Alkoholgehalt sensorisch bestimmt.

12.1.3 Verfahrenstechnik der Alkoholreduzierung

Es gibt eine Vielzahl an Methoden den Alkoholgehalt in Most und Wein zu senken. Es gibt additive (Wasserzusatz) und subsstraktive Verfahren, bei denen der Alkohol aus dem Wein entfernt wird. Für die Kostenkalkulation der Verfahren muss neben den Anlagenkosten auch das reduzierte Volumen berücksichtigt werden.

Behandlung von Teilmengen

Viele Weinbehandlungen bedeuten einen gewissen Stress für den Wein. Zum Beispiel die enormen Drücke bei der Umkehrosmose, der Kontakt zu Sauerstoff, Verlust an CO_2 und eventuell eine Erwärmung sind Einflussfaktoren, die einen negativen Effekt auf die Weinqualität haben können. Daher wird die Alkoholreduzierung häufig nur an einer Teilmenge durchgeführt. Wenn eine Weincharge um 1,5 % Vol. Alkohol reduziert werden soll, kann man stattdessen nur die Hälfte oder ein Drittel des

Abb. 145. Sweet-Spot-Verkostung zur Bestimmung des optimalen Alkoholgehaltes.

Weinvolumens behandeln. Aus dem reduzierten Permeat wird dann die doppelte oder dreifache Alkoholmenge entzogen. Die Belastung der Gesamtcharge wird somit reduziert. Diese Verfahrenstechnik kann mit Ausnahme der Wässerung bei allen Verfahren der Alkoholreduzierung angewandt werden.

12.1.3.1 Wasserzusatz

Nicht nur der Vollständigkeit halber muss diese – zugegeben nicht sehr neue – Technik erwähnt werden. Es ist einleuchtend, dass diese Methode aus Kostengründen in weiten Teilen der Welt sehr verbreitet ist. Im anglikanischen Sprachraum wird der Wasserzusatz auch scherzhaft mit „black snake fining“ (= „Schönung mit der schwarzen Schlange“) bezeichnet. Die schwarze Schlange ist der Wasserschlauch.

Weinbauern, die in extrem heißem Klima ihre Trauben anbauen, argumentieren manchmal, dass die Reben nicht genug Wasser beim Wachsen hatten. Die Trauben vertrocknen am Stock und fangen an zu schrumpfen (Beginn der Rosinenbildung). Daher führt eine nachträgliche „Beregnung“ in der Kellerei zu einem Most, der in etwa die gleiche Zusammensetzung hat, wie optimal mit Wasser versorgte Reben geliefert hätten.

In der Tat steigen in manchen Ländern die potentiellen Alkoholgehalte innerhalb von wenigen Tagen von 13,5 % Vol. auf über 15 % Vol. Es ist sehr schwierig bei einer so raschen Zunahme des Zuckergehaltes die Trauben am optimalen Reifepunkt zu ernten.

Zudem sind die Gärbedingungen für solchermaßen zuckerreduzierte Weine besser. Es ist schwierig, zuckerreiche Moste in Gärung zu bringen und den Restzucker vollständig umzusetzen. Die Bedingungen für die Hefen sind sehr ungünstig.

Aber eine späte Lese bringt in Hinsicht auf Aroma, Farbintensität und Phenolreife bei roten Rebsorten und höherem Mostgewicht Vorteile. Die Reduzierung des Alkoholgehaltes orientiert sich daher sinnvoller Weise an der Theorie des „Sweet Spot“.

Es kann also durchaus interessant sein, schon im Most den potentiellen Alkoholgehalt (= Zuckergehalt) zu senken. Dies kann durch einfachen Wasserzusatz erfolgen. Aber auch beim Wasserzusatz gibt es viele Variationsmöglichkeiten.

Wasserzusatz – vor oder nach der Gärung?

Um den Gärproblemen durch sehr hohe Zuckerkonzentrationen zu begegnen, kann man Wasser vor der Gärung zusetzen. Es macht jedoch mitunter einen erheblichen Unterschied, ob man das Wasser zum Most oder zur Maische zugibt.

Erfolgt der Wasserzusatz zum Most, werden alle Inhaltsstoffe im gleichen Maß verdünnt.

Beim Wasserzusatz zur Maische stellt sich ein neues Gleichgewicht ein. Das bedeutet, dass sich aus den festen Bestandteilen der Traube noch Inhaltsstoffe lösen, die aufgrund der geringeren Konzentration des verdünnten Mostes erst jetzt in Lösung gehen können (Konzentrationsausgleich).

Noch effektiver wird dieses Verfahren, wenn man vor dem Wasserzusatz einen Saftabzug (Saignée) macht. Durch den Saftabzug erhält man zwei Fraktionen: Zum einen den abgezogenen, Saignée-Saft und zum anderen die volumenreduzierte Maische. Den abgezogenen Saft kann man als normale Partie, zum Beispiel als Rosé verwenden. Zu der im Volumen reduzierten Maische wird Wasser zugegeben. Da der abgezogene Saignée-Saft vor allem viel Zucker und noch relativ wenige Bestandteile aus der Traubenextraktion enthält, können sich jetzt mehr Inhaltsstoffe wie Phenole und Farb- und Aromastoffe aus den festen Traubenbestandteilen lösen. Bei weißen Rebsorten kann diese Extraktion mit einer Maischestandzeit erfolgen, bei roten wird die Maischegärung eingeleitet.

(Harbertson JF, Mireles MS et al., 2009).

12.1.3.2 Vakuumdestillation

Eine Destillation ist ein thermisches Trennverfahren. In der Regel werden durch Destillation Gemische von gelösten Stoffen mit unterschiedlicher Flüchtigkeit getrennt. Beispielsweise kann man Alkohol aus einem Wasser/Alkohol-Gemisch durch Destillation trennen. Unter Normaldruck (ca. 1 bar) hat Ethyl-Alkohol (Ethanol) eine Siedetemperatur von rund 78 °C. Beim klassischen Destillieren wird ein Wasser/Alkohol-Gemisch auf ca. 78 °C erhitzt. Der Alkohol siedet und geht in die Dampfphase über. Der Alkoholdampf wird in einen Kühler geleitet, in dem der Dampf abkühlt und kondensiert. Das abgetrennte Kondensat (= Destillat) ist überwiegend Alkohol, da Wasser bei 78 °C nur zu einem geringen Maß flüchtig ist.

Eine Vakuumdestillation ist eine Destillation, die bei erniedrigtem Druck (0,05 bis 0,2 bar) durchgeführt wird. Je geringer der Druck, der auf einer Flüssigkeit lastet, desto niedriger ist die Temperatur, bei der die Flüssigkeit siedet (und die flüchtigen Stoffe darin).

Die Vakuumdestillation ist daher eine Destillation bei geringer Temperatur. Durch den stark reduzierten Druck können Stoffgemenge mit unterschiedlichem Siedepunkt getrennt werden, ohne dass hierzu sehr hohe Temperaturen angewendet werden müssen. Üblicherweise erfolgt die Vakuumdestillation daher im Temperaturbereich von 20 bis 30 °C. So wird vermieden, dass sich durch hohe Temperaturen einerseits empfindliche Stoffe zersetzen (Aromakomponenten) und andererseits durch die Wärmeeinwirkung unerwünschte Stoffe wie z. B. Hydroxymethylfurfural (HMF) bilden.

12.1.3.3 Schleuder-Kegel-Kolonne (Spinning-Cone-Column = SCC)

Die Schleuder-Kegel-Kolonne (engl. = Spinning-Cone-Column = SCC) ist eine Anlage zur Durchführung einer hoch effizienten Gegenstrom-Destillation. Das Prinzip ist aber nach wie vor das der destillativen Trennung. Meist erfolg die Destillation unter reduziertem Druck (Vakuumdestillation).

Die Anwendungen der Schleuder-Kegel-Kolonne sind sehr vielfältig. Weltweit werden derzeit folgende Prozesse großtechnisch durchgeführt:

- Aromagewinnung während der Instant-Kaffee Produktion.
- Entalkoholisierung und Alkohol-Management in Wein, Bier und anderen alkoholischen Getränken.
- Entfernung von Geruchsstoffen aus Sahne und Geschmacks-Management bei Milchprodukten.
- Aroma-Gewinnung während der Produktion von Frucht- und Gemüsekonzentraten.
- Entölen von NFC Zitrusfrucht-Saft (NFC = Not From Concentrate).
- Essenzöl-Gewinnung aus Pflanzen, Kräutern und Gewürzen.

Im Weinbereich wird die Schleuder-Kegel-Kolonne zur Most-Entschwefelung, Most- und Weinkonzentrierung sowie zur Entalkoholisierung oder Teilentalkoholisierung verwendet.

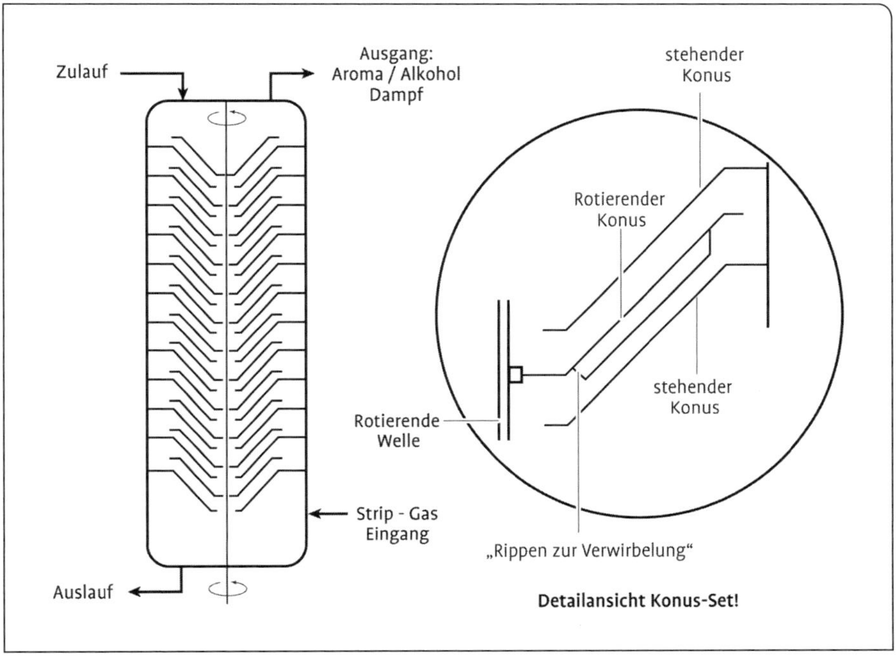

Abb. 146. Aufbau der Schleuder-Kegel-Kolonne (Spinning Cone Column).

Aufbau der Schleuder-Kegel-Kolonne
Die Schleuder-Kegel-Kolonne selbst ist ein vertikaler, runder Behälter aus Edelstahl mit einer zentralen rotierenden Hauptwelle. Auf dieser rotierenden Welle sind kegelförmige Einsätze ähnlich Trichtern montiert. Das zu destillierende Produkt wird von oben auf die Schleuder-Kegel-Kolonne eingebracht und wird unten entnommen. Im Gegenstrom fließt entgegen der Flüssigkeit von unten nach oben ein Gas, es kann aber auch eine kleine Teilmenge an verdampftem Produkt sein. Flüchtige Stoffe, die aufgrund der Temperatur und des Unterdruckes in der Kolonne verdunsten, werden vom Gasstrom erfasst und nach oben transportiert. Danach werden diese Dämpfe außerhalb der Kolonne durch Abkühlung verflüssigt (Kondensation).

Durch die Rotation der Spindel rotieren auch die Kegel, die an der Spindel befestigt sind. Dies bewirkt, dass die oben eingetretene Flüssigkeit sich auf dem obersten Kegel verteilt und einen sehr dünnen, nach oben gerichteten Film bildet. Oben wird die Flüssigkeit an die Innenwand der Kolonne geschleudert und fließt nach unten. Dort befinden sich weitere, nicht rotierende Kegel und leiten die Flüssigkeit wieder zur Mitte der Kolonne. Auf dem Weg von oben nach unten passiert die Flüssigkeit viele solcher Stationen und der gesamte Prozess beginnt wieder von vorne. Die Rippen an den Unterseiten der rotierenden Kegel sorgen für starke Turbulenzen in der Kolonne. So wird ein sehr effizienter Stoffaustausch zwischen der Flüssigkeit und der Gasphase ermöglicht. Die ge-

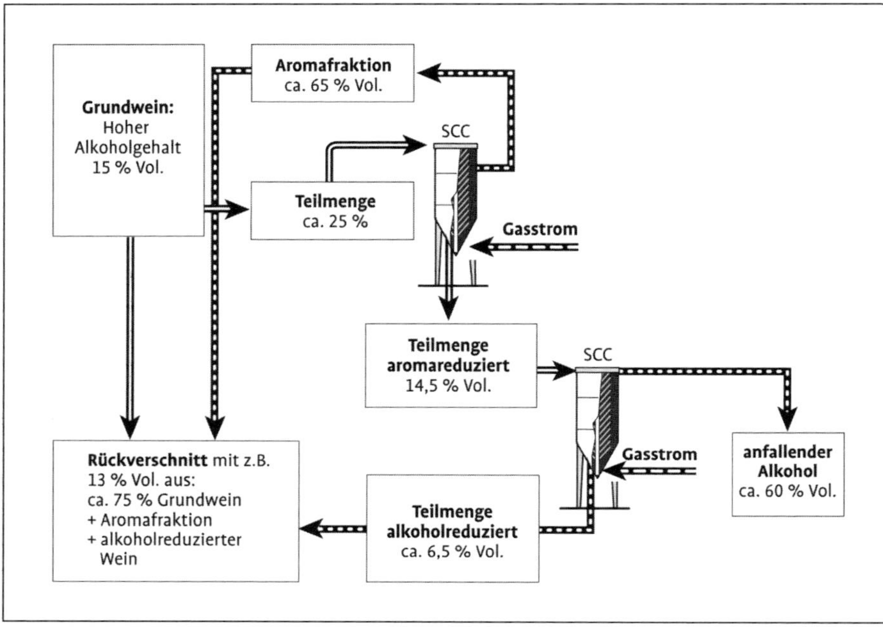

Abb. 147. Fließschema bei der Alkoholreduktion mit der Schleuder-Kegel-Kolonne (Zahlen beispielhaft).

ringen Arbeitstemperaturen durch den Unterdruck vermeiden eine Hitzeschädigung des Produktes.

Das Besondere an der Schleuder-Kegel-Kolonne ist die hohe Effizienz des Stoffüberganges bei diesem Destillations-Prozess durch die Schaffung von Turbulenzen im Inneren der Kolonne.

Verfahrenstechnik Schleuder-Kegel-Kolonne

Wie bei den meisten Verfahren empfiehlt es sich, auch bei der Schleuder-Kegel-Kolonne nur eine Teilmenge des Grundweines zu behandeln. Anstatt die gesamte Weinmenge um z. B. 2 % Vol. zu reduzieren, kann man auch 8 % Vol. aus 25 % des Gesamtvolumens entfernen. So werden 75 % der Weinmenge durch die Alkoholreduzierung überhaupt nicht belastet.

Die eigentliche Alkoholreduzierung bei der Teilmenge erfolgt in mehreren Schritten (Abb. 147):

Abtrennung der leicht flüchtigen Stoffe: Erster Durchlauf durch die Schleuder-Kegel-Kolonne zur Aroma- Abtrennung. Hierbei werden nur ca. 1–1,5 % des Weinvolumens entfernt. Dieses Aromakonzentrat wird zwischengelagert und nach der Alkoholentfernung zur dann alkoholreduzierten Weinfraktion wieder rückverschnitten. Es besitzt einen sehr hohen Alkoholgehalt von ca. 65 % Vol.

Alkoholabtrennung: Die im Aroma reduzierte Teilmenge wird abermals durch die Schleuder-Kegel-Kolonne geführt. Jetzt werden die Parameter aber so verändert, dass eine starke Alkoholabreicherung erfolgt. Es entsteht eine Fraktion an Wein mit geringem Alkoholgehalt und Aroma sowie eine Fraktion hochprozentigen Alkohols (bis zu 60 % Vol.).

Rückverschnitt: Die alkoholreduzierte, entaromatisierte Fraktion wird wieder verschnitten mit dem unbehandelten Grundwein und dem Aromakonzentrat.

12.1.3.4 Membran-Kontaktor

Eine interessante Möglichkeit, den Alkoholgehalt in Wein zu reduzieren, ist der Liqui-Cel Membran-Kontaktor. Der Membran-Kontaktor hat eine hydrophobe Spezialmembran (www.Membrana.com). Diese Membran wird mittlerweile von mehreren Firmen in Anlagen für das Gasmanagmenet verbaut (Emrich, Kiesel, Romfil). Eine sehr komplexe Einheit wird von der Firma Inoxpa angeboten (WineBrane). Die Konzeption der WineBrane-Anlage wurde vom Ingenieurbüro Waidelich in Tübingen entwickelt (http://www.inwag.de). Diese Anlagen werden seit einigen Jahren erfolgreich für die Einstellung des Gehaltes an gelösten Gasen wie CO_2 und Sauerstoff in Wein verwendet.

Für die Alkoholreduzierung wird die gleiche Anlage in einem speziellen Modus gefahren (Abb. 149). Der Wein wird im Gegenstrom mit Wasser über die Spezial-Membran gefahren. Durch unterschiedliche osmotische Potentiale sinkt der Alkoholgehalt im Wein und im Wasser steigt er. Das Wasser muss vor der Alkoholreduzierung entgast werden, damit der Wein nicht den im Wasser gelösten Sauerstoff aufnimmt. Aufgrund der speziellen hydrophoben Charakteristik der Membran wird gewährleistet, dass weitgehend nur Alkohol und keine anderen, wertgebenden Inhaltsstoffe, übergehen.

Diese Verfahrenstechnik ist sehr leicht umzusetzen. Mit der WineBrane-Anlage zirkulieren Wasser und Wein so lange, bis die gewünschte Alkoholreduzierung eingetreten ist. Bei vollautomatischen Anlagen geschieht dies ohne manuellen Eingriff. Die Alkoholreduzierung erfolgt wie üblich nur an einer Teilmenge des Produktes, um die Produktbelastung gering zu halten.

Abb. 148. Komplexe Inoxpa WineBrane-Anlage zur Einstellung von gelösten Gasen und zur Reduzierung des Alkoholgehaltes in Wein.

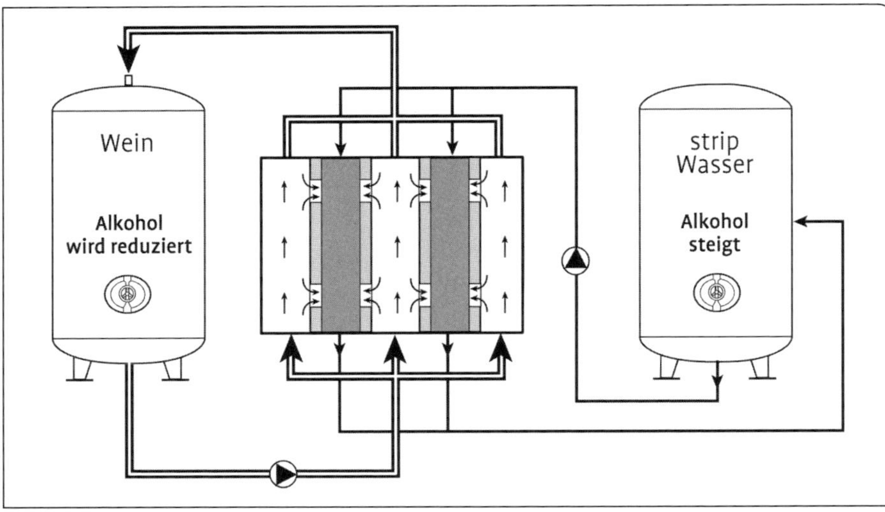

Abb. 149. Schema des Ablaufes der Alkoholreduzierung über die hydrophobe Spezialmembran (Mitte). Der Wein wird im Gegenstrom mit entgastem Wasser entlang der Membran gefahren – der Alkoholgehalt im Wein sinkt – im Wasser steigt er bis zum Konzentrationsausgleich an.

Durch den direkten Membrankontakt aller Weininhaltsstoffe ist eine Abreicherung an aromatischen Verbindungen mit ähnlichen physikalischen Eigenschaften wie Ethanol möglich. Wie stark dieser Effekt ist, kann zur Zeit noch nicht abschließend beurteilt werden. Die Ergebnisse mit der direkten Alkoholreduzierung sind jedoch vielversprechend. Durch diese Art und Weise kann man den Alkohol sehr einfach reduzieren.

Ein weiteres Verfahren ist die Kombination aus Membran-Kontaktor und Umkehrosmose. Das Verfahren ist zwar aufwändiger, aber der Alkoholaustausch findet nur am robusten Permeat der Umkehrosmose und nicht am Wein statt.

12.1.3.5 Alkoholentfernung in Kombination mit Umkehrosmose

Die Fraktionierung von Wein durch Membranprozesse hat sich zu einem sehr effizienten Tool entwickelt. Speziell die Umkehrosmose in Kombination mit anderen Technologien bietet eine Vielzahl an Möglichkeiten, wie z. B. die Alkoholreduzierung oder die Entfernung von unerwünschten Stoffen wie flüchtige Säure oder flüchtige Phenole (s. Kap. 12.2).

Mittels Umkehrosmose kann man nur indirekt Alkohol aus Wein entfernen. Aufgrund der Molekülgrößen kann das Wassermolekül viel leichter die Membran passieren als das größere Alkoholmolekül. Der Alkohol ist aber membrangängig und wird nur wenig zurückgehalten. Deshalb steigt der Alkoholgehalt im Retentat der Umkehrosmose leicht an. Im Permeat findet man ca. 70–80 % der Alkoholkonzentration des Ausganggehaltes (s. Abb. 150). Gemäß der molekularen Stoffabtrennung findet man im Permeat der Umkehrosmose fast nur Wasser und Alkohol. Der Alkoholgehalt im Permeat liegt nur etwa 20 % un-

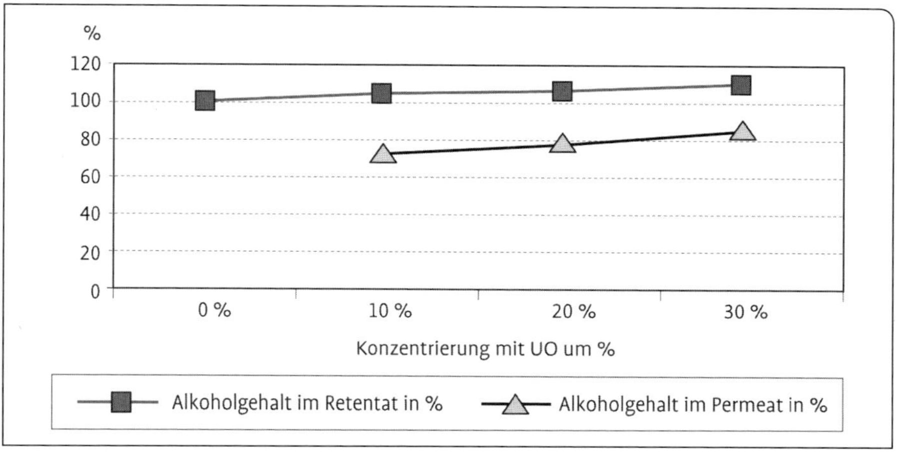

Abb. 150. Verlauf der Alkoholkonzentration eines Weines nach Fraktionierung mit Umkehrosmose um 10, 20 und 30 % des ursprünglichen Volumens (Antony N, 2010).

ter dem im Retentat. Der Übergang des Alkohols ins Permeat ist logisch, da die Umkehrosmose-Membran nur Stoffe im Bereich über 100 Dalton abtrennen kann (Molekulargewicht Ethanol: 46 g).

Nachdem der Wein mittels Umkehrosmose in die zwei Fraktionen Retentat (Konzentrat) und Permeat (Filtrat) aufgetrennt ist, kann die Reduzierung des Alkoholgehaltes gezielt erfolgen. Der Vorteil dieser Verfahrensweise ist der, dass die Fraktionierung ohne schädlichen Einfluss auf den Originalwein ist und die Alkoholentfernung am unempfindlichen Permeat erfolgt.

Grundsätzlich sind zwei grundlegende Verfahrensweisen zur Alkoholreduzierung realisierbar:

- Umkehrosmose und Wasserzusatz zum Retentat (exogenes oder endogenes Wasser).
- Kombination Umkehrosmose und Entfernung des Alkohols aus dem Permeat und Rückverschnitt des entalkoholisierten Permeats.

Wasserzusatz nach Umkehrosmose

Eine denkbar einfache Methode, den Alkoholgehalt von Wein zu senken, ist der Wasserzusatz zum Retentat nach Umkehrosmose. Wie bereits ausgeführt, steigt der Alkoholgehalt im Retentat bei Umkehrosmose nur gering an. Hingegen werden alle anderen Inhaltsstoffe des Weines gemäß der Volumenreduzierung konzentriert. Setzt man dem Retentat nach der Abtrennung von Wasser und Alkohol wieder Wasser zu, sinkt die Konzentration an Alkohol und der restlichen Inhaltstoffe. Das alkoholhaltige Permeat bleibt übrig und kann gesondert verwendet werden (rechtliche Regelungen sind zu beachten!).

Kombination Umkehrosmose und Destillationstechnik

Die Kombination von Umkehrosmose mit einer nachgeschalteten Technik, die den Alkoholgehalt im Permeat reduziert, ist eine sehr häufig eingesetzte Verfahrenstechnik. Sie ist für den Wein relativ schonend, da im Permeat nur noch sehr wenige

Substanzen enthalten sind, die gezielt entfernt werden können, ohne dass z. B. das Aroma des Weines beeinträchtigt wird.

Diese nach der Umkehrosmose eingesetzte Technik kann eine klassische Destillation oder eine spezielle Membrantechnik sein. Nachdem der Alkohol aus dem Permeat entfernt ist, wird das alkoholfreie bzw. alkoholreduzierte Permeat wieder zum Ausgangswein zurück gegeben.

Die Destillation des Permeates aus der Umkehrosmose ist ein sehr robustes und sicheres Verfahren. Die Permeat-Destillation kann mit klassischer Brennblase diskontinuierlich oder mit einer Destillationskolonne auch kontinuierlich betrieben werden. Das Destillat enthält neben dem Alkohol auch andere flüchtigen Substanzen, wie z. B. Essigsäure und Methanol, sofern diese zuvor im Permeat enthalten waren.

Da sowohl die Umkehrosmose von Wein als auch die Destillation relativ einfache Techniken sind, ist auch die Kombination aus beiden leicht umzusetzen. Verfahrenstechnisch ist eine Destillation eher simpel. Ein wesentliches Merkmal der Abtrennung des Alkohols aus dem Permeat über Destillation ist, dass hierbei hochprozentiger Alkohol anfällt.

Allerdings muss erwähnt werden, dass die Handhabung des durch Destillation gewonnenen Alkohols meist Gegenstand von sehr strikten Zoll- oder Monopol-Gesetzgebungen ist. Je nach Land und den entsprechenden gesetzlichen Reglungen kann der anfallende Alkohol aus der Alkoholreduzierung von Wein einen erheblichen Verwaltungsaufwand bedeuten. In der Regel ist der gewonnene Alkohol zu versteuern.

Kombination Umkehrosmose und Membrantechnik

Eine andere Technologie der Alkoholreduzierung ist die Kombination aus Umkehrosmose mit nachgeschalteter Membrantechnik. Anstatt der Destillation wird hierbei

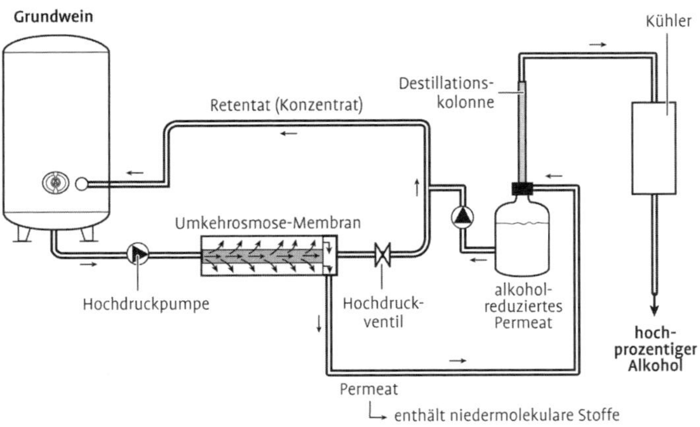

Abb. 151. Verfahrenstechnik der Alkoholreduzierung durch Kombination aus Umkehrosmose und Destillation.

der Alkohol durch spezielle, hydrophobe Membranen aus dem Permeat entfernt. Auch bei diesem Verfahren kann man mit der gesamten Menge arbeiten (effizienter) oder nur Teilmengen alkoholreduzieren um die Produktbelastung gering zu halten.

Diese Technik wurde durch die australische Firma Memstar entwickelt. Die Verfahrenstechnik beginnt wieder mit der Fraktionierung über Umkehrosmose in Retentat und Permeat. Das alkoholhaltige Permeat wird dann entlang einer hydrophoben Spezialmembran geleitet. Im Gegenstrom wird auf der anderen Seite der Membran entgastes, auf ca. 60 °C erhitztes Wasser geführt. Im Gegensatz zum Membran-Kontaktor (WineBrane), bei dem direkt mit Wein über die Membran gefahren wird (s. 12.1.3.4), erfolgt hier vor dem Membran-Kontakt die Fraktionierung über Umkehrosmose.

Eine wesentliche Eigenschaft der Spezialmembran ist ihr hydrophober Charakter, sie ist wasserabstoßend. Deshalb gehen nur sehr geringe Mengen an Wasser und darin gelöste Stoffe über. Durch die speziellen Eigenschaften von Ethanol kann der Alkohol dennoch durch die Membran übertreten.

Die Membran wird von Memstar als „special perstractive membrane contactor“ bezeichnet, der Alkoholübergang folgendermaßen beschrieben:
Durch die Erwärmung des Permeats auf ca. 60 °C ist der Alkohol im Permat schon nahe seinem Siedepunkt, der Dampfdruck (Tendenz zu verdampfen) relativ hoch. Der Alkohol verdunstet an der Membranoberfläche, geht als Gas durch die hydrophobe Membran und kondensiert wieder auf der anderen Membranseite. Dort wird er vom Wasserstrom (Stripwasser) entfernt. Der Motor für den Alkohol-(Dampf)-Übertritt durch die Membran ist der Konzentrationsunterschied auf beiden Seiten der Membran.

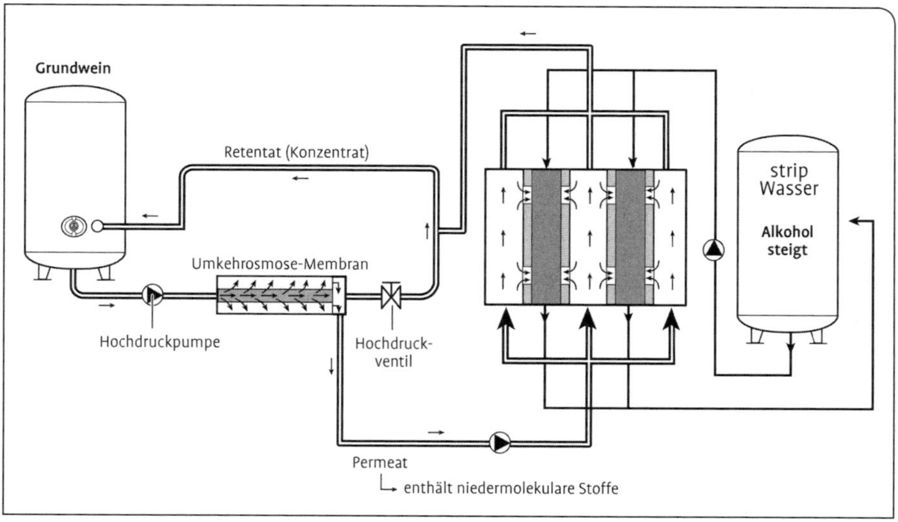

Abb. 152. Verfahrenstechnik der Alkoholreduzierung durch Kombination aus Umkehrosmose und Membrantechnik.

Nach dem Membrankontakt ist der Alkoholgehalt im Permeat gesunken. Je nach gewünschter Alkoholreduzierung wird der Prozess so lange fortgesetzt, bis der gewünschte Alkoholgehalt erreicht ist. Meist wird das Maß der Alkoholreduktion nach der Sweet-Spot Theorie eingestellt (s. Kap. 12.1.2).

12.2 Aroma-Modifizierung

Eine Aroma-Modifizierung ist – sofern rechtlich zulässig – für all jene von Bedeutung, die an Ihrem Produkt sensorisch oder analytisch einen Mangel oder Fehler feststellen. Im Folgenden wird jedoch nicht auf Schönungsmaßnahmen wie z. B. die Anwendung von Aktivkohle oder Kupfersulfat eingegangen. Vielmehr wird auf moderne Anwendungen zur Entfernung von bestimmten unerwünschten Komponenten eingegangen.

12.2.1 Entfernung von flüchtiger Säure aus Wein

Ein gängiges Problem der Weinwirtschaft sind Weine mit erhöhten Gehalten an flüchtiger Säure. Die flüchtige Säure besteht überwiegend aus Essigsäure. Daneben kommen in wechselnden Mengen andere flüchtige Säuren wie Ameisen-, Bernstein-, Butter- und Propionsäure vor. Eine Entfernung der genannten Säuren über chemische Entsäuerung ist nicht möglich. Die Abtrennung der Essigsäure über Destillation ist ebenfalls nicht möglich, da der Siedepunkt bei 116 °C liegt.

Das erste relevante Verfahren zur Entfernung der flüchtigen Säure aus Wein war die Kombination aus Nanofiltration (oder offener Umkehrosmose) und Ionenaustauscher (Smith C, 1999).

Die Verfahrenstechnik der Entfernung der flüchtigen Säure erfolgt hierbei in mehreren Schritten. Zu Beginn erfolgt eine

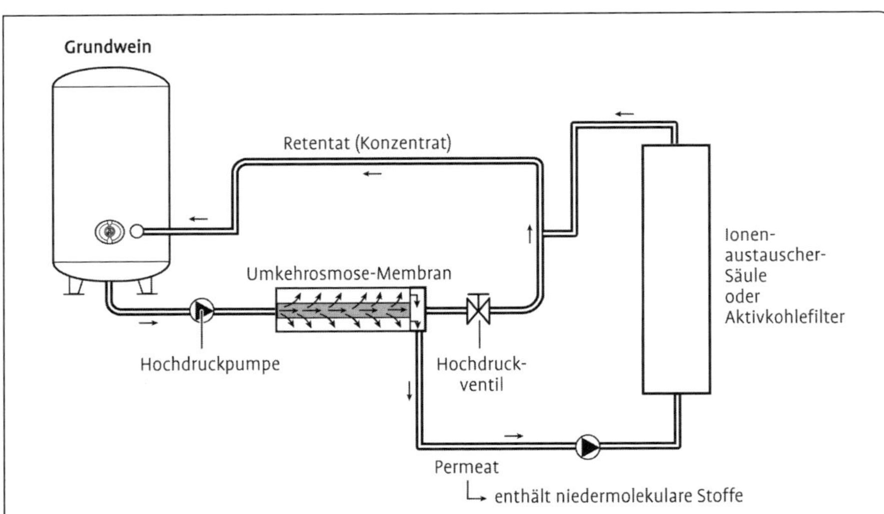

Abb. 153. Verfahren der Entfernung von flüchtiger Säure durch Kombination aus Nanofiltration bzw. Umkehrosmose mit Ionenaustauscher (Entfernung von flüchtiger Säure) oder Aktivkohlefilter (Entfernung von Phenolen oder Aroma).

Umkehrosmose, die den Wein nur für kurze Zeit in zwei Fraktionen zerlegt (s. Kap. 11.3 Fraktionierung):

- Retentat enthält alle von der Membran zurückgehaltenen Inhaltsstoffe.
- Permeat enthält alle membrangängigen Stoffe (vorwiegend Wasser, Ethanol, Essigsäure und andere flüchtige Säuren, niedermolekulare Verbindungen).

Die Permeat-Fraktion des Weines mit den niedermolekularen Verbindungen wird anschließend mit einem Anionen-Austauscher behandelt. Dieser Anionen-Austauscher bindet negativ geladene Ionen (Anionen). Im vorliegenden Fall ist dies unter anderem die negativ geladene Essigsäure. Auch Ethyl-Acetat (Uhuton) wird entfernt.

Das von der flüchtigen Säure befreite Permeat wird dem Ursprungswein wieder zugesetzt und der Gehalt an flüchtiger Säure ist somit reduziert.

Diese Methode kann als schonend angesehen werden. Der Wein wird nur durch das Pumpen zur Abtrennung des Permeats über die Nanofiltration oder offene Umkehrosmose belastet. Es sind keine chemischen Zusätze nötig.

12.2.2 Entfernung von flüchtigen Phenolen (brett taint removal)

Einige Weinfehler im Wein können auf die Anwesenheit von flüchtigen phenolischen Verbindungen zurückgeführt werden. Es handelt sich hierbei um ein sehr spezielles Aroma der Weine. Da dieser Fehler sowohl chemisch als auch sensorisch sehr heterogen ausgeprägt sein kann, findet man unterschiedliche Beschreibungen wie Brett, Heftpflaster, Pferdeschweiß, Pferdesattel, Pferdestall, Medizinalton, nasser Hund, verschwitzte Socken und Zugsalbe.

Für viele Konsumenten ist das Auftreten dieses Aromas in geringen Mengen akzeptabel und für manche Weine ist es geradezu typisch. Andere lehnen schon geringe Mengen an den oben genannten Aromen kategorisch ab. Unstrittig ist jedoch, dass bei sehr starker Ausprägung der Wein fehlerhaft ist und die Qualität dadurch erheblich verringert ist.

Eine Hauptquelle für die Entstehung dieser Fehlnote basierend auf flüchtigen Phenolen ist die Stoffwechseltätigkeit von **Brettanomyces-Hefen**. Daher rührt auch die Bezeichnung Brett-Note. Diese *Brettanomyces*-Hefe ist außerordentlich genügsam und kann über lange Zeiträume in einer Kellerei ohne aufzufallen überleben. Bei günstigen Bedingungen kann sie jedoch zum Teil sehr große Mengen an flüchten Phenolen bilden. Diese führen definitiv zu einem erheblichen Qualitätsverlust der Weine.

Technologisch ist dieses Verfahren vergleichbar mit der Entfernung von flüchtiger Säure. Hierbei wird das Permeat mit den abzutrennenden Stoffen durch einen anderen Adsorber geleitet, der die flüchtigen Phenole bindet (Ugarte P, Agosin E et al., 2011). Im einfachsten Fall kann es sich hierbei um Aktivkohlefilter handeln. Der Wein wird nicht in Mitleidenschaft gezogen, da im Permeat nur sehr niedermolekulare Verbindungen enthalten sind (Abb. 153).

12.2.3 Entfernung von Raucharomen (smoke taint removal)

In vielen Weinbaugebieten wie z. B. Australien und USA gab es in den letzten Jahren bedingt durch Trockenheit ausgedehnte Flächenbrände. Weinberge, die kurz vor der Ernte in der Nähe solcher Brände reifen oder über die sogar ein solches Feuer rast, nehmen einen starken, rauchigen Geschmack an. Aus wirtschaftlichen Gründen werden die Trauben dann geerntet und zu

Wein verarbeitet. Der charakteristische Geschmack der Weine ist jedoch zum Teil so stark, dass die Weine so nicht vermarktungsfähig sind.

Analog der Entfernung der flüchtigen Säure oder der Entfernung von flüchtigen Phenolen können auch diese Fehlnoten vermindert oder entfernt werden.

Nach der Permeatabtrennung werden die Raucharomen an einen Adsorber wie z. B. Aktivkohle gebunden und entfernt (Abb. 153).

12.2.4 Entfernung von pilzig-muffigen Fehlaromen sowie Korkgeschmack

Eine modifizierte Tiefenfilterschicht, die eine anorganische Verbindung (TRIEX®) enthält, bietet eine Lösung dieses Problems. Viele der fraglichen Verbindungen werden quantitativ abgereichert, ohne den Wein in seinen anderen wertgebenden Inhaltsstoffen zu verändern. Die Anwendung der Schicht ist analog zu herkömmlichen Schichtenfiltern – also völlig unkompliziert (Eder R, Hütterer EM et al., 2008). Auf diese Technik wird in Kapitel 10.1.2.3 näher eingegangen.

12.3 Gas-Management

Der Geschmack und die Lagerfähigkeit von Wein wird neben vielen anderen Parametern maßgeblich von der Art und Menge der im Wein gelösten Gase beeinflusst. Im Wesentlichen haben Kohlenstoffdioxid (CO_2), Sauerstoff (O_2) sowie Stickstoff (N_2) eine besondere Bedeutung im Wein: Sensorisch spielt der Gehalt an Kohlenstoffdioxid (CO_2) eine überragende Rolle. Die anderen Gase wie gelöster Sauerstoff sind für viele chemische Umsetzungen verantwortlich.

Die Löslichkeit dieser drei Gase in Wein unterscheidet sich erheblich. Während CO_2 sich in vergleichsweise großen Mengen in Wein lösen kann, ist die Löslichkeit von Sauerstoff (O_2) und Stickstoff (N_2) mengenmäßig sehr begrenzt. In Wein wird die Löslichkeit der drei Gase bei Sättigung unter Normalluftdruck und 20 °C wie folgt angegeben (Troost G, 1988):

- CO_2: 1460 mg/L
- O_2: 8,8 mg/L
- N_2: 14,4 mg/L

Es fällt sofort auf, dass die Löslichkeit von CO_2 um mehr als das 160-fache größer ist

***Tab. 13:** Löslichkeit von CO_2 (g/L) in Abhängigkeit von Temperatur und Überdruck (verändert nach Rankine B., 1989)*

Absoluter Druck (Bar)	0 °C	10 °C	20 °C
0	0	0	0
1 (NN)	2,5	2	1,5
2	5	3,8	3
3	7,4	5,6	4,4
4	9,7	7,4	5,8
5	11,9	9	7,2
6	14	10,7	8,4

als die des Sauerstoffs. Dieser immense Unterschied in der Löslichkeit erklärt sich dadurch, dass gelöstes CO_2 eine Reaktion mit dem Wasser eingeht – aus CO_2 und H_2O entsteht Kohlensäure (H_2CO_3). Die Kohlensäure ist im Wein echt gelöst. Den gleichen Sachverhalt findet man bei der schwefligen Säure. Sobald gasförmige SO_2 zum Wein zugegeben wird bildet sich schweflige Säure (H_2SO_3). Dieser Sachverhalt ermöglicht die Löslichkeit des SO_2-Gases.

Einfluss von Temperatur und Druck auf die Löslichkeit

Charakteristisch für alle Gase ist ihre mit zunehmender Temperatur geringer werdende Löslichkeit. Diesen Zusammenhang kennt jeder Winzer, da die Bindung der Kohlensäure bei geringen Temperaturen weitaus besser ist als bei hohen. In Tab. 13 ist die Löslichkeit von Kohlenstoffdioxid (CO_2) in Abhängigkeit von Temperatur und Überdruck aufgezeigt. Je kälter der Wein, desto mehr Kohlenstoffdioxid (CO_2) ist bei Normaldruck (NN) löslich. Andererseits braucht man für 3 bar Überdruck bei 0 °C ca. 9,7 g/L CO_2 und bei 20 °C nur 5,8 g/L CO_2. Ähnlich verhalten sich auch Sauerstoff und Stickstoff – nur auf einem sehr viel geringeren Niveau.

Löslichkeit von Gasgemischen (Partialdruck)

Die Löslichkeitskinetik von Gasgemischen auf der Oberfläche von Flüssigkeiten ist relativ komplex. Zum ersten ist der absolute Druck (Gasdruck) auf der Flüssigkeitsoberfläche von großer Bedeutung. Je höher der Druck auf der Oberfläche, desto größer ist die Kraft, welche die Gasmoleküle in die Flüssigkeit drückt. Zum zweiten ist die Zusammensetzung der Gasphase von Bedeutung.

Bei der Herstellung und Lagerung von Wein kommt es zwangsläufig mehrfach zum Kontakt mit Luft. Das Gasgemisch der Luft setzt sich überwiegend zusammen aus

- 78 % N_2
- 20,9 % O_2
- 0,9 % Ar (Argon)

Hingegen kommt CO_2 nur in sehr geringer Konzentration mit 0,038 % vor. Bei druckloser Lagerung z. B. im Lagertank lastet auf der Oberfläche der hydrostatische Druck der Luftsäule der Erdatmosphäre (Luftdruck). Auf Meereshöhe (NN oder auch Normalhöhennull (NHN)) beträgt der mittlere Luftdruck der Atmosphäre 1013,25 hPa (= 1,01325 bar). Die vorhandenen Moleküle sind homogen in der Luft verteilt. Je nach Wetter und geographischer Höhe stellt sich der aktuelle Luftdruck ein.

Die zuvor genannte maximale Löslichkeit der einzelnen Gase CO_2, O_2 und N_2 in Wein kann sich jedoch nur einstellen, wenn 100 % des jeweiligen Gases auf der Oberfläche des Weines vorliegen. Bei Gasgemischen bildet sich ein Gleichgewicht entsprechend der prozentualen Verteilung der in der Gasphase enthaltenen Moleküle. Bei einem Gesamtluftdruck von 1 bar und 78 % N_2 in der Gasmischung beträgt der Anteil des Stickstoffs am Gesamtdruck 0,78 bar – dieser Druckanteil wird **Partialdruck** genannt. Für O_2 ergibt sich unter den genannten Bedingungen ein Partialdruck von 0,209 Bar. Das bedeutet, dass die maximale Löslichkeit dem prozentualen Anteil des Gases in der Gasmischung auf deren Oberfläche entspricht.

CO_2 folgt dieser Regel nicht so strikt, da es die Reaktion mit Wasser eingeht und H_2CO_3 bildet.

12.3.1 Reduzierung von gelösten Gasen

Gelöstes Kohlenstoffdioxid (CO_2) muss aus sehr vielen Weinen in großem Umfang entfernt werden. Im Vordergrund stehen Rotweine, die relativ kurz nach dem biologischen Säureabbau oder nach Kaltlagerung noch sehr viel CO_2 enthalten.

Entfernen von CO_2

Neben dem natürlichen Verlust an CO_2 beim Pumpen, Filtrieren, Rühren etc. beim Ausbau des Weines kann auch über eine Lagerung bei erhöhter Temperatur CO_2 entfernt werden. Da es jedoch ein schwer zu kontrollierender und wenig geführter Vorgang ist, wird häufig ein schnellerer

Bedeutung von CO_2

Die Bedeutung von CO_2 in Wein ist mannigfaltig. Nachfolgend sollen daher kurz die wesentlichen Punkte genannt werden:

Rotwein. Bei kräftigen, gerbstoffreichen Rotweinen stören erhöhte Gehalte an CO_2 sehr stark. Die Wahrnehmung der Phenole wird unangenehm, teilweise werden solche Weine als hart und bitter angesprochen. Jedoch kann durch die Entfernung von CO_2 die sensorische Wahrnehmung deutlich verbessert werden. Leichten, fruchtbetonten Rotweinen stehen auch höhere Gehalte an CO_2. Sofern CO_2 nicht durch den Ausbau auf das gewünschte Maß ausgetrieben ist, muss vor der Füllung der CO_2-Gehalt gegebenenfalls reduziert werden.

Weißwein. Bei Weißwein ist die Erkenntnis alt, dass geringe Gehalte an CO_2 den Wein lasch und müde erscheinen lassen, er ist weniger frisch und jugendlich. Viele Betriebe behandeln den Wein sehr schonend und erhalten so die natürliche Kohlensäure. Eine weitere Möglichkeit ist, den Gehalt an CO_2 unmittelbar vor oder während der Abfüllung zu erhöhen.

Den optimalen Gehalt an CO_2 für Rot- und Weißwein findet man am besten sensorisch heraus. Meist werden folgende Gehalte als optimal angesehen(Kettern W, 1998):

Rotwein	0,4 bis 0,8 g/L CO_2
Weißwein	0,7 bis 1,5 g/L CO_2
Rosé	0,7 bis 1,2 g/L CO_2

Bedeutung von O_2

In Wein lösen sich bei Normaldruck bis zu 8,8 mg/L O_2 bei 20 °C. Bei höherem Druck und niedrigerer Temperatur kann mehr O_2 gelöst werden. Dies bedeutet, dass in sehr hohen Lagertanks mit großem statischen Druck im unteren Teil des Tanks bei Kellertemperatur große Mengen an O_2 gelöst werden können. Dieser Sauerstoff reagiert in der Kälte nicht sofort mit den Weininhaltsstoffen sondern erst, wenn der Wein sich wieder erwärmt. Je nach den Bedingen im Wein kann pro 1 mg/L O_2 bis zu 4 mg/L freie schweflige Säure oxidiert werden (Schneider V, 1999). Die Umsetzung des O_2 im Wein dauert allerdings mehrere Wochen. Die oxidative Veränderung des Weinaromas ist bei Weißwein zu erwarten, das Fruchtaroma ist gefährdet. Bei Rotweinen mit ausreichend stabiler SO_2 kann der Effekt sogar positiv sein.

Bedeutung von Stickstoff (N_2)

Stickstoff als inertes Gas führt zu keiner chemischen Veränderung im Wein. Vielmehr hat es eine ausgeprägte physikalische Wirkung. Es eignet sich hervorragend, um zum Beispiel überhöhte Gehalte an O_2 oder CO_2 zu entfernen.

und sicherer Weg durch Begasung mit N_2-Gas gewählt.

Entfernen von CO_2 durch Begasung mit N_2-Gas

Zum Entfernen von überhöhten CO_2-Gehalten kann man Stickstoff-Gas verwenden. Das N_2-Gas wird über verschiedene Techniken in den CO_2-haltigen Wein eingebracht:
- Fritte
- Carbofresh-Gerät (Fa. Technica)

Technisch gesehen ist es nicht wichtig, wie das Stickstoff-Gas in den Wein eingebracht wird. Die Fritte bietet sich für die stationäre Anwendung in Lagertanks an. Das aufwändigere Carbofresh-Gerät wird im Durchfluss betrieben und löst das Stickstoff-Gas durch das Venturi-Prinzip.

Das Einbringen von N_2-Gas in den Wein führt dazu, dass der Partialdruck von N_2 ansteigt. Dadurch reduziert sich der Partialdruck von z. B. CO_2 und dieses entweicht aus der Flüssigkeit. Da nur eine sehr geringe Menge an Stickstoff-Gas im Wein löslich ist, bilden sich beim Begasen sofort Blasen, die nach oben entweichen.

Der Effekt der Kohlensäureminderung basiert auf zwei Phänomenen:
1. Die Blasen liefern einen starken mechanischen Impuls bzw. eine Turbulenz, welche die Kohlensäure austreiben kann (ähnlich Schütteln).
2. In die auftreibende N_2-Gas-Blase diffundiert eine anteilige Mischung der im Wein gelöstem Gase.

Im Tank vergrößert sich die ursprünglich kleine N_2-Blase beim Aufsteigen und kommt oben als Gemisch aus N_2 und CO_2 an. Über diese Technik kann sehr effektiv der Gehalt an gelöstem CO_2 reduziert werden. Hierzu wird die Fritte oder beispielsweise das Carbofresh-Gerät mit N_2-Gas betrieben. Bei sehr niedrigen Weintemperaturen kann die Menge an benötigtem N_2-Gas sehr groß sein. Es ist von Vorteil, wenn der Wein vor der N_2-Begasung auf eine Temperatur von 15–20 °C angewärmt wird.

Mit der N_2-Begasung wird auch der Gehalt an gelöstem Sauerstoff in gleicher Weise reduziert.

Reduzierung des Gehaltes an gelösten Gasen durch hydrophobe Membrantechnik

Eine spezielle hydrophobe Membran eignet sich hervorragend für die Einstellung des Gehaltes an gelösten Gasen (LiquiCel, Membrana). Am Markt sind mehrere Anlagen verfügbar. Eine manuelle Lösung bietet Emrich mit der Winegas. Deutlich komplexer und mit der Möglichkeit einer Vollautomatik ist die WineBrane von Inoxpa. Mit der hydrophoben Membran kann sowohl der Gehalt an gelösten Gasen in Flüssigkeiten reduziert als auch erhöht werden. Des Weiteren kann mit der gleichen Membran eine Alkoholreduzierung vorgenommen werden.

Der Stoffaustausch durch die hydrophobe Membran ist selektiv. Die Porengröße ist so gestaltet, dass sie weitgehend undurchlässig für flüssige Stoffe ist. Dies bedeutet, dass nur Gase oder Stoffe, welche sich in ihrer Gasphase befinden, die Membranwand passieren können.

Die Membran ist vom Aufbau her mit denen von Cross-Flow-Filtern vergleichbar. Jedes Membran-Modul besteht aus einer Vielzahl an Hohlfaser- bzw. Kapillarmodulen. Sie sind aus speziell beschichtetem Polypropylen hergestellt. Daher sind sie hydrophob. Sie haben einen Innendurchmesser von 0,2 mm und eine mittlere Porengröße von 0,03 µm. Durch diese chemischen- und physikalischen Eigenschaften können nur Gase die Poren der Membran passieren.

Beim Entfernen von gelösten Gasen wird im einfachsten Fall auf der Gasseite der Membran ein Vakuum angelegt. Bei der Reduzierung der Kohlensäure aus Rotwein wird also das CO_2 durch das Vakuum durch die Membran gesaugt und abgeführt. Aufgrund der hydrophoben Eigenschaften der Membran können nur gasförmige Moleküle diese Membran passieren, wodurch nur sehr geringe Verluste an Aromastoffen zu erwarten sind. Gleichzeitig – gewissermaßen als Nebeneffekt – wird auch gelöster Sauerstoff entfernt.

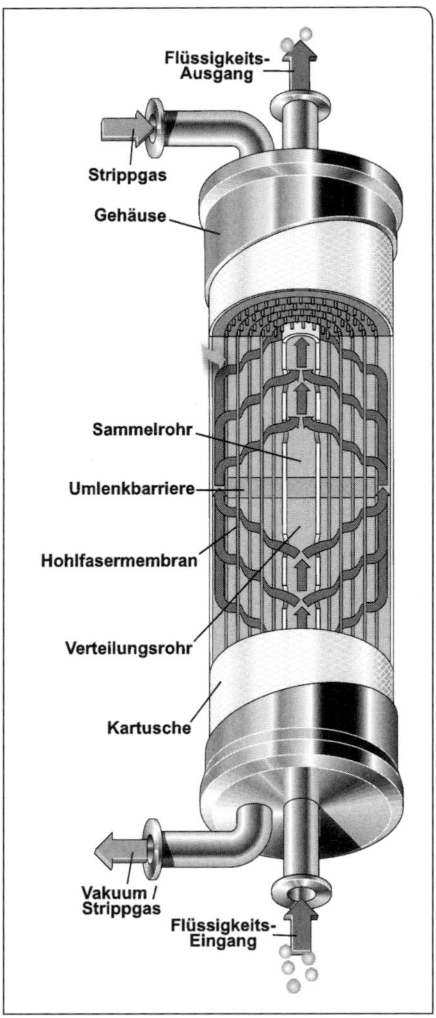

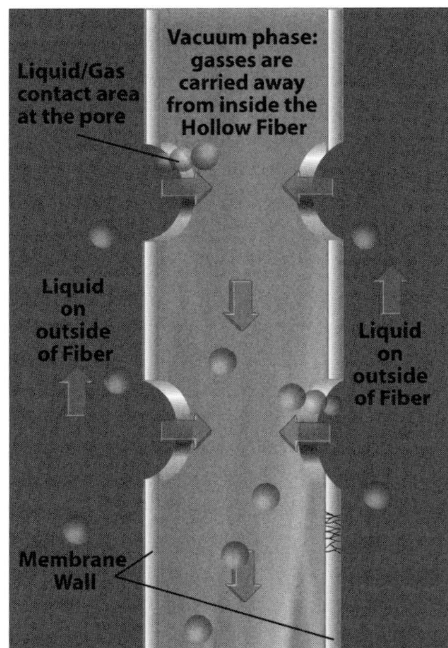

Abb. 154. Membranmodul des LiquiCel-Membrankontaktors (links) sowie einzelne Membranfaser (rechts) in schematischer Darstellung.

Die Entfernung von gelösten Gasen über das angelegte Vakuum ist sehr effektiv. Aber diese Verfahrensweise ist nicht sehr selektiv, da alle flüchtigen Gase zeitgleich entfernt werden. Möchte man beispielsweise bei einem Weißwein das gelöste CO_2 erhalten aber gleichzeitig den gelösten Sauerstoff entfernen, müsste man zweistufig über die Membran fahren: einmal mit Vakuum die gelösten Gase entfernen und dann im zweiten Durchgang wieder mit CO_2 begasen.

Die komplexen WineBrane-Anlagen von Inoxpa können durch die hohe Automatisierung und deren Bauart neben dem Vakuum-Modus noch in zwei weiteren, automatischen Modi betrieben werden: Strip-Modus und Combo-Modus. Diese beiden Modi erlauben zeitgleich ein genaues Einstellen an gelöstem CO_2 sowie die Reduzierung des gelösten Sauerstoffes.

Strip-Modus: Hierbei wir der Wein wie auch beim Vakuum-Modus entlang der Membranoberfläche bewegt. Anstatt des Vakuums wird auf der Gasseite der hydrophoben Membran ein CO_2-Gasstrom mit definierter Fließgeschwindigkeit und Druck im Gegenstrom geführt. Jetzt stellt sich ein Gleichgewicht zwischen den Gasphasen der Weinseite und der Gasseite ein. Da durch die Gasseite der Membran ausschließlich CO_2-Gas fließt und ein entsprechender Druck im System herrscht, ist der Übergang von CO_2 aus dem Wein unterbunden. Hingegen diffundiert gelöster Sauerstoff aus dem Wein durch die Membran zur Gasseite und wird dort mit dem CO_2-Volumenstrom abtransportiert. Bei abgestimmten Druckverhältnissen kann die Anlage so einjustiert werden, dass der CO_2-Gehalt im Wein gleich bleibt und der O_2-Gehalt reduziert wird. Bei Veränderung der Betriebsparameter kann jedoch auch während der O_2-Reduzierung der CO_2-Gehalt im Wein erhöht oder gesenkt werden.

Combo-Modus: Der Combo-Modus ist nahezu identisch mit dem Strip-Modus. Der Unterschied ist die Fließgeschwindigkeit und die Menge des über die Gasseite geführten Gases. Zur Beschleunigung der Gasbewegung wird eine Vakuumpumpe benützt. Durch das Anlegen des Vakuums auf der Gasseite wird der Stoffumsatz des Gases und der Gasaustausch beschleunigt. Mit Hilfe des Combo-Modus kann der CO_2-Gehalt gezielt eingestellt und zeitgleich sehr effektiv der Sauerstoff gesenkt werden.

12.3.2 Zusatz von önologischen Gasen

Es gibt eine Reihe von externen Gasen, die in der Oenologie verwendet werden. Zum einen wird schweflige Säure überwiegend als Gas zum Wein zugesetzt. Im folgenden Kapitel soll aber nicht auf die schweflige Säure eingegangen werden. Vielmehr wird der Zusatz von Kohlenstoffdioxid (CO_2), Sauerstoff (O_2) und Stickstoff (N_2) aufgegriffen. In der Regel werden diese Gase in speziell gekennzeichneten Druckgasflaschen gehandelt.

Kohlenstoffdioxid (CO_2) wird zu Weißweinen zugegeben, um Frische und Lebendigkeit des Weines zu erhöhen. Größere Mengen an CO_2 werden den Grundweinen während der Carbonisierung von „Perlwein" und „Schaumwein mit zugesetzter Kohlensäure" zugesetzt. Weitere Anwendungen sind die Überlagerung von Weinen im Anbruch sowie die Spülung von Flaschen und Kopfraum bei der Flaschenfüllung.

Der Zusatz an diesen drei Gasen kann mit mehreren Techniken erfolgen:
- als Trockeneis (CO_2)
- Fritten (Metall, Keramik)

- spezielle Geräte zur Dosage von Gasen (Makro- und Mikrooxygenierung)
- spezielle Geräte (Carbofresh)
- hydrophobe Spezialmembran

Trockeneis

Trockeneis ist festes, gefrorenes CO_2 das unter normalem atmosphärischem Druck schon bei minus 78 °C sublimiert (Sublimation: Feststoff geht direkt in die Gasphase über). Aus diesem speziellen CO_2-Schnee bildet sich direkt gasförmiges CO_2 ohne flüssige Phase (daher der Name). Man kann Trockeneis in Form von Pellets fertig kaufen oder bei Bedarf selbst herstellen. Pellets lassen sich sehr leicht anwenden und zum Beispiel in Mostwannen unter der Presse oder in Weintanks zum Verdrängen der Luft einsetzen. Der Nachteil der Pellets ist die fortlaufende Sublimation während der Lagerung. Dadurch verliert man je nach Lagertemperatur und Lagergefäß pro Tag ca. 5–10 % der CO_2-Menge.

Kleine Mengen an Trockeneis kann man im Betrieb durch spezielle CO_2-Druckflaschen herstellen. Diese speziellen Druckgasflaschen sind mit einem Steigrohr für flüssiges CO_2 versehen und sind durch einen langen (roten) Strich auf den Flaschen markiert. Das CO_2 wird mit einem hohen Druck von ca. 50 bar mittels eines speziellen Schneerohres flüssig entnommen. Beim Entspannen des flüssigen CO_2 kühlt dieses extrem ab (Verdunstungskälte). Ein Teil des CO_2 verdampft und entzieht der Umgebung dabei so viel Energie, dass die Umgebung so stark abkühlt und den restlichen Anteil des CO_2 gefriert und Trockeneis bildet.

Fritten

Eine Fritte ist im weitesten Sinne ein Filter aus Keramik oder Edelstahl und hat eine poröse Struktur. Die Porengröße kann zwischen 1 bis 500 µm liegen. Sie eignet sich hervorragend für die Dosierung von Gas in Flüssigkeiten. Durch die sehr starke Porosität werden feinste Gasblasen erzeugt. Je kleiner die Poren sind, desto größer ist der benötigte Gasdruck zum Erzeugen der Gasblasen in der Flüssigkeit. Kleinere Gasblasen führen zu einem schnelleren Lösen des Gases aufgrund der größeren Oberfläche.

Einfache Fritten werden mit der notwendigen Schlauchleitung möglichst tief in den Weintank montiert und über den Gasdruck gesteuert. Komplexer sind spezielle Dosiereinrichtungen für Makro- oder Mikrooxygenierung, die meist auch spezielle keramische Fritten einsetzen.

Spezielle Geräte zur Gasdosierung (Carbofresh)

Ein weit verbreitetes Gerät zur Dosierung von Gas in Flüssigkeiten ist das Carbofresh-Gerät. Das Gas, das in der Flüssigkeit gelöst werden soll, wird über ein mehrstufiges Injektorsystem mit Venturi-Prinzip feinst verteilt. Dies geschieht rein physikalisch durch den beim Durchfließen erzeugten Unterdruck im Injektor. Das Carbofresh-Gerät selbst arbeitet ohne elektrische Stromversorgung. Es benötigt lediglich einen Vordruck vom jeweiligen Gas mit rund 6 bar und arbeitet ansonsten rein physikalisch. Daher ist es sehr wichtig, die Betriebsparameter wie Druck und Durchflussmenge genau einzuhalten. Für die Geräte gibt es unterschiedliche Injektoren, um die Leistung des Gerätes an unterschiedliche Volumina anzupassen. Bei Unterschreiten der minimal notwendigen Durchflussmenge baut sich kein Unterdruck im Injektor auf und es erfolgt keine Gasdosierung. Durch die relativ geringen aber notwendigen Leitungsquerschnitte im Gerät entsteht im Betrieb ein Druckverlust von ca. 1–1,5 bar, der bei der Auswahl der Förderpumpe zu berücksichtigen ist.

Das Gas, das in der Flüssigkeit gelöst werden soll, wird durch den Injektor feinst verteilt, löst sich aber nur teilweise direkt in der Flüssigkeit. Die restliche Gasmenge ist in Form von feinsten Gasbläschen in der Flüssigkeit verteilt. Damit diese kleinen Gasblasen sich vollständig lösen können, ist eine längere Leitung nach dem Gerät notwendig. Ideal ist, wenn diese Leitung eine Mindestlänge von mehreren Metern und einen gewissen hydraulischen Widerstand bietet (geringer Druckabfall). Die Gasblasen können sich bei entsprechendem Druck und entsprechender Temperatur im Durchfluss durch die Leitung lösen. Der Druck sinkt aufgrund der Kinetik in der richtig dimensionierten Schlauchleitung. Kommt es am Ende der Leitung zu einer starken Entspannung, wird sofort wieder ein Teil der gelösten Gase ausgasen.

Hydrophobe Spezialmembran (Membrankontaktor)

Der Gaszusatz durch die hydrophobe Spezialmembran aus Polypropylen ist technisch einfach realisierbar. Je nach gewünschter Leistung und Automatisationsgrad stehen unterschiedliche Geräte zur Verfügung. Beispielsweise bietet Emrich ein manuelles System (Winegas) und Inoxpa liefert die WineBrane mit unterschiedlicher Ausstattung bis hin zur Vollautomatik.

Verfahrenstechnisch erfolgt der Gaszusatz beim Durchlaufen des Membran-Moduls. Der Aufbau wird in Abb. 154 gezeigt. Der Wein fließt außen an den Kapillarmodulen vorbei. Im Inneren der Kapillare herrscht ein Gasüberdruck, der dazu führt, dass es in den Wein übergeht.

Über eine spezielle Verfahrenstechnik kann zum Beispiel der Sauerstoffgehalt des Weines gezielt gesenkt und gleichzeitig der Gehalt an Kohlenstoffdioxid (CO_2) erhöht werden. Hierzu bietet Inoxpa mit der WineBrane zwei unterschiedliche Modi an (Strip- und Combo-Modus).

12.3.3 Makro- und Mikro-Oxygenierung

Grundsätzlich unterscheidet man zwischen der Makro- und der Mikrooxygenierung.

Bei der Makrooxygenierung wird Sauerstoff während der Gärung, vor dem biologischen Säureabbau (BSA) oder allgemein zum Jungwein mit hohen Gaben zugegeben. Die Sauerstoffmenge kann hierbei im Bereich zwischen 50 -300 mg/LxMonat liegen. Aufgrund des frühen Ausbaustadiums und der noch reichlich vorhandenen Hefen sind selbst diese sehr hohen Mengen an Sauerstoff hierbei nicht schädlich. Die Makrooxygenierung kann sowohl bei Weiß- als auch bei Rotwein erfolgen. Sie dient dazu die Vermehrung der Hefen zu fördern, die Bildung von Böckser und anderen Problemen zu verhindern und ganz allgemein zur Verminderung bzw. Beseitigung von reduktiven Aromen beizutragen.

Die Mikrooxygenierung erfolgt meist nach dem biologischen Säureabbau von Rotweinen. Hierbei werden sehr geringe Mengen an Sauerstoff im Bereich von 0,5 bis 10 mg/LxMonat appliziert. Das Ziel einer so geringen Sauerstoffdosage ist, Weinen, die in Tanks lagern, eine vergleichbare Menge an Sauerstoff zuzudosieren wie sie zum Beispiel bei der Lagerung in (kleinen) Holzfässern auftritt. Daher ist bei vielen Tank-Rotweinen die Zugabe von Sauerstoff wünschenswert, um farbstabile, körperreiche Rotweine mit weicher Tanninstruktur zu erhalten.

Die Lagerung in Edelstahltanks sowie andere moderne Techniken vermindern die Sauerstoffaufnahme während der Lagerung von Rotweinen erheblich. Die Reife-

Abb. 155. Schema der Dosierung von Sauerstoff durch Mikrooxygenierung.

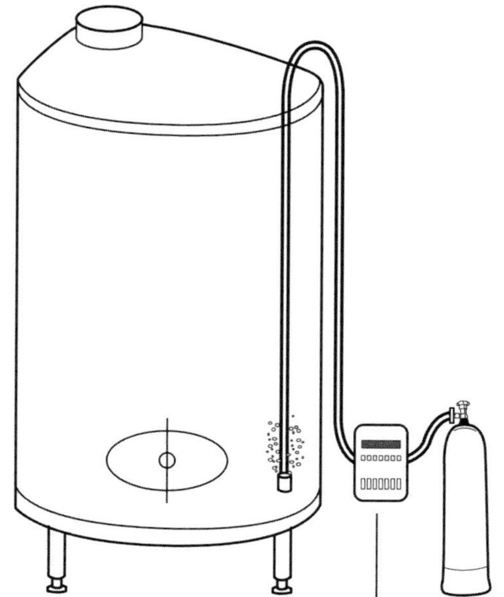

entwicklung hängt jedoch maßgeblich von der durch den Sauerstoff gesteuerten Reaktion von farbgebenden Anthocyanen sowie nicht gefärbten phenolischen Verbindungen ab. Neben rein ökonomischen Argumenten bietet das Verfahren der Mikrooxygenierung die Möglichkeit, die Sauerstoffmenge an den jeweiligen Wein, das Stadium der Weinbereitung, dem Jahrgang etc. anzupassen.

Eignung eines Weines für Mikrooxygenierung

Für die Mikrooxygenierung eignen sich nicht alle Rotweine gleichermaßen. Ideal sind Rotweine, die über ein hohes Potential an Anthocyanen und Gerbstoffen verfügen. Durch den Sauerstoff bildet sich unter anderem Acetaldehyd, das für die Polymerisation der Phenole verantwortlich ist. Für die Mikrooxygenierung geeignete Weine werden in der Regel durch Maischegärung gewonnen – oft mit kräftiger postfermentativer Nachextraktion. Auch die Rebsorte hat einen gewissen Einfluss. Gut geeignet sind vor allem Rebsorten mit ausreichenden Mengen an Anthocyanen, wie Dornfelder, Lemberger, Regent, Cabernet Sauvignon, Cabernet Dorsa, Cabernet Mitos und auch Merlot.

Viel weniger geeignet und kaum sinnvoll ist die Mikrooxygenierung bei Weinen mit geringer Menge an Anthocyanen und Gerbstoffen. Meist liegen diese Bedingungen bei den Rebsorten Spätburgunder, Portugieser, Schwarzriesling und St. Laurent vor. Hier kann der zugeführte Sauerstoff zur Entwicklung von Braunfärbung führen.

Etwaige Mängel in der Struktur der Weine können eventuell durch gezielte Gaben von oenologischem Tannin korrigiert werden.

Die Dosiertechnik kann in zwei unterschiedliche Systeme eingeteilt werden. Zum einen gibt es Geräte, bei denen die Sauerstoffapplikation mittels Fritten aus Keramik oder Edelstahl erfolgt (z. B. Oenodev, Parsec). Andere Geräte arbeiten mit Schläuchen aus Silikon, die in den Tanks montiert werden. Je nach Schlauchlänge und Gasdruck kann durch die Schlauchwand aus Silikon der Sauerstoff in den Wein diffundieren (z. B. Baldinger).

12.4 Elektrodialyse

Die Elektrodialyse bei Wein wird im Wesentlichen zur Kristallstabilisierung verwendet. Des Weiteren gibt es auch die Bipolare-Elektrodialyse, die es erlaubt, den pH-Wert von Most oder Wein rein physikalisch abzusenken.

Elektrodialyse ist ein physikalisches Verfahren auf Basis von elektrochemischen Membranprozessen. Durch die Elektrodialyse können selektiv elektrisch geladene Teilchen (Ionen) aus einer Flüssigkeit (z. B. Wein) durch spezielle Membranen entfernt werden.

Die Triebkraft dieses Prozesses ist ein elektrisches Feld, das den Übergang der Ionen durch die Membranen bewirkt. Entsprechend der elektrischen Ladung wandern die Anionen (-) in Richtung der Anode (+) bzw. die Kationen (+) in Richtung Kathode (-). Alle Ionen, die durch die Membran gewandert sind, werden über einen separaten Kreislauf entfernt (siehe Abb. 107 und 108).

12.4.1 Elektrodialyse zur Kristallstabilisierung

Die Elektrodialyse ist ein gängiges Membran-Verfahren zur selektiven Entfernung der Ionen, die den Weinsteinausfall verursachen. Vor allem werden hierbei Kalium, Kalzium und Weinsäure in ihrer Konzentration verringert. Die Reduzierung der Reaktionspartner kann durch die Variation verschiedener Parameter der Elektrodialyse variiert werden. Das Verfahren findet weltweit in Großbetrieben Anwendung und ist auch in der Europäischen Union zugelassen.

Auf die Elektrodialyse zur Kristallstabilisierung wird in Kapitel 8. 3. 2. 3. eingegangen.

12.4.2 Bipolare Elektrodialyse zur pH-Senkung

Eine spezielle Art der Elektrodialyse mit bipolaren Membranen kann zur Justierung des pH-Wertes anstatt Säuerung oder Behandlung mit Ionenaustauschern erfolgen.

Im Unterschied zu einer normalen Elektrodialyse besitzt die bipolare Elektrodialyse andere Membranen und einen anderen Aufbau. Das elektrische Feld, das von außen angelegt wird, kann hierbei nur ausgeglichen werden, wenn Wasser aufgespalten wird. So entstehen Wasserstoff (H^+)-Kationen und Hydroxyl (OH^-)-Anionen von der Wasserspaltung. Je nach Einstellung der Anlage kann der pH-Wert des Produktes gesenkt oder erhöht werden. So könnte ein Wein mit der bipolaren Elektrodialyse behandelt werden und rein physikalisch der pH-Wert gesenkt oder erhöht werden (Granes D, Bouillou D et al., 2009).

13 Weinausbau mit Holz

Eine Aromatisierung von Wein ist nicht zulässig. Die Verwendung von Eichenholz, das in Kontakt mit ihm kommt, ist aber mittlerweile fast weltweit zugelassen. Hierbei gilt es zu unterschieden zwischen der Lagerung des Weines in Holzfässern oder dem Kontakt des Weines mit Holz in Gebinden aus zum Beispiel Edelstahl. Dieser Kontakt zum Eichenholz kann in der Form erfolgen, dass Eichenholzlatten (staves) oder -späne (chips) in die Tanks gegeben werden und dort extrahieren.

Der Geschmack von Eichenholz ist weinfremd. Im Grunde genommen hat dieser Geschmack in reinem Wein nichts zu suchen. Spitzen-Rotwein ohne die harmonische Co-Existenz von Eichenholzaroma ist aber schlichtweg undenkbar. Man muss jedoch zwischen unbehandeltem und thermisch behandeltem Eichenholz unterscheiden.

Ob ein Wein mit oder ohne den Ausbau im Eichenfass oder mit oder ohne Kontakt zu Eichenholz qualitativ gewinnt, ist eine rein subjektive, hedonistische Entscheidung und kann keinem Verbraucher vorgeschrieben werden.

13.1 Anforderungen an das Holz

Die Lagerung in Holzfässern ist schon seit rund 2000 Jahren bekannt. Damals lösten die ersten Holzfässer die sehr empfindlichen Amphoren ab. Holz ist daher einer der ältesten und zugleich auch sensibelsten Werkstoffe für die Weinlagerung.

Damit eine Holzart für den Bau von Lagerfässern geeignet ist, müssen bestimmte Kriterien erfüllt werden:

- Hohe Verrottungsfestigkeit.
- Frei von aromatischen Harzen.
- Elastisch und biegsam, damit es verarbeitet werden kann,
  aber auch hart genug, damit es stabil ist und damit lange verwendbar.
- Gewisse Mikroporosität (nicht zu offenporig, nicht zu engporig).

Über die Jahrhunderte zeigte sich, dass Holz verschiedener **Eichenarten** diesen Anforderungen am nächsten kommt. Man verwendet aber in vielen Regionen der Erde aufgrund der Verfügbarkeit und lokaler Traditionen auch andere Hölzer. Diese alternativen Holzarten besitzen dann in der Regel vergleichbare chemische und physikalische Eigenschaften. In Frage kommen daher auch Gebinde aus **Akazie, Esche, Eukalyptus, Kastanie, Pinie und Rot-Zeder**.

Bis Mitte der 50er-Jahre des vergangenen Jahrhundert wurde Wein noch sehr umfangreich in Holzfässern vergoren und gelagert. Mittlerweile ist der Holzfassausbau eher die Ausnahme. Das Arbeiten mit Holzfässern ist im Vergleich zu inerten Werkstoffen wie Edelstahl vergleichsweise aufwändig und teuer. Nachfolgend werden die wesentlichsten Kriterien genannt, die das Arbeiten mit Holzfässern von anderen inerten Gebinden abgrenzen:

- Baugröße limitiert.
- Hoher Arbeits- und Pflegeaufwand.
- Hohe Kosten für Anschaffung.
- Uneinheitlicher Werkstoff.
- Schwer zu reinigen.
- Muss konserviert werden.

- Beeinflusst den Wein mehr oder weniger.
- Sich ständig verändernd im Aromaeintrag.

Ein Übergang von Holzaromen in den Wein ist selbst bei alten Fässern unvermeidbar. Jedoch kann man über die Größe und das Alter der Fässer die Menge an Holzextrakten steuern. Je kleiner und neuer ein Fass, desto mehr Stoffe werden aus dem Holz extrahiert und umgekehrt.

13.2 Ausbau von Wein in Fässern

Es gibt mehrere Ausbaumöglichkeiten von Wein im Holzfass. Man muss zwischen dem

- Neutralausbau und dem
- Ausbau mit Charakterisierung durch Holz

unterscheiden.

Während man bei den meisten Rotweinen eine Lagerung im Holzfass als vorteilhaft ansieht, ist der Ausbau von Weißwein im Holzfass eher selten.

Bei **Rotwein** wird der Eintrag an Holzaromen und der moderate Sauerstoffzutritt allgemein als förderlich bewertet. Während der Lagerung verliert der Rotwein einen Großteil des als störend empfundenen Kohlenstoffdioxids (CO_2). Die moderate Oxygenierung fördert die Reife und Farbstabilisierung. Hierbei gilt die Regel, dass je neutraler und älter das Gebinde ist, desto „kleiner" können die Rotweine sein. Umgekehrt gilt, dass neue und kleine Holzfässer einen dichten und extraktreichen Wein erfordern.

Der Ausbau von **Weißwein** in Holzfässern ist mittlerweile nur noch wenig verbreitet. Aromatische frische Weintypen sind weniger fürs Holzfass geeignet. Zudem verträgt sich nicht jede Rebsorte mit den Holzaromen. Kleine Weine mit geringem Körper werden oft vom Holz erschlagen, sind unharmonisch und plump. Weißweine sind zudem sehr oxidationsanfällig, wenn sie ohne Hefe im Fass liegen. Sie werden daher fast immer im Fass vergoren. Zur Vermeidung bzw. Reduzierung von Oxidationsreaktionen sowie zu Steigerung der Freisetzung von Hefeinhaltstoffen wird auch der weitere Ausbau der Weine auf der Hefe vorgenommen.

13.2.1 Neutralausbau oder Charakterisierung durch Holz?

Beim **Neutralausbau** möchte man nur einen geringen Eintrag von Holzextrakten zulassen. Es geht hierbei vielmehr um eine langsame Reifung des Weines mit geringer Sauerstoffzufuhr. Daher sind große, möglichst häufig benutzte Fässer hierfür ideal.

Ein neues Fass kann nur nach intensiver Aufarbeitung für den Neutralausbau verwendet werden. Man spricht vom Weingrünmachen oder auch Entlohung von neuen, ungetoasteten Holzfässern. Dies kann durch mehrere Maßnahmen erreicht werden. Zum einen wird das Fass mehrfach mit Heißwasser gefüllt. Eine beschleunigte Auslaugung erfolgt, wenn man statt Wasser das Fass mit einer 1–2 %igen Lauge füllt. Auch das Dämpfen mit Niederdruckdampf beschleunigt die Auswaschung der grasig-grünen Aromen. Danach folgen so viele Spülungen mit Wasser, bis das Wasser nach einer gewissen Lagerzeit im Fass relativ neutral schmeckt.

Hingegen zielt der Ausbau mit **Charaktersierung durch Holz** auf einen mehr oder minder starken Übergang an Stoffen aus dem Holz ab. Damit möglichst viel aus dem Holz extrahiert werden kann, muss das Fass möglichst neu sein und ein geringes Volumen haben. Neue Fässer oder nur

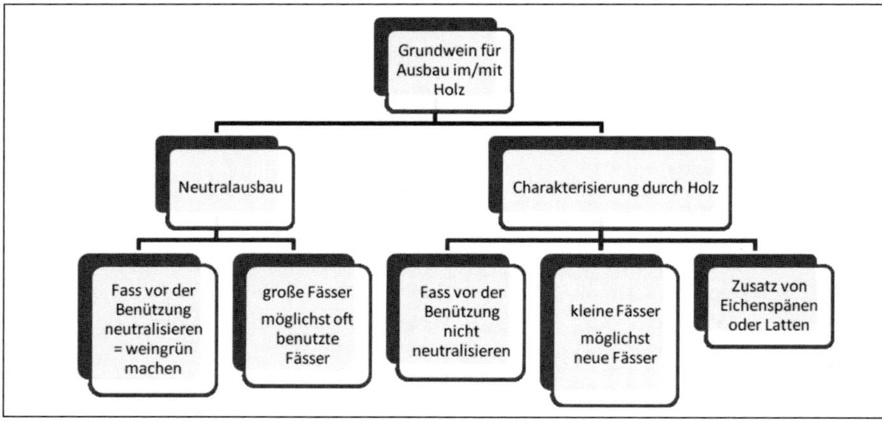

Abb. 156. Möglichkeiten des Ausbaus von Wein mit Holz.

ein- oder zweimal belegte geben am meisten an den Wein ab. Fässer mit geringem Volumen haben relativ zum Inhalt gesehen eine große Oberfläche je Liter Wein.

Daher sind die typischen Fässer, die eine Charaktersierung durch Holz ermöglichen, in der Regel neu und relativ klein. Der Ausbau im kleinen Eichenholzfass, dem sogenannten Barrique, ist daher weltweit verbreitet.

Den maximalen Eintrag an Holzextrakten erzielt man, wenn man ein neues, getoastetes Fass überhaupt nicht vorbehandelt. Diese gigantische Menge an extrahierten Stoffen können aber nur sehr dichte, kräftige Weine verkraften. Neue Fässer kann man vor der Verwendung gezielt konditionieren, damit die Menge an Aromen aus dem Holz zum Wein passt. Die Behandlung vor der ersten Belegung kann folgendermaßen abgestuft sein:

- Kurzes/langes Befüllen mit Kaltwasser/Heißwasser.
- Kurzes Dämpfen des Fasses.
- Vergären von Weißwein und kurze Lagerdauer.

Die Ziele beim Ausbau im kleinen Eichenholzfass sind umfangreich. Zum einen wird eine harmonische Verbindung von Holz- und Weininhaltsstoffen angestrebt. Die Symbiose der Aromakomponenten aus Wein und Holz soll zu einer Steigerung der Qualität führen. Die optimale Reifeentwicklung führt zu einer Farbvertiefung, dem Rückgang von Bitterkeit und Adstringenz sowie einer sensorischen Bereicherung. Zudem wird durch den Fassausbau die Lagerfähigkeit verbessert.

Die Rolle des Holzes ist dabei sehr vielfältig. Das Holz ist nicht nur Lieferant von Aromastoffen, sondern es adsorbiert auch Stoffe aus dem Wein. Zudem ist es ein Reaktorgefäß, in dem komplexe chemische Vorgänge ablaufen. Über die Lagerdauer von zum Teil mehreren Monaten reagieren viele Stoffe aus dem Wein und Holzextrakte mit dem Sauerstoff, der fein dosiert durch das Holz diffundiert.

Insbesondere sind für die Charaktersierung des Weines spezielle Aromen wünschenswert, die durch eine Hitzebehandlung des Holzes entstehen. Man spricht hierbei von Röst- oder Toastaromen.

13.2.2 Ausbau im Barrique

Sehr weit verbreitet in der Weinerzeugung ist das sogenannte Barriquefass, das ca. 225 l Inhalt hat. Bereits durch die einmalige Verwendung eines neuen Fasses verliert dieses einen Großteil seiner Aromen. Ein Barrique-Fass kann zwar theoretisch über viele Jahre benutzt werden, gibt dann aber keine Toast- und Röstaromen mehr ab. Daher werden die Barriquefässer meist nur drei- bis viermal belegt. Das verteuert die Weinherstellung stark. Werden nur frische Eichenfässer für den Weinausbau verwendet, spricht man von 100 %-Ausbau im neuen Barrique. Bei Weinen, die in einem Barrique ausgebaut werden, das zuvor schon mal benutzt wurde, spricht man von Zweitbelegung.

Nur sehr kräftige und strukturierte Weine können zu 100 % in neuen Barriques ausgebaut werden. Da in der Regel eine Symbiose von Wein- und Holzaromen angestrebt wird, muss man den Anteil an neuem Holz reduzieren. Die Menge des neuen Holzes kann an den Wein angepasst werden, indem man entsprechend der Weinstruktur nur einen Teil neue Barriques und einen Teil mit zweiter oder dritter Belegung einsetzt. Spätestens ab der vierten Belegung gibt ein Barrique nur noch geringe Mengen an Aromen ab.

Als Lagerfass könnte es noch viele Jahre dienen. Aber Barriques sind nicht nur für die Lagerung und Reifung gedacht. Die Abgabe von Röst- und Toastaromen ist erwünscht. Daher werden die Barriques relativ häufig erneuert. Bei dreimaliger Befüllung muss etwa jedes Jahr ein Drittel der Fässer ausgetauscht werden. Dies ist eine sehr kostspielige Maßnahme, da neue Barriques zwischen 400,- und 1000,- € kosten.

Betrachtet man heute die Sortimente von Weingütern, findet man Barrique-Weine in der Regel als die Spitzenprodukte neben Eisweinen, Beerenauslesen und Trockenbeerenauslesen. Sie verkörpern eine ganz besondere Qualitätsphilosophie, die im Weinbau mit moderatem Anschnitt, aufwendiger Laubarbeit, geringen Erträgen und zum Teil gestaffelter Lese begonnen wird. Entsprechend hoher Aufwand wird in der Kellerwirtschaft mit dem kosten- und arbeitsintensiven Ausbau im kleinen Eichenholzfass getrieben. Diese Spitzenweine werden mit hochwertiger Ausstattung vermarktet.

Seit 2006 ist jedoch in der Europäischen Union die Verwendung von Eichenholzspänen (oak-chips) oder auch Eichenbrettern (inner staves) für die Weinbereitung zulässig. Viele Hersteller von traditionell hergestellten Barrique-Weinen fürchteten damals, dass das Image der hochwertigen Barriqueweine durch die gechipsten Weine zerstört werde würde. Dies ist jedoch nicht zu befürchten. Wie allgemein bekannt sein dürfte, unterscheidet sich ein Spitzenwein von einfacheren Weinen nicht nur durch die Verwendung von simplen Eichenholzspänen. Nur durch optimalen Weinbau kann man so hochwertige Trauben erzeugt, dass der Önologe einen großen Wein ausbauen kann.

Eichenspäne oder oak-chips können aber durchaus im mittleren Preissegment zu einer Verbesserung der Weinqualität und Anpassung des Weinstiles führen.

13.3 Weinbereitung mit Eichen-Chips

Eichenchips werden weltweit in der Weinbereitung angewendet. Neben den „oak-chips“ (Eichenholzspäne) werden vor allem sogenannte „inner staves“ (= innen liegende Dauben, Holzlatten) verwendet. Oak-chips und auch inner staves sind nach europäischem Recht seit 2006 in der Weinbereitung zulässig. Der Einsatz von Eichenholz in dieser Form kann neben der Bereicherung des Aromas kostengünstig zu mehr Fülle und Vollmundigkeit führen. Die Anwendung ist bei Weinen im kleinen bis mittleren Qualitätssegment interessant, für die neue Fässer oder Barriques aus Kostengründen nicht in Frage kommen.

Um zu den begehrten Holzaromen zu gelangen, kommt eine ganze Reihe von Möglichkeiten in Betracht. Bei den oakchips unterscheidet man nach

- der Körnung (grob, mittel, fein),
- dem Toast- bzw. Röstgrad (stark, mittel, schwach und seltener ohne),
- der geographischen Herkunft (z.B. französisch, amerikanisch).

Die Chips und Staves werden aus vergleichbarem Holz hergestellt wie die Dauben für die Fässer. Das Holz, das für die Staves oder Chips verwendet wird, sollte demnach das Kernholz von Eiche sein, vor der Verarbeitung entsprechend gelagert und je nach gewünschten Toastgrad thermisch behandelt sein (180 bis 220 °C).

Ausschlaggebend für den Effekt ist aber vor allem die Aufwandmenge pro Liter. Je nach Wein werden oak-chips zwischen 0,5–6 g/L, aber auch bis zu 10 g/L verwendet. Oak-chips können in die Maische, in den Most oder auch zum Wein vor oder nach dem biologischen Säureabbau zugegeben werden. Dies ist ein wesentlicher Vorteil der oak-chips im Vergleich zu Fässern. Es ist möglich, die Menge Eichenholz an den Wein anzupassen und den beabsichtigten Stil herauszuarbeiten. Die Dosage kann auf den jeweiligen Jahrgang oder die Rebsorte abgestimmt werden.

Aufwandmengen für kräftige Rotweine:

- In die Maischegärung: von 5 g/L bis zu 10 g/L und mehr.
- Zum Wein: von 2 bis 8 g/L.

Nach thermischer Rotweinbereitung oder bei Weißmost

- Mitvergären im Rotmost: von 2 bis 8 g/L
- Mitvergären im Weißmost: von 0,5 bis 4 g/L
- Zum Wein: von 1 bis 6 g/L

Die Chips sind nach max. 6 Wochen vollständig ausgelaugt. Sie können dann entfernt werden, müssen aber nicht. Sie bieten viele Vorteile in der Handhabung und Dosierung. Mit chips kann die Dauer der Verwendung von Barriquefässern verlängert werden. Wenn ein Barrique nach drei Jahren Benutzung von sich aus keine Röst- und Toastaromen mehr abgibt, kann man dies durch die Zugabe von Chips in dieses gebrauchte Fass erreichen. Das Fass behält auch weiterhin seine guten Eigenschaften als Lagergefäß. Nur die bereits ausgelaugten Aromen des getoasteten Holzes sind nicht mehr vorhanden. Diese werden durch den Chipszusatz ausgeglichen.

Auch die „inner staves“ (Eichenholzlatten), sind in unterschiedlichen Toaststufen erhältlich. Sie werden vor dem Befüllen mit Most oder Wein im Inneren von Weintanks fest montiert, so dass diese nicht aufschwimmen. Die Industrie bietet dafür verschiedene Lösungen. Zum Teil werden ganze Pakete mit dünnen getoasteten Holzlatten im Tank montiert und nach Gebrauch wieder erneuert.

Service

Literatur

1. Aguera E., Athes-Dutour V., Bes M., Caille S., Cottereau Ph., Escudier J. L., Mikolajczak M., Roy A., Sablayrolles J. M., Samson A., Souchon I., und Vidal J. P. (2010): Reduction of wine alcohol content: A comparative study of different technologies; Bulletin de l'OIV; Nr.83; S. 31–42,
2. Amann R. und Mehrländer K. (2008): Schlussbericht zum Forschungsauftrag 99HS049 Optimierung bzw. Neuentwicklung von chemischen, technischen und biologischen Verfahren zur Schaffung harmonischer Säurewerte in Wein; Staatliches Weinbauinstitut Freiburg
3. Antony N. (2010): Technikerarbeit: Vergleich von unterschiedlicher Anreicherung von Most – sowie Weinkonzentrierung über Umkehrosmose; Staatliche Lehr- und Versuchsanstalt für Wein- und Obstbau Weinsberg
4. Berg H. W. und Keefer R. M. (1959): Analytical determination of tartrate stability in wine. II Calcium Tartrate; American Journal of Enology and Viticulture; Nr.10; S. 105–109,
5. Blankenhorn D. (2-8-2002): Thermische Verfahren zur Rotweinbereitung; Der Deutsche Weinbau; Nr.16; S. 24–28,
6. Burkert J. und Köhler H. J. (2010): Weiße Frucht aus roten Trauben in: Deutsches Weinbau-Jahrbuch, S. 134–144,
7. Dietrich H. (2009): Kolloide als Zusatzstoffe für Wein [1]. Der Deutsche Weinbau. Nr.15. S. 16–19,
8. Dietrich H., Lee I., Kürbel P., Patz C.-D., und Rühl E. (2004): Abschlussbericht FDW-Projekt: Anthocyan- und Polyphenolmuster von Rotweinen zur Bestimmung der Authentizität unter besonderer Berücksichtigung gesundheitsrelevanter Inhaltsstoffe. Forschungsanstalt Geisenheim. 5. Auflage, S. 1–106, Forschungsanstalt Geisenheim
9. DLR Rheinhessen-Nahe-Hunsrück (20–9-2010): Sonderdruck „Entsäuerung" Kellerwirtschaftlicher Informations-Service (KIS) Nr 4
10. Dörr W., Bott E. W., und Nagel B. (18–1-1985): Weinsteinstabilisierung nach dem Kontaktverfahren – Kristallabtrennung durch Zentrifugalsysteme erfolgreich im Einsatz. Die Weinwirtschaft – Technik; Nr.1; S. 1–7,
11. Eder R., Hütterer E. M., Weingart G., und Brandes W. (2008): Verringerung der Gehalte an 2,4,6-Trichloranisol und Geosmin in Wein mittels Spezialfilterschichten. Mitteilungen Klosterneuburg; 58. Auflage, Nr.1; S. 12–16,
12. Fischer U. (20–3-2010): Sensorische Bedeutung des Alkohols im Wein. Eine unterschätzte Einflussgröße. Das Deutsche Weinmagazin; Nr.5/6; S. 108–110,
13. Fischer U., Löchner M., und Clos D. (28–7-2001): Farbstabilisierende Maßnahmen im Rotwein. Das Deutsche Weinmagazin; Nr.15; S. 15–21,
14. Fischer U., Trautmann S., Binder G., Wilke A., und Göritz S. (2001): Abschlußbericht über das ATW-Vorhaben Nr. 101: Weinbauliche und kellerwirtschaftliche Maßnahmen zur Intensivierung des Weinaromas. Kuratorium für Technik und Bauwesen in der Landwirtschaft e. V.
15. Freund M., Jung R., und Seckler J. (2010): Kellerwirtschaft: Beeinflussung des Trubgehaltes durch Pressprogramme. Die Winzer-Zeitschrift; Nr.7; S. 36–37,

16. Freund M. und Seckler J. (2004): Mostvorklärung – ein entscheidendes Element. Der Deutsche Weinbau; Nr.10; S. 46–48,
17. Freund M., Seckler J., Jung R., Drautz C., Theobald J., und Gaubatz B. (2005): Önologie – Rebsortenspezifische Entrappungseignung. Der Deutsche Weinbau; Nr.12; S. 14–19,
18. Friedrich G. und Müller T. (2001): Neue Verfahren zur Entsäuerung mit Calciumcarbonat und Kaliumhydrogencarbonat mit schneller Stabilisierung gegenüber kristallinen Ausscheidungen, http://www.dlr-mosel.rlp.de
19. GEA Westfalia Separator Group (2011): Systeme und Verfahren in Weinkellereien
20. Granes D., Bouillou D., Lutin F., Moutounet M., und Rousseau J. (2009): L'élévation du pH des vins: causes, risques Önologiques, impacts de la mise en oeuvre de moyens d'acidification. Bulletin de l'O. I. V.; 82. Auflage, S. 57–70,
21. Harbertson J. F., Mireles M. S., Harwood E. D., Weller K. M., und Ross C. F. (2009): Chemical and Sensory Effects of Saignée, Water Addition, and Extended Maceration on High Brix Must. American Journal of Enology and Viticulture; 60. Auflage, Nr.4; S. 450–460,
22. Herr P. (2011): Kaltmazeration von Frühburgunder. Das Deutsche Weinmagazin; Nr.15; S. 24–29,
23. Jakob L., Hamatschek J., und Scholten G. (1997): Der Wein 10. Auflage, Verlag Eugen Ulmer, Stuttgart, ISBN 3-8001-5717-9
24. Jung R., Schaefer V., Bernd A., Fritsch S., Hey M., und Rauhut D. (2009): Önologie: Die Entfernung von TCA und TBA aus Wein per Filtration. Der Deutsche Weinbau; Nr.16–17; S. 36–39,
25. Kettern W. (1998): Füllung – Die Bedeutung von SO_2, CO_2 und O_2. Das Deutsche Weinmagazin; Nr.9; S. 92–101,
26. Klumpp M., Pfeifer W., Kürbel P., Patz C. D., und Dietrich H. (2007): Kellerwirtschaft: Verschiedene Rotweinsorten im Vergleich – Anthocyan- und Phenolprofile. Das Deutsche Weinmagazin; 7/8. Auflage, S. 82–88,
27. Köhler H. J. (2009): Kellerwirtschaft: Weinsteinstabilisierung durch Inhibitoren. Die Winzer-Zeitschrift; Nr.3; S. 38–38,
28. Köhler H. J., Geßner M., und Gilge U. (2007): Einfluss der Kaltmazeration auf den Wein. Das Deutsche Weinmagazin; Nr.17–18
29. Könitz R., Freund M., Seckler J., Christmann M., Netzer M., Strass G., Bitsch R., Bitsch I. (2003): Einfluss der Mostvorklärung auf die sensorische Qualität von Rieslingweinen aus dem Rheingau. Mitteilungen Klosterneuburg; Nr.5–6; S. 166–183,
30. Lassak T. (2005): Technikerarbeit: Schonende Traubenverarbeitung – eine analytische und sensorische Charakterisierung. Staatliche Lehr- und Versuchsanstalt für Wein- und Obstbau Weinsberg
31. Low L. L. (2007): Evaluation of tartrate stabilisation technologies for wine industry; The University of Adelaide; Australia; School of Chemical Engineering Faculty of Engineering, Computer and Mathematical Science
32. Margalit Y. (1997): Concepts in Wine Chemistry. The Wine Appreciation Guild Ltd., San Francisco, ISBN 0-932664-91-1
33. Massot A., Mietton-Peuchot M., Peuchot C., und Milisic V. (2008): Nanofiltration and Reverse Osmosis in winemaking. ScienceDirect: Desalination; 231. Auflage, S. 283–289,
34. Maurer R. (1977): Verhinderung von Calcium-Ausscheidung im Wein durch Behandlung mit DL-Weinsäure. Die Weinwirtschaft; Nr.41; S. 1147–1152,
35. Mengler H. (2006): Der Umgang mit Botrytis in Basisweinen. Der Deutsche Weinbau; Nr.20; S. 34
36. Meyer M., Knöferl C., und Witte A. (2009): Ein wenig beachtetes Einsparpotenzial – Kostenreduktion durch optimales Regeneratiosverhalten der Tiefenfilterschicht. Brauindustrie; Nr.4; S. 23–25,
37. Müller T., Würdig G., Scholten G., und Friedrich G. (1990): Bestimmung der Calciumtartrat-Sättigungstemperatur von Weinen durch

Leitfähigkeitsmessung. Mitteilungen Klosterneuburg; 40. Auflage, S. 158–168,
38. Oberhofer J. (2008): Weinbau: Wie teuer ist die Lese mit dem Traubenvollernter? Der Deutsche Weinbau; Nr.16–17; S. 42–45,
39. Peri C., Riva M., und Decio P. (1988): Crossflow membrane filtration of wines: comparison of performance of ultrafiltration, microfiltration, and intermediate cut-off membranes. American Journal of Enology and Viticulture; 39. Auflage, Nr.2; S. 162
40. Petgen M. (2002): Rotweingärbehälter für die Maischegärung. Die Winzer-Zeitschrift; 17. Auflage, Nr.6; S. 32–34,
41. Pickering G. J. und Ping Y. (2008): Ethanol Difference Thresholds in Wine and the Influence of Mode of Evaluation and Wine Style. American Journal of Enology and Viticulture; 59. Auflage, Nr.2; S. 146–152,
42. Postel W. und Prasch E. (5–8-1977a): Das Kontaktverfahren, eine neue Möglichkeit der Weinsteinstabilisierung. Die Weinwirtschaft; Nr.32; S. 866–877,
43. Postel W. und Prasch E. (1977b): Untersuchungen zur Weinsteinstabilisierung von Wein durch Elektrodialyse – I. Mitteilung: Absenkung der Kalium- und Weinsäurekonzentration zur Erzielung der Weinsteinstabilität. Die Weinwirtschaft; Nr.45; S. 1277–1283,
44. Rankine B. (1989): Making good wine – a manual of winemaking practice for Australia and New Zealand. Pan Macmillan Australia Pty Ltd, Sydney, ISBN 0–7251–0563–1
45. Ribereau-Gayon P., Dubourdieu D., Doneche B., und Lonvaud A. (2006): Handbook of Enology – Volume 1 The Microbiology of Wine and Vinifications 2. Auflage, John Wiley & Sons Ltd., Chichester, England, ISBN 0–471–97362–9
46. Ribereau-Gayon P., Glories Y., Maujean A., und Dubourdieu D. (2006): Handbook of Enology – Volume 2 The Chemistry of Wine, Stabilization and Treatments 2006 2. Auflage, John Wiley & Sons Ltd., Chichester, England, ISBN 0–470–01037–1
46a. Samhaber W. M. (2005) Erfahrungen und Anwendungspotential der Nanofiltration. http://www.ivt.jku.at/Forschung/Publikationen/pdf/Membrantechnik in derProzessindustrie.pdf
47. Schandelmaier B. (2004): ATW-Bericht Nr. 128: Kieselgurfiltration im Klein- und Mittelbetrieb-66, Kuratorium für Technik und Bauwesen in der Landwirtschaft e. V.
48. Schandelmaier B. (2009): Kellerwirtschaft: Kosten der Rotweinbereitungsverfahren im Vergleich: So teuer wird es. Das Deutsche Weinmagazin; Nr.15; S. 28–31,
49. Schandelmaier B., Lipps M., und Rosch A. (2009): Tipps zur Anschwemmfiltration – 1 X 1 der Filtration. Das Deutsche Weinmagazin; Nr.21; S. 14–17,
50. Schick A. (2011): Technikerarbeit: Vergleich der Traubenextraktion durch zwei unterschiedliche Arten der Elektroporation. Staatliche Lehr- und Versuchsanstalt für Wein- und Obstbau Weinsberg
51. Schmidt O. (4–2-2006): Kellerwirtschaft: Kristallstabilisierung mit Elektrodialyse. Das Deutsche Weinmagazin; Nr.3; S. 20–25,
52. Schmidt O. (2009): Ratgeber Pressen. Langlebige Technik oder Pressen sind Filter! Rebe & Wein, Sonderbeilage; Nr.9; S. 8–11,
53. Schmidt O. (2010): Moderne Gärungssteuerungen – Gärung goes online. Das Deutsche Weinmagazin; Nr.13; S. 22–27 ,
54. Schmidt O. und Diesler E. (20–3-2010): Kristallstabilisierung mit Protektorkolloiden – Alles super aber.... Das Deutsche Weinmagazin; Nr.5/6; S. 12–18,
55. Schneider V. (1997): Rotwein – mehr als roter Wein, Teil 1. Das Deutsche Weinmagazin; Nr.13; S. 15–20,
56. Schneider V. (4–12–1999): SO2- Stabilisierung – Luftton – Fehler im Rotwein vermeiden. Das Deutsche Weinmagazin; Nr.25; S. 18–21,
57. Schneider V. (2001): Önologisches Stichwort – Calcium und DL-Weinsäure. Die Winzer-Zeitschrift; Nr.1; S. 31

58. Schneider V. (2009): Kellerwirtschaft: Maischegärung: Extraktionskinetik des Tannins. Das Deutsche Weinmagazin; Nr.16/17; S. 34–38,
59. Schneider V. (2010): Kellerwirtschaft: Entsäuerung von Jungwein (Teil 1). Die Winzer-Zeitschrift; Nr.12; S. 39–41,
60. Schneider V. (2011): Kellerwirtschaft: Entsäuerung von Jungwein (Teil 2). Die Winzer-Zeitschrift; Nr.1; S. 36–38,
61. Schödl H. (2002): Alternatives Herstellverfahren: Vinifizierung mittels Kaltmazeration. Der Winzer; Nr.9; S. 12–14,
62. Seckler J. (1997): ATW-Bericht Nr. 88: Ganztraubenpressung. Kuratorium für Technik und Bauwesen in der Landwirtschaft e. V.
63. Seckler J. (2006): ATW-Bericht Nr. 135: Zielgröße Weinqualität – Optimierung der Entrappung. Zielgröße Weinqualität – Versuche zur Optimierung einer Entrappungsanlage und Einsatzmöglichkeiten bei der Vollernterlese. Kuratorium für Technik und Bauwesen in der Landwirtschaft e. V.
64. Seckler J. (2008a): Grundsätzliches zu Pressprogrammen. Der Deutsche Weinbau; Nr.12; S. 12–17,
65. Seckler J. (2008b): Pressprogramme und Pressqualität. Der Deutsche Weinbau; Nr.13; S. 16–21,
66. Seckler J. und Freund M. (2009): Aus dem Weinberg in die Presse. Der Deutsche Weinbau; Nr.5; S. 22–25,
67. Seckler J. und Jung R. (2001): ATW-Bericht Nr. 127: Einfluss der inneren Oberfläche auf die Vergärung. Kuratorium für Technik und Bauwesen in der Landwirtschaft e. V.
68. Seckler J., Jung R., und Freund M. (2000): ATW-Bericht Nr. 102: Alternative Klärverfahren bei Most. Kuratorium für Technik und Bauwesen in der Landwirtschaft e. V.
69. Seckler J., Jung R., und Freund M. (2006): ATW-Bericht Nr. 135: Zielgröße Weinqualität – Versuche zur Optimierung einer Entrappungsanlage und Einsatzmöglichkeiten bei der Vollernterlese. Kuratorium für Technik und Bauwesen in der Landwirtschaft e. V.
70. Seckler J., Schäfer T., und Freund M. (11-10-1997): Mostbehandlung – Vorklärung durch Flotation. Das Deutsche Weinmagazin; Nr.21; S. 30–37,
71. Sigler J., Schultheiss C., und Kern M. (2005): Elektroporation von Weintrauben: Neues Verfahren zur Weinbereitung? Das Deutsche Weinmagazin; Nr.21; S. 10–13,
72. Smith C. (1999): Application of reverse osmosis in winemaking. S. 183–187, The Australian Wine Research Inst., 10. Australian Wine Industry Technical Conference. 2025-Meeting the Technical Challenge
73. Tanner H. und Brunner H. R. (1987): Getränke Analytik 2. Auflage, Heller Chemie- und Verwaltungsgesellschaft mbH, Schwäbisch Hall, ISBN 3-9800498-1-7
74. Theobald J. (2005): Zielgröße Weinqualität – Versuche zur Optimierung der Entrappung unter besonderer Berücksichtigung der Erntetechnik und des Ernteguts. Hochschule RheinMain, Standort Geisenheim; Abschlussarbeit Studiengang Weinbau & Önologie
75. Troost G. (1988): Technologie des Weines 6. Auflage. Auflage, Ulmer Verlag, Stuttgart, ISBN 3-8001-5816-7
76. Ugarte P., Agosin E., Bordeu E., und Villalobos J. I. (2011): Reduction of 4-Ethylphenol and 4-Ethylguaiacol Concentrationin Red Wines Using Reverse Osmosis and Adsorption. American Journal of Enology and Viticulture; 56. Auflage, Nr.1; S. 30–36,
77. Weber B. (2003): Zielgröße Weinqualität – Entrappung auf dem Traubenvollernter. Der Önologe; Nr.12; S. 91–91,
78. Weiand J. und Breier N. (2010): ATW-Bericht Nr 147: Einsatz der Flotation in Winzerbetrieben-71, Kuratorium für Technik und Bauwesen in der Landwirtschaft e. V.
79. Weible A. (2010): Diplomarbeit: Möglichkeiten der Reduzierung des Alkoholgehaltes von

Wein mittels Membrantechniken. Der Deutsche Weinbau; Nr.19; S. 70–70,

80. Weik B. (2003): ATW-Bericht Nr. 125: Abbeermaschinen und Maischeförderung. Untersuchungen über Abbeermaschinen und Maischeförderung im Kelterhaus. Kuratorium für Technik und Bauwesen in der Landwirtschaft e. V.
81. Weik B. (2006): Önologie – Die Anschwemmfiltration in der Praxis. Der Deutsche Weinbau; Nr.2; S. 18–21,
82. Weik B. (2010): Maischegärbehälter: Technik der Maischegärung. Das Deutsche Weinmagazin; Nr.15; S. 22–27,
83. Wenzel K. (1986): Rotweinfarbstoffe – eine Übersicht. Die Weinwissenschaft – Viticultural and Enological Sciences; 41. Auflage, Nr.1; S. 51–63,
84. Wiederkehr M. (1998): Entfernung von Essigsäure aus Wein: Ein neues Verfahren (Teil 1). Schweizerische Zeitschrift für Obst- und Weinbau; Nr.7; S. 193–195,
85. Wollan D. (2010a): Elektrodialysis – new technology for rapid, efficient, reliable tartrate stabilisation. The Australian & New Zealand Grapegrower & Winemaker; 47. Auflage, Nr.557; S. 81–85,
86. Wollan D. (2010b): Reducing wine alcohol: Some myths busted. The Australian & New Zealand Grapegrower & Winemaker; 47. Auflage, Nr.562; S. 54–59,
87. Wucherpfennig K. (1974): Die Verhinderung der Weinsteinausscheidung mit Hilfe der Elektrodialyse. Allgemeine Deutsche Weinfachzeitung; Nr.110; S. 681–690,
88. Wucherpfennig K. und Neubert S. (1977): Versuche zum Konzentrieren von Wein und zur Herstellung alkoholarmer Weine mit Hilfe der Umkehrosmose. Die Weinwissenschaft; Nr.3; S. 199–211,
89. Wucherpfennig K., Otto K., und Hendriks B. (1985): CMC-Einfluss auf Calciumverbindungen. Die Weinwirtschaft – Technik; Nr.121; S. 361–368,
90. Wucherpfennig K., Otto K., und Kern U. (1988): Praktische Anwendung von Carboxymethylcellulose. Die Weinwirtschaft – Technik; Nr.4/5; S. 13–19,
91. Würdig G., Müller T., und Friedrich G. (1980): Untersuchungen zur Weinsteinstabilität – Bestimmung der Sättigungstemperatur von Weinen durch Leitfähigkeitsmessung. Die Weinwirtschaft; Nr.23; S. 720–728,
92. Würdig G., Müller T, und Friedrich G. (1985): Untersuchungen zur Weinsteinstabilität – 3. Mitteilung: Bestimmung der Weinstein- Sättigungstemperatur durch verbesserte Leitfähigkeitsmessung. Die Weinwirtschaft – Technik; Nr.6; S. 188–191,
93. Würdig G. und Woller R. (1989): Chemie des Weines. Ulmer Verlag, Stuttgart, ISBN 3 8001 5815 9

Bildquellen

Amos Industrie, Beaune – Frankreich Abb. 14
Anthony Nadine, Monzernheim/Rheinhessen Abb. 150
Begerow GmbH, Langenlonsheim Abb. 110, 111, 122, 124, 126, 127, 128, 131,
Berg HW und Keefer RM, 1959 Abb. 98
Binder Georg, Neustadt a.d.Wstr. Abb. 34, 35
Dietrich Helmut, Geisenheim Abb. 67
Erbslöh Geisenheim AG, Geisenheim Abb. 68, 118
ERO-Gerätebau GmbH, Niederkumbd Abb. 2
Fischer Ulrich, Neustadt a.d.Wstr. Abb. 144
Flottweg SE, Vilsbiburg Abb. 61
fp sensor systems GmbH, Bürgstadt Abb. 89
G.A.Kiesel GmbH, Heilbronn Abb. 77
Jakob L, et. al. 1997 Abb. 100
Lassak Tobias, Weinsberg Abb. 23, 64
Margalit Yair, San Francisc Abb. 25
Matériel PERA, Florensac - Frankreich Abb. 44
Membrana GmbH, Wuppertal Abb. 154
Merck Millipore ,Billerica - USA Abb. 130
Ribereau-Gayon Abb. 112
Romfil GmbH, Wolfsheim/Rheinhessen Abb. 134
Samhaber WM, Abb. 143
Sartorius AG, Göttingen Abb. 135
Scharfenberger GmbH & Co. KG, Bad Dürkheim Abb. 1
Schneider Volker, Bingen Abb. 28
Seckler Johann et. al. Geisenheim Abb. 74
StrassburgerFilter GmbH & Co.KG, Westhofen/Rheinhessen Abb. 115
Strauss Martin, Weinsberg Abb. 3
Tankbau Becker, Gau Odernheim Abb. 45
Tanner H und Brunner HR, 1987 Abb. 99
Troost Gerhard, Geisenheim Abb. 105, 107
Westhofen/Rheinhessen Abb. 115

Alle anderen Fotos stammen vom Autor.
Die Zeichnungen fertigte Artur Piestricow, Stuttgart, nach Vorlagen des Autors.

Sachregister

Die in diesem Buch enthaltenen Empfehlungen und Angaben sind vom Autor mit größter Sorgfalt zusammengestellt und geprüft worden. Eine Garantie für die Richtigkeit der Angaben kann aber nicht gegeben werden. Autor und Verlag übernehmen keinerlei Haftung für Schäden und Unfälle.

Bibliografische Information der Deutschen Nationalbibliothek
Die Deutsche Nationalbibliothek verzeichnet diese Publikation in der Deutschen Nationalbibliografie; detaillierte bibliografische Daten sind im Internet über http://dnb.d-nb.de abrufbar.

Wollgrasweg 41, 70599 Stuttgart (Hohenheim)
E-Mail: info@ulmer.de
Internet: www.ulmer.de
Lektorat: Werner Baumeister
Herstellung: Thomas Eisele
Umschlagentwurf: Atelier Reichert, Stuttgart
Satz: pagina gmbH, Tübingen
Druck und Bindung: Graph. Großbetrieb Friedrich Pustet
Printed in Germany

ISBN 978-3-8001-5681-8